11-074职业技能鉴定指导书

职业标准·试题库

热工仪表及控制装置安装

（第二版）

电力行业职业技能鉴定指导中心　编

电力工程　热工仪表

及自动装置专业

U0658213

中国电力出版社

CHINA ELECTRIC POWER PRESS

内 容 提 要

本《指导书》是按照劳动和社会保障部制定国家职业标准的要求编写的，其内容主要由职业概况、职业技能培训、职业技能鉴定和鉴定试题库四部分组成，分别对技术等级、工作环境和职业能力特征进行了定性描述；对培训期限、教师、场地设备及培训计划大纲进行了指导性规定。本《指导书》自 1999 年出版后，对行业内职业技能培训和鉴定工作起到了积极的作用，本书在原《指导书》的基础上进行了修编，补充了内容，修正了错误。

试题库是根据《中华人民共和国国家职业标准》和针对本职业（工种）的工作特点，选编了具有典型性、代表性的理论知识（含技能笔试）试题和技能操作试题，还编制有试卷样例和组卷方案。

本《指导书》是职业技能培训和技能鉴定考核命题的依据，可供劳动人事管理人员、职业技能培训及考评人员使用，亦可供电力（水电）类职业技术学校和企业职业学习参考。

图书在版编目（CIP）数据

热工仪表及控制装置安装：11-074 / 电力行业职业技能鉴定指导中心编. —2 版. —北京：中国电力出版社，2013.8（2021.4重印）
（职业技能鉴定指导书. 职业标准试题库）
ISBN 978-7-5123-3428-1

Ⅰ. ①热… Ⅱ. ①电… Ⅲ. ①火电厂–热工仪表–安装–职业技能–鉴定–习题集②火电厂–电气控制装置–安装–职业技能–鉴定–习题集 Ⅳ. ①TM621-44②TM571.2-44

中国版本图书馆 CIP 数据核字（2012）第 205718 号

中国电力出版社出版、发行

（北京市东城区北京站西街 19 号 100005 http://www.cepp.sgcc.com.cn）
三河市百盛印装有限公司印刷
各地新华书店经售

*

2002 年 1 月第一版
2013 年 8 月第二版 2021 年 4 月北京第十次印刷
850 毫米×1168 毫米 32 开本 11.5 印张 291 千字
印数 18001—19000 册 定价 **36.00** 元

电力职业技能鉴定题库建设工作委员会

主　任　徐玉华

副主任　方国元　王新新　史瑞家　杨俊平

　　　　　陈乃灼　江炳思　李治明　李燕明

　　　　　程加新

办公室　石宝胜　徐纯毅

委　员（按姓氏笔画为序）

　　　　　马建军　马振华　马海福　王　玉

　　　　　王中奥　王向阳　王应永　丘佛田

　　　　　李　杰　李生权　李宝英　刘树林

　　　　　吕光全　许佐龙　朱兴林　陈国宏

　　　　　季　安　吴剑鸣　杨　威　杨文林

　　　　　杨好忠　杨耀福　张　平　张龙钦

　　　　　张彩芳　金昌榕　南昌毅　倪　春

　　　　　高　琦　高应云　奚　珣　徐　林

　　　　　谌家良　章国顺　董双武　焦银凯

　　　　　景　敏　路俊海　熊国强

第一版编审人员

编写人员　沈先胜　徐瑞武　温存立
　　　　　　郝彦杰
审定人员　邹贤尔　徐学勤　黄桂梅

第二版编审人员

编写人员　赵宏宽　杜作红　石秋程
审定人员　檀　炜　章　禔

说　明

为适应开展电力职业技能培训和实施技能鉴定工作的需要，按照劳动和社会保障部关于制定国家职业标准，加强职业培训教材建设和技能鉴定试题库建设的要求，电力行业职业技能鉴定指导中心统一组织编写了电力职业技能鉴定指导书（以下简称《指导书》）。

《指导书》以电力行业特有工种目录各自成册，于1999年陆续出版发行。

《指导书》的出版是一项系统工程，对行业内开展技能培训和鉴定工作起到了积极作用。由于当时历史条件和编写力量所限，《指导书》中的内容已不能适应目前培训和鉴定工作的新要求，因此，电力行业职业技能鉴定指导中心决定对《指导书》进行全面修编，在各网省电力（电网）公司、发电集团和水电工程单位的大力支持下，补充内容，修正错误，使之体现时代特色和要求。

《指导书》主要由职业概况、职业技能培训、职业技能鉴定和鉴定试题库四部分内容组成。其中，职业概况包括职业名称、职业定义、职业道德、文化程度、职业等级、职业环境条件、职业能力特征等内容；职业技能培训包括对不同等级的培训期限要求，对培训指导教师的经历、任职条件、资格要求，对培训场地设备条件的要求和培训计划大纲、培训重点、难点以及对学习单元的设计等；职业技能鉴定的依据是《中华人民共和国国家职业标准》，其具体内容不再在本书中重复；鉴定试题库是根据《中华人民共和国国家职业标准》所规定的范围和内容，以实际技能操作为主线，按照选择题、判断题、简答题、计算题、绘图题和论述题六种题型进行选题，并以难易程度组合排列，同时汇集了大量电力生产建设过程中具有普遍代表性和典型性的实际操作试题，构成了各工种的技能鉴定试题库。试题库的深度、广度涵盖了本职业技能鉴定的全部内容。题库之后还附有试卷样例和组卷方案，为实施鉴定命题提供依据。

《指导书》力图实现以下几项功能：劳动人事管理人员可根据《指导书》进行职业介绍，就业咨询服务；培训教学人员可按照《指导书》中的培训大纲组织教学；学员和职工可根据《指导书》要求，制订自学计划，确立发展目标，走自学成才之路。《指导书》对加强职工队伍培养，提高队伍素质，保证职业技能鉴定质量将起到重要作用。

本次修编的《指导书》仍会有不足之处，敬请各使用单位和有关人员及时提出宝贵意见。

电力行业职业技能鉴定指导中心

2008 年 6 月

目 录

1 ▼ 职业概况

1.1 职业名称

热工仪表及控制装置安装（11-074）。

1.2 职业定义

火力发电厂热工仪表、自动调节设备安装人员。

1.3 职业道德

热爱本职工作，刻苦钻研技术，遵守劳动纪律，爱护工具、设备，安全文明生产，诚实团结协作，艰苦朴素，尊师爱徒。

1.4 文化程度

中等职业技术学校毕（结）业。

1.5 职业等级

本职业按照国家规定的资格分为初级（国家五级）、中级（国家四级）、高级（国家三级）、技师（国家二级）、高级技师（国家一级）共五个等级。

1.6 职业环境条件

室内外作业，四季工作，且高空作业居多。

1.7 职业能力特征

对火电厂的各系统及生产过程有较全面的了解；具有较系

统的热力学及电工学知识；具备良好的钳工及电工操作能力；能用精练的语言进行联系、工作交流，具有二维和三维几何体想象能力及良好的识图、绘图能力。

2 职业技能培训

2.1 培训期限

2.1.1 初级工：累计不少于 500 标准学时。

2.1.2 中级工：在取得初级职业资格的基础上累计不少于 400 标准学时。

2.1.3 高级工：在取得中级职业资格的基础上累计不少于 400 标准学时。

2.1.4 技师：在取得高级职业资格的基础上累计不少于 500 标准学时。

2.1.5 高级技师：在取得技师职业资格的基础上累计不少于 350 标准学时。

2.2 培训教师资格

2.2.1 具有中级以上专业技术职称的工程技术人员和技师可担任初、中级工培训教师。

2.2.2 具有高级专业技术职称的工程技术人员和高级技师可担任高级工、技师和高级技师的培训教师。

2.3 培训场地设备

2.3.1 具备本职业（工种）基础知识培训的教室和教学设备。

2.3.2 具有本职业（工种）基本技能培训的场地和教学设备。

2.3.3 具有模拟仿真机、模拟机、仿真机。

2.3.4 本工种实际操作所需的场地设备。

2.4 培训项目

2.4.1 培训目的：通过培训达到《职业技能鉴定规范》对本职业的知识和技能要求。

2.4.2 培训方式：以自学和脱产相结合的方式，进行基础知识讲课和技能训练。

2.4.3 培训重点：

（1）敏感元件和取源部件的安装（测温元件、取压装置、节流装置、水位取源部件、分析仪表取样装置等）。

（2）仪表管路的安装（导管的弯制、导管的连接、导管的固定、仪表阀门的安装、管路的严密性、排污管路的安装等）。

（3）电气电缆敷设（电缆敷设、导线敷设）。

（4）仪表和设备的安装（仪表盘安装、仪表和设备安装、就地指示仪表安装、变送器和传感器安装、执行机构等）。

2.5 培训大纲

本职业技能培训大纲内容，以模块技能培训方法（MES）基本思路进行编写，其结构模式为模块（MU）—学习单元（LE）。其学习目标及内容见表1，职业技能模块及学习单元对照表见表2，学习单元名称表见表3。

表1　　　　　　　热工仪表及控制装置安装培训大纲

模块序号及名称	单元序号及名称	学习目标	学习内容	学习方式	参考学时
MU1 电建安装人员职业道德	LE1 热控安装工职业道德	通过本单元学习后，了解电力建设热控安装人员职业道德规范，并能自觉遵守	1. 热爱祖国，热爱本职工作 2. 刻苦学习，钻研技术 3. 爱护设备、仪表及工器具 4. 团结协作，有奉献精神 5. 遵章守纪，安全文明施工 6. 尊师爱徒，严守岗位职责	自学	2

模块序号及名称	单元序号及名称	学习目标	学习内容	学习方式	参考学时
MU2 电力建设安全规程及管理规定	LE2 电力建设安全工作规程	通过本单元学习，熟悉并掌握相关安全工作规程规定并在工作中严格遵守执行	1. 施工用电及照明 2. 潮湿场所、金属容器及管道内的行灯电压不得超过12V 3. 高处作业及交叉作业 4. 热控设备安装	自学	6
	LE3 电力建设安全施工管理规定	通过本单元学习，熟悉自己在施工中应负的安全责任及权力，对无安全施工技术措施和未经安全交底的施工项目，可拒绝施工	1. 安全施工责任 2. 安全施工措施 3. 安全教育	自学	2
MU3 取源部件安装	LE4 压力取源部件安装	通过本单元学习及技能训练，可掌握压力取源部件的安装技能与方法，以及应遵守的原则	1. 测点选择 2. 材质检验 3. 测点安装方位 4. 开孔 5. 防堵取压	现场模拟或结合现场实际	6
	LE5 温度取源部件安装	通过本单元学习及技能训练，可掌握温度取源部件的安装技能与方法，以及应遵守的原则	1. 测点选择 2. 材质检验 3. 测点安装方位 4. 开孔 5. 插入深度	现场模拟或结合现场实际	6
	LE6 流量测量装置安装	通过本单元学习及技能训练，可掌握节流装置安装及取压的安装技能与方法	1. 节流件检查 2. 材质检验 3. 安装位置、方向检查 4. 取压口方位 5. 安装冷凝器	现场模拟或结合现场实际	8
	LE7 液位测量装置安装	通过本单元学习及技能训练，可掌握液位测量装置安装的技能与方法，以及相应的施工工艺	1. 单室平衡容器 2. 双室平衡容器 3. 补偿式平衡容器 4. 电接点水位计 5. 浮球水位计	现场模拟或结合现场实际	20

模块序号及名称	单元序号及名称	学习目标	学习内容	学习方式	参考学时
MU3 取源部件安装	LE8 分析仪表安装	通过本单元学习及技能训练，可掌握分析仪表安装的技能与方法，以及相应的施工工艺	1. 氧化锆 2. 氢分析仪 3. 汽水分析仪表	现场模拟或结合现场实际	10
	LE9 锅炉火焰检测及监视装置安装	通过本单元学习及技能训练，可掌握火检及火检装置安装的技能与方法，以及相应的施工工艺	1. 火检装置探头安装 2. 火焰摄像机的安装	结合现场实际	10
MU4 检测及控制仪表安装	LE10 压力、压差仪表及变送器安装	通过本单元学习及技能训练，可掌握压力（压差）仪表及变送器安装的技能与方法，以及相应的施工工艺	1. 蒸汽或流体 2. 气体 3. 真空 4. 凝汽器水位	现场模拟或结合现场实际	10
	LE11 开关量仪表安装	通过本单元学习及技能训练，可掌握开关量仪表安装的技能与方法，以及相应的施工工艺	1. 压力（压差）开关 2. 温度开关 3. 液位开关	现场模拟或结合现场实际	10
	LE12 执行器安装	通过本单元学习及技能训练，可掌握执行器安装的技能与方法，以及相应的施工工艺	1. 电动执行机构 2. 气动执行机构 3. 连杆配置 4. 电动装置 5. 电磁阀	现场模拟或结合现场实际	12
	LE13 气动基地式仪表安装	通过本单元学习及技能训练，可掌握气动基地式仪表安装的技能及方法，以及相应的施工工艺	1. 气动基地式压力仪表 2. 气动基地式差压仪表 3. 气动基地式温度仪表 4. 气动基地式液位仪表	现场模拟或结合现场实际	10

模块序号及名称	单元序号及名称	学习目标	学习内容	学习方式	参考学时
MU5 仪表盘安装	LE14 仪表盘安装	通过本单元学习及技能训练，可掌握仪表盘安装的技能与方法，以及相应的施工工艺	1. 搬运 2. 盘底座制作、安装 3. 仪表盘安装 4. 接地	现场模拟或结合现场实际	4
	LE15 盘上仪表安装	通过本单元学习及技能训练，可掌握盘上仪表安装的技能与方法，以及相应的施工工艺	1. 盘面开孔 2. 托架制作、安装 3. 仪表安装 4. 配线 5. 标志牌	现场模拟或结合现场实际	4
MU6 电缆敷设	LE16 电缆管敷设	通过本单元学习及技能训练，可掌握电缆管敷设的技能与方法，以及相应的施工工艺	1. 支架制作、安装 2. 电缆管弯制、安装 3. 金属软管、接头安装	现场模拟或结合现场实际	6
	LE17 线槽或桥架敷设	通过本单元学习及技能训练，可掌握线槽或桥架敷设的技能与方法，以及相应的施工工艺	1. 支架制作、安装 2. 线槽敷设（变宽、变高、转角） 3. 线槽出线处开孔 4. 盖板固定	现场模拟或结合现场实际	10
	LE18 接线盒安装	通过本单元学习及技能训练，可掌握接线盒安装的技能与方法，以及相应的施工工艺	1. 支架制作、安装 2. 接线盒安装 2.1 在步道栏杆外侧 2.2 在钢柱或混凝土柱上 2.3 成排变送器处 2.4 接地	现场模拟或结合现场实际	6

模块序号 及名称	单元序号 及名称	学习目标	学习内容	学习 方式	参考 学时
MU6 电缆敷设	LE19 电缆敷设	通过本单元学习及技能训练，可掌握电缆敷设的技能与方法，以及相应的施工工艺	1. 检查电缆绝缘，并记录 2. 电力控制、信号电缆分层敷设 3. 整理、排列、固定 4. 标志 5. 封堵	现场模拟或结合现场实际	6
	LE20 电缆做头接线	通过本单元学习及技能训练，可掌握电缆做头接线的技能与方法，以及相应的施工工艺	1. 固定、包扎、排列 2. 线芯弯曲、芯线顺时针弯圈 3. 校线、接线 4. 线号标志	现场模拟或结合现场实际	6
MU7 仪表管路敷设	LE21 仪表管冷弯配制	通过本单元学习及技能训练，可掌握仪表管冷弯配制的技能与方法，以及相应的施工工艺	1. 电动弯制 2. 手动弯制	现场模拟或结合现场实际	8
	LE22 仪表管路敷设	通过本单元学习及技能训练，可掌握仪表管路敷设的技能与方法，以及相应的施工工艺	1. 核对材质 2. 外观检查、内部清理 3. 膨胀 4. 坡度 5. 敷设 6. 固定	现场模拟或结合现场实际	8
	LE23 仪表阀门及附件安装	通过本单元学习及技能训练，可掌握仪表阀门安装的技能与方法，以及相应的施工工艺	1. 取源阀门 2. 仪表阀门 3. 平衡阀门 4. 排污阀门 5. 三阀组 6. 隔离罐、沉降器、集气器	现场模拟或结合现场实际	6

模块序号及名称	单元序号及名称	学习目标	学习内容	学习方式	参考学时
MU7 仪表管路敷设	LE24 管路及阀门严密性试验	通过本单元学习及技能训练，可掌握管路及阀门严密性试验的技能与方法，以及相应的施工工艺	1. 取源阀门 2. 风压管路 3. 气动信号管路 4. 氢管路 5. 油管路 6. 真空管路	现场模拟或结合现场实际	8
MU8 质量标准	LE25 施工质量验评标准	通过本单元学习后，熟悉相应施工项目的施工质量验评标准	与本岗位有关的验收规范及质量验评标准	授课结合自学	6
	LE26 运用全面质量管理知识	通过本单元学习后，掌握全面质量管理知识	1. 学习全面质量管理知识 2. 运用全面质量管理知识提高施工工艺质量	授课结合自学	10
MU9 施工技术管理	LE27 施工技术记录	通过本单元学习，掌握施工技术记录的填写方法	1. 施工技术记录 2. 设备缺陷处理记录 3. 隐蔽工程签证 4. 质量验收签证	授课结合自学	8
MU10 分部试运行	LE28 分部试运行	通过本单元训练，可掌握与本岗位有关设备的工作，以及部分故障的排除方法	1. 表计的投入、解列 2. 试运程序 3. 故障排除	现场模拟或结合现场实际与参与分部试运	16

表 2　　　　　职业技能模块及学习单元对照选择表

模块		MU1	MU2	MU3	MU4	MU5	MU6	MU7	MU8	MU9	MU10
内容		电建安装人员职业道德	电力建设安全规程及管理规定	取源部件安装	检测及控制仪表安装	仪表盘安装	电缆敷设	仪表管路敷设	质量标准	施工技术管理	分部试运行
参考学时		2	8	60	42	8	34	30	16	8	16
适用等级		初级 中级 高级 技师 高技	初级 中级 高级 技师 高技	初级 中级 高级 技师 高技	初级 中级 高级 技师 高技	初级 中级 高级 技师 高技	初级 中级 高级 技师 高技	初级 中级 高级 技师 高技	初级 中级 高级 技师 高技	初级 中级 高级 技师 高技	初级 中级 高级 技师 高技
LE学习单元选择	初	1	2、3		10、11	14、15	16、17、18、19、20	21、22、23、24	25、26	27	
	中	1	2、3	4、5、6	10、11、12、13	14、15	16、17、18、19、20	21、22、23、24	25、26	27	28
	高	1	2、3	4、5、6、7、8、9	10、11、12、13	14、15	16、17、18、19、20	21、22、23、24	25、26	27	28
	技师	1	2、3	4、5、6、7、8、9	10、11、12、13	14、15	16、17、18、19、20	21、22、23、24	25、26	27	28
	高技	1	2、3						26	27	28

表 3　　　　　　　　　　学习单元名称表

单元序号	单 元 名 称	单元序号	单 元 名 称
LE1	热控安装工职业道德	LE15	盘上仪表安装
LE2	电力建设安全工作规程	LE16	电缆管敷设
LE3	电力建设安全施工管理规定	LE17	线槽或桥架敷设
LE4	压力取源部件安装	LE18	接线盒安装
LE5	温度取源部件安装	LE19	电缆敷设
LE6	流量测量装置安装	LE20	电缆做头接线
LE7	液位测量装置安装	LE21	仪表管冷弯配制
LE8	分析仪表安装	LE22	仪表管路敷设
LE9	锅炉火焰检测及监视装置安装	LE23	仪表阀门及附件安装
LE10	压力、压差仪表及变送器安装	LE24	管路及阀门严密性试验
LE11	开关量仪表安装	LE25	施工质量验评标准
LE12	执行器安装	LE26	运用全面质量管理知识
LE13	气动基地式仪表安装	LE27	施工技术记录
LE14	仪表盘安装	LE28	分部试运

3 职业技能鉴定

3.1 鉴定要求

鉴定内容和考核双向细目表按照本职业（工种）《中华人民共和国职业技能鉴定规范·电力行业》执行。

3.2 考评人员

考评人员是在规定的工种（职业）、等级和类别范围内，依据国家职业技能鉴定规范和国家职业技能鉴定试题库电力行业分库试题，对职业技能鉴定对象进行考核、评审工作的人员。

考评人员分考评员和高级考评员。考评员可承担初、中、高级技能等级鉴定；高级考评员可承担初、中、高级技能等有技师、高级技师资格考评。其任职条件是：

3.2.1 考评员必须具有高级工、技师或者中级专业技术职务以上的资格，具有 15 年以上本工种专业工龄；高级考评员必须具有高级技师或者高级专业技术职务的资格，取得考评员资格并具有 1 年以上实际考评工作经历。

3.2.2 掌握必要的职业技能鉴定理论、技术和方法，熟悉职业技能鉴定的有关法律、法规和政策，有从事职业技术培训、考核的经历。

3.2.3 具有良好的职业道德，秉公办事，自觉遵守职业技能鉴定考评人员守则和有关规章制度。

PSI

鉴定试题库

4

4.1 理论知识（含技能笔试）试题

4.1.1 选择题

下列每题都有 4 个答案，其中只有一个正确答案，将正确答案填在括号内。

La5A1001 在两个以上的电阻相连的电路中，电路的总电阻称为（**B**）。

（A）电阻；（B）等效电阻；（C）电路电阻；（D）等值电阻。

La5A1002 金属导体的电阻与（**D**）无关。

（A）导体的长度；（B）导体的截面积；（C）材料的电阻率；（D）外加电压。

La5A2003 在串联电路中，电源内部电流（**B**）。

（A）从高电位流向低电位；（B）从低电位流向高电位；（C）等于零；（D）无规则流动。

La5A2004 一个工程大气压（kgf/cm^2）相当于（**C**）毫米汞柱。

（A）1000；（B）13.6；（C）735.6；（D）10 000。

Lc32A2005 电子线路中热稳定性差的元器件是（**B**）。

（A）电阻元件；（B）半导体元件；（C）电容元件；（D）电感元件。

La5A2006 电焊机一次侧电源线应绝缘良好，长度不得超过（**A**），超长时应架高布设。

（A）3m；（B）5m；（C）6m；（D）6.5m。

La5A2007 下列单位中属于压力单位的是（**C**）。

（A）焦耳；（B）牛顿·米；（C）牛顿/米^2；（D）公斤·米。

La5A2008 物质从液态变为汽态的过程叫（**B**）。

（A）蒸发；（B）汽化；（C）凝结；（D）平衡。

La5A2009 平垫圈主要是为了增大（**B**），保护被连接件。

（A）摩擦力；（B）接触面积；（C）紧力；（D）螺栓强度。

La5A2010 一个工程大气压（**kgf/cm^2**）相当于（**A**）毫米水柱（**mmH$_2$O**）。

（A）10 000；（B）13 300；（C）98 066；（D）10 200。

La5A3011 两个 5Ω 的电阻并联在电路中，其总电阻值为（**C**）Ω。

（A）10；（B）2/5；（C）2.5；（D）1.5。

La5A3012 有 4 块压力表，它们的误差绝对值都是 0.2MPa，则具有（**C**）量程的表准确度高。

（A）1MPa；（B）6MPa；（C）10MPa；（D）8MPa。

La5A3013 目前，凝汽式电厂热效率为（**B**）。

（A）25%～30%；（B）35%～45%；（C）55%～65%；

（D）75%～85%。

La5A4014 压力增加后，饱和水的密度（**B**）。

（A）增大；（B）减小；（C）不变；（D）波动。

La4A1015 任何热力循环的热效率永远（**A**）。

（A）小于1；（B）大于1；（C）等于1；（D）大于或等于1。

Lc32A2016 在现场用直流信号注入法检查故障时，可以用万用表的（**C**）挡来代替直流信号发生器。

（A）直流电压；（B）交流电压；（C）电阻；（D）交流电流。

La4A2017 蒸汽进入汽轮机中绝热膨胀做功，将热能转换为（**A**）。

（A）机械能；（B）压力能；（C）电能；（D）其他形式能。

Jd32A4018 用电压表测量 10mV 电势值，要求测量误差不大于 0.5%，应选择（**B**）电压表。

（A）量程 0～15mV，准确度 0.5 级；（B）量程 0～20mV，准确度 0.2 级；（C）量程 0～50mV，准确度 0.5 级；（D）量程 0～100mV，准确度 0.1 级。

La4A4019 单相整流电路中，二极管承受的反向电压的最大值出现在二极管（**A**）。

（A）截止时；（B）由截止转导通过程中；（C）导通时；（D）由导通转截止过程中。

La3A1020 微型计算机系统包括硬件和软件两大部分，其软件部分包括系统软件和（**D**）软件。

（A）存储；（B）输入、输出；（C）I/O；（D）应用。

La3A2021 可以存储一位二进制数的电路是（**C**）。

（A）单稳态触发器；（B）无稳态触发器；（C）双稳态触发器；（D）积分电路。

La2A1022 在 GB4457.1～84 和 GB4458.4～84 中，分别对图纸（**C**）及格式、比例、字体、图线和尺寸标注作了规定。

（A）大小；（B）长短；（C）幅面；（D）样式。

La2A1023 热力学温度的符号是（**B**）。

（A）K；（B）T；（C）t；（D）℃。

La2A2024 满足元件欧姆定律的条件是（**C**）。

（A）电流与电压的方向一致；（B）电压必须是常数；（C）电阻必须是常数；（D）电流必须是常数。

Jb43A3025 用 0.5 级电流表和 1.0 级电压表按欧姆定律测量电阻，所得电阻的测量误差范围在（**C**）之内。

（A）±0.5%；（B）±1.0%；（C）±1.5%；（D）+0.5%～−1.5%。

La2A3026 叠加原理只适用于计算线性电路中的（**D**），不适用于计算线性电路中的功率。

（A）电压；（B）电流；（C）电阻；（D）电压和电流。

La2A3027 在图 A-1 所示的电路中，已知 E=6V，R_1=4Ω，R_2=2Ω，R_3=7Ω，C 是电容，那么 R_2 两端的电压是（**B**）。

（A）1.8V；（B）2V；（C）4V；（D）6V。

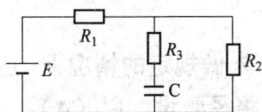

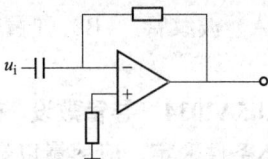

图 A-1　　　　　　　　　　　　图 A-2

La2A4028　图 A-2 是由集成运算放大器组成的运算电路，该电路是（**B**）。

（A）比例运算电路；（B）微分运算电路；（C）加法运算电路；（D）减法运算电路。

Je21A3029　DCS 通信网络冗余切换试验不正确的方法是（**D**）。

（A）任意节点上人为切断一条通信总线；（B）切投通信总线上的任意节点；（C）模拟故障（断开一根电缆或一个终端匹配器）；（D）停止一台操作员站电源。

Lb5A1030　镍铬—镍硅热电偶的分度号是（**C**）。

（A）S；（B）B；（C）K；（D）T。

Lb5A2031　划针尖端应磨成（**B**）。

（A）$10°\sim15°$；（B）$15°\sim20°$；（C）$20°\sim25°$；（D）$25°\sim30°$。

Le21A4032　对工业热电阻进行 100℃点检定时，恒温槽温度偏离 100℃的值应不大于 2℃，每 10min 温度变化值应不大于（**B**）。

（A）1℃；（B）0.04℃；（C）2℃；（D）0.4℃。

Lb5A2033　下列不属于压力变送器的敏感元件的是（**D**）。

（A）波纹管；（B）弹簧管；（C）膜盒；（D）弹片。

Lb5A2034 导管敷设，在设计未做规定的情况下，应以现场具体条件来定，应尽量以最短的路径敷设，以（**A**）。

（A）减少测量的时滞，提高灵敏度；（B）节省材料；（C）减少施工量；（D）减少信号能量损失。

Lb5A2035 不同直径管子对口焊接，其内径差不宜超过（**C**）mm，否则，应采用变径管。

（A）0.5；（B）1；（C）2；（D）3。

Lb5A2036 管路支架的间距宜均匀，无缝钢管水平敷设时，支架距离为（**B**）m。

（A）0.8～1；（B）1～1.5；（C）1.5～2；（D）2～2.5。

Lb5A2037 无缝钢管垂直敷设时，支架距离为（**A**）m。

（A）1.5～2；（B）2～2.5；（C）2.5～3；（D）3～3.5。

Lb5A2038 就地压力表，其刻度盘中心距地面高度宜为（**B**）m。

（A）1.2；（B）1.5；（C）1.8；（D）1。

Lb5A2039 相邻两取源部件之间的距离应大于管道外径，但不得小于（**A**）mm。

（A）200；（B）300；（C）400；（D）500。

Lb5A2040 电线管的弯成角度不应小于（**A**）。

（A）90°；（B）115°；（C）130°；（D）120°。

Lb5A2041 塑料控制电缆敷设时的环境温度不应低于

（**B**）℃。
（A）0；（B）−10；（C）−20；（D）−15。

Lb5A2042 电缆与测量管路成排上下层敷设时，其间距不宜小于（**A**）**mm**。
（A）200；（B）300；（C）400；（D）100。

Lb5A2043 镍铬—镍硅热电偶配用的补偿导线型号（**B**）。
（A）SC；（B）KC；（C）EX；（D）KS。

Lb5A2044 控制盘接地的目的是（**C**）。
（A）抗干扰；（B）保证设备安全；（C）保证人身和设备的安全；（D）保证人身安全。

Lb5A2045 差压管路敷设时应有一定的坡度，其值应大于（**B**）。
（A）1:8；（B）1:12；（C）1:15；（D）1:20。

Lb5A2046 就地压力表采用的导管外径不应小于（**C**）。
（A）$\phi 10$；（B）$\phi 12$；（C）$\phi 14$；（D）$\phi 16$。

Lb5A2047 电缆敷设终止点后的整理应（**B**）。
（A）从起点向终点；（B）从终点向起点；（C）从中间向两端；（D）从两端向中间。

Lb5A2048 节流件产生的差压与被测介质的流量之间关系是（**B**）。
（A）线性关系；（B）平方关系；（C）对数关系；（D）指数关系。

Lb5A3049 用热电偶测量温度时，当两端接点温度不同時，则回路产生热电势，这种现象叫做（**B**）。

（A）电磁感应；（B）热电效应；（C）光电效应；（D）热磁效应。

Lb5A3050 为了加大 U 形管压力计的量程，可采用密度（**B**）的工作液体。

（A）较小；（B）较大；（C）稳定；（D）可变。

Lb5A3051 弹簧管压力表上的读数是（**B**）。

（A）绝对压力；（B）表压力；（C）表压力与大气压之和；（D）表压力减去大气压。

Lb5A3052 某一热电偶的分度号是 S，其测量上限长期使用为 1300℃，短期使用可达 1600℃，该热电偶是（**A**）。

（A）铂铑 10—铂热电偶；（B）铂铑 30—铂铑 6 热电偶；（C）镍铬—镍硅热电偶；（D）铜—康铜。

Lb5A3053 铂热电阻的测温范围是（**C**）℃。

（A）–300～100；（B）–200～300；（C）–200～650；（D）–200～800。

Lb5A3054 控制电缆的使用电压为交流（**C**）及以下或直流 1000V 及以下。

（A）750V；（B）1000V；（C）500V；（D）250V。

Lb5A3055 管子在安装前，端口应临时封闭，以避免（**C**）。

（A）管头受损；（B）生锈；（C）异物进入；（D）变形。

Lb5A3056 油管路离开热表面保温层的距离不应小于（**B**）mm。

（A）100；（B）150；（C）300；（D）400。

Lb5A3057 电线管单根管子的弯头不宜超过两个，其弯曲半径不应小于电线外径的（**B**）倍。

（A）4；（B）6；（C）8；（D）10。

Lb5A3058 从型号"WTQ–280 型"中可认定，此设备是（**B**）。

（A）测温式压力计；（B）压力式温度计；（C）流速计；（D）差压计。

Lb5A3059 YTZ–150 型电阻远传压力表，其输出信号为（**C**）。

（A）电流值；（B）毫伏值；（C）电阻值；（D）脉冲信号。

Lb5A3060 XCZ–102 动圈式温度指示仪与热电阻的接法采用（**B**）。

（A）二线制；（B）三线制；（C）四线制；（D）五线制。

Lb5A3061 就地压力表安装时，其与支点的距离应尽量缩短，最大不应超过（**B**）mm。

（A）400；（B）600；（C）800；（D）1000。

Lb5A3062 单元组合仪表等各种变送器就地安装时，一般都由环形夹紧固定在垂直或水平安装的管状支架上，其管的直径为（**B**）mm。

（A）25～45；（B）45～60；（B）60～75；（D）75～90。

Lb5A3063 仪表管路敷设完毕后，应用（**B**）进行冲洗。

（A）煤油；（B）水或空气；（C）蒸汽；（D）稀硫酸。

Lb5A4064 热电偶补偿导线的作用是（**A**）。

（A）将热电偶的参考端引至环境温度较恒定的地方；（B）可补偿热电偶参考端温度变化对热电势的影响；（C）可代替参考端温度自动补偿器；（D）可调节热电偶输出电势值。

Lb5A4065 动圈指示表中的热敏电阻，是用来补偿（**A**）因环境温度变化而改变，以免造成对测量结果的影响。

（A）动圈电阻；（B）张丝刚度；（C）磁感应强度；（D）线路电阻。

Lb5A4066 铜—康铜热电偶的分度号及测温范围是（**C**）。

（A）E，$-200 \sim 900℃$；（B）J，$-40 \sim 75℃$；（C）T，$-200 \sim 350℃$；（D）K，$-200 \sim 35℃$。

Lb5A4067 仪表在敷设线路时，检测元件的信号线如遇动力电源线，两者应（**B**）。

（A）平行布线；（B）交叉布线；（C）垂直布线；（D）任意走线。

Lb21A3068 热电偶测温使用补偿线，下面说法不对的是（**B**）。

（A）补偿导线必须与相应型号的热电偶配用；（B）补偿导线在与热电偶、仪表连接时，两对连接点可以处于不同的温度下；（C）补偿导线和热电偶连接点温度不得超过规定使用的温度范围；（D）要根据所配仪表的不同要求选用补偿导线的线径。

Lb21A2069 DCS 环境温度过高会导致（**A**）。

（A）故障率增加，寿命降低；（B）产生锈蚀和腐蚀；（C）产生静电损害；（D）无影响。

Lb21A3070 DCS 机柜底座应作保护性接地，具体要求是（**C**）。

（A）底座与混凝土钢筋相连；（B）底座与柜内接地棒可靠相连；（C）底座与接地扁铁（接地网）焊接连接；（D）底座直接稳定固定在混凝土内。

Lb5A5071 DKJ 型电动执行器是（**B**）位移输出形式。

（A）直行程；（B）角行程；（C）线性行程；（D）非线性行程。

Lb5A5072 仪表测点的开孔应在（**A**）。

（A）管道冲洗之前；（B）管道冲洗之后；（C）任何时候；（D）试压之后。

Lb5A5073 弹簧管式压力表中，游丝的作用是为了（**A**）。

（A）减小回程误差；（B）固定表针；（C）提高灵敏度；（D）平衡弹簧管的弹性力。

Lb4A1074 盘底座安装后，应高出地面（**B**）mm，以便运行人员做清洁工作时防止污水流入表盘。

（A）5～10；（B）10～20；（C）20～30；（D）30～40。

Lb4A1075 盘底座安装时的垫铁间距不应超过（**C**）mm。

（A）0.5；（B）1；（C）1.5；（D）2。

Lb4A1076 下列不属于节流装置的有（**D**）。

（A）孔板；（B）喷嘴；（C）长径喷嘴；（D）阿纽巴管。

Lb4A1077 孔板和喷嘴上下游侧直管段的最小长度与（**D**）有关。

（A）管内介质流速；（B）管内介质黏度；（C）管子直径；（D）上游侧局部阻力形式。

Lb4A1078　若需在节流件上下游侧安装温度计套管,其与节流装置的直管段距离不应小于（**C**）D（D 为管道内径）。

（A）2；（B）4；（C）5；（D）7。

Lb4A1079　端子排并列安装时,其间隔不应小于（**C**）mm。

（A）50；（B）100；（C）150；（D）200。

Lb4A1080　接线时,每一个接线端子上最多允许接（**B**）根导线。

（A）1；（B）2；（C）3；（D）4。

Lb4A1081　被测介质具有腐蚀性时,必须在压力表前加装（**A**）。

（A）隔离装置；（B）冷却装置；（C）缓冲装置；（D）平衡装置。

Lb4A1082　玻璃管风压表的连接橡皮管应向上高出仪表（**C**）mm。

（A）50～100；（B）100～500；（C）150～200；（D）200～250。

Lb21A3083　热工仪表校验后,下列要求中描述不正确的是（**A**）。

（A）基本误差不应超过该仪表的允许误差的 1/2；（B）变差不应超过该仪表的精确度等级值的 1/2；（C）应保证始点正确,偏移值不超过基本误差的 1/2；（D）指针在整个行程中应无抖动、摩擦、跳跃等现象。

Lb4A2084 盘底一般露出底座（C）mm。
（A）0～2；（B）2～3；（C）3～5；（D）6～8。

Lb4A2085 盘底座水平误差不大于 0.15%，对角误差不大于（B）mm。
（A）1；（B）3；（C）5；（D）7。

Lb4A2086 取源部件的材质应根据（A）选择。
（A）介质的压力和温度参数；（B）流体的性质；（C）测点所处的位置；（D）机加工条件。

Lb4A2087 测孔应选择在管道的直线段上。因在直线段内，被测介质的质点流动是（B），最能代表被测介质的参数。
（A）紊流状态；（B）直线状态；（C）静压状态；（D）稳定状态。

Lb4A2088 桥架安装中，立柱的最大间距不大于（C）mm。
（A）1000；（B）1500；（C）2000；（D）2500。

Lb4A2089 在发电厂，干扰常以（C）的形式出现。
（A）热辐射；（B）机械振动；（C）电场或磁场；（D）噪声。

Lb4A2090 伴热蒸汽压力一般不应超过（B）MPa。
（A）0.5；（B）1；（C）1.5；（D）2。

Lb4A2091 检查真空系统的严密性，在工作状态下关闭取源阀门，15min 内其指示值降低应不大于（B）。

（A）1%；（B）3%；（C）5%；（D）7%。

Lb4A2092 盘内端子排离地面不应小于（**B**）mm。
（A）100；（B）150；（C）200；（D）250。

Lb4A2093 盘内圆形导线束的绑扎可用尼龙线或（**A**）。
（A）塑料固定带；（B）硬芯细导线；（C）铁皮固定带；
（D）绝缘塑料带。

Lb4A2094 电磁阀在安装前应进行校验检查，铁芯应无卡涩现象，线圈与阀间的（**D**）合格。
（A）间隙；（B）固定；（C）位置；（D）绝缘电阻。

Lb4A2095 执行机构绝缘电阻应合格，通电试运转时动作平稳，开度指示（**A**）。
（A）与输出相对应；（B）正确；（C）清楚；（D）无跳动。

Lb4A2096 钳工的主要任务是对产品进行零件（**B**），此外，还担负机械设备的维护和修理等。
（A）加工；（B）加工和装配；（C）维护；（D）维护和修理。

Lb4A2097 电能的单位是（**B**）。
（A）千克·米；（B）焦耳或千瓦·时；（C）马力；
（D）牛·米^2。

Lb4A2098 麻花钻头锥柄的扁尾用于（**A**）。
（A）增加传递扭矩、防止打滑、方便退出；（B）防止打滑；
（C）方便退出；（D）夹紧。

Lb4A2099 电缆敷设区域的温度不应高于电缆的长期工作允许温度，普通型电缆与热管道保温层交叉敷设时宜大于（**D**）。

（A）500mm；（B）400mm；（C）300mm；（D）200mm。

Lb4A2100 压力表所测压力的最大值一般应不超过仪表测量上限的（**B**）。

（A）1/3；（B）2/3；（C）4/5；（D）5/6。

Lb4A2101 下列各型号中代表压力真空表的是（**A**）。

（A）YZ；（B）YQ；（C）YO；（D）YA。

Lb4A2102 K 分度热电偶的负极是（**D**）材料。

（A）铜镍；（B）铁；（C）镍铬；（D）镍硅。

Lb4A2103 串联电容 C_1、C_2、C_3 的等效电容量为（**C**）。

（A）$C=C_1+C_2+C_3$；（B）$C=1/C_1-1/C_2-1/C_3$；（C）$1/C=1/C_1+1/C_2+1/C_3$；（D）$C=C_1 \times C_2 \times C_3$。

Lb4A2104 载流导体功率的大小与（**B**）无关。

（A）电流大小；（B）时间长短；（C）电压高低；（D）电阻大小。

Lb4A2105 AC、DC 分别表示（**A**）。

（A）交流电、直流电；（B）直流电；（C）交流电；（D）直流电、交流电。

Lb4A2106 一根长度为 L、电阻为 R 的导线，将其均匀拉长为 $2L$，其电阻为（**D**）。

（A）R；（B）$2R$；（C）$\dfrac{1}{2}R$；（D）$4R$。

Lb4A2107 一根长度为 L、电阻为 R 的导线，将其对折时（截面积增加 1 倍）则电阻为（**B**）。

（A）$2R$；（B）$\frac{1}{4}R$；（C）$\frac{1}{2}R$；（D）$4R$。

Lb4A2108 为了提高钢的硬度和耐磨度，可采用（**A**）。

（A）淬火处理；（B）回火处理；（C）退火处理；（D）冷加工处理。

Lb4A2109 特形面一般要用（**C**）来检验。

（A）千分尺；（B）游标卡尺；（C）样板；（D）角度尺。

Lb4A2110 安全生产方针是（**C**）。

（A）管生产必须管安全；（B）安全生产，人人有责；（C）安全第一，预防为主；（D）落实安全生产责任制。

Lb4A2111 低压架空线路一般不得采用裸线，采用铝或铜绞线时，导线截面积一般不得小于（**A**）。

（A）16mm^2；（B）20mm^2；（C）12mm^2；（D）24mm^2。

Lb4A2112 低压架空线路采用绝缘导线时，架设高度不得低于（**B**）。

（A）3m；（B）2.5m；（C）5m；（D）5.5m。

Lb4A2113 行灯电压不得超过 **36V**，潮湿场所、金属容器及管道内的行灯电压不得超过（**C**）。行灯电源线应使用软橡胶电缆，行灯应有保护罩。

（A）32V；（B）24V；（C）12V；（D）36V。

Lb4A2114 荷重超过 270kg/cm^2 的脚手架或（**B**）的脚手

架应进行设计，并经技术负责人批准后方可搭设。

（A）木杆搭设；（B）形式特殊；（C）钢管搭设；（D）工作需要。

Lb4A2115 钢丝绳应从卷筒下方卷入，卷筒上的钢丝绳应排列整齐，工作时最少应保留（**D**）。

（A）4 圈；（B）8 圈；（C）10 圈；（D）5 圈。

Lb4A2116 电焊机的外壳必须可靠接地，接地电阻不得大于（**C**）。

（A）3Ω；（B）6Ω；（C）4Ω；（D）10Ω。

Lb4A2117 高处作业的平台、走道、斜道等应装设（**A**）m 高的防护栏杆和 18cm 高的挡脚板，或设防护立网。

（A）1.05；（B）1.2；（C）1.5；（D）2。

Lb4A2118 试验用的压力表必须事先校验合格，压力试验过程中，当压力达（**C**）MPa 以上时，严禁紧固连接件。

（A）0.5；（B）0.54；（C）0.49；（D）0.45。

Lb4A3119 当差压计的安装位置高于节流装置时，应在信号管路的最高点装设空气收集器，以收集信号管路中的（**A**）。

（A）气体；（B）杂质；（C）污物；（D）冷凝水。

Lb4A3120 底座型钢调平调直后，再用线绳检查，线绳与槽钢面不贴的地方不应超过长度的 1/1000，最大不超过（**C**）mm，如不合格，就应进一步调整。

（A）2；（B）4；（C）5；（D）7。

Lb4A3121 合金钢部件安装前均应（**D**）。

（A）热处理；（B）电镀；（C）材料分析；（D）光谱分析。

Lb4A3122 取源部件之间的距离大于管道外径,但不小于（**C**）**mm**。

（A）100；（B）150；（C）200；（D）2500。

Lb4A3123 高压等级以上管道的弯头处不允许开凿测孔,测孔离管子弯曲点不得小于管子的外径,且不得小于（**B**）**mm**。

（A）50；（B）100；（C）150；（D）200。

Lb4A3124 主厂房内架空电缆与热体管路应保持足够的距离,控制电缆不小于（**C**）,动力电缆不小于 **1m**。

（A）0.5m；（B）1m；（C）0.3m；（D）1.5m。

Lb4A3125 在系统启动试运时,应对（**A**）仪表的显示值相互比较、校对,结果无异常。

（A）主要；（B）相关；（C）同类；（D）各种。

Lb4A3126 启动前,热工仪表及控制装置的（**D**）和系统调试应合格。

（A）综合实验；（B）外观检查；（C）单体校验；（D）总体检验。

Lb4A3127 仪表设备使用的 **24V** 直流电源的电压波动范围不超过（**C**）。

（A）±1%；（B）±3%；（C）±5%；（D）±10%。

Lb4A3128 仪表盘安装时,盘正面及正面边线的不垂直度应小于盘高的（**B**）。

（A）0.1%；（B）0.15%；（C）0.2%；（D）0.25%。

Lb4A3129　当工艺管道内有爆炸和火灾危险的介质密度大于空气密度时，安装的保护管（槽）线路应在工艺管道的（**C**）。

（A）5m 外；（B）10m 外；（C）上方；（D）下方。

Lb4A3130　电缆的弯曲半径不应小于其外径的（**C**）。

（A）6 倍；（B）8 倍；（C）10 倍；（D）12 倍。

Lb4A4131　在差压变送器的取压处和信号管路之间应加装冷凝器，以防止（**A**）直接进入差压计，使两管路内的液柱高度相等。

（A）高温介质；（B）杂质；（C）污物；（D）气体。

Lb4A4132　沿介质流动方向，压力测孔不可紧随温度测孔之后，是为了避免测温元件阻挡使流体产生（**D**）而影响测压。

（A）温降；（B）压差；（C）附加误差；（D）涡流。

Lb4A4133　不同分度号的温度补偿器主要区别在于（**C**）。

（A）桥臂电阻数值不同；（B）结构不同；（C）电桥工作电流不同；（D）供电原理不同。

Lb4A4134　就地压力表应安装盘管（环形管）（或缓冲管），其应安装在（**B**）。

（A）一次门后；（B）二次门后；（C）二次门前；（D）一次门前。

Lb4A5135　抗干扰有许多方式，其中双绞线是（**B**）方式。

（A）物理性隔离；（B）减少磁干扰；（C）屏蔽；（D）消磁。

Lb3A1136　仪表的校验点应在全刻度范围内均匀选取，其数目除特殊规定外，不应少于（**B**）点。

（A）6；（B）5；（C）4；（D）3。

Lb3A1137 直插补偿氧化锆氧量计，必须将测点选在（**C**）以上的地段。

（A）300℃；（B）450℃；（C）600℃；（D）800℃。

Lb3A1138 压力表安装在取样点下 **5m** 处，已知用来测介质压力的水压力表显示数是 **1.0MPa**，气压读数是 **0.1MPa**，则所测介质的绝对压力是（**D**）。

（A）1.6MPa；（B）1.5MPa；（C）1.45MPa；（D）1.05MPa。

Lb3A2139 可以把热工参数检测，调节控制的具体方案表示出来的图纸是（**C**）。

（A）安装接线图；（B）电气原理图；（C）控制流程图；（D）设计方案图。

Lb3A2140 比例调节作用在调节过程的（**D**）阶段起作用。

（A）起始；（B）终止；（C）中间；（D）整个。

Lb3A2141 用于气动单元组合仪表的信号气压一般为（**B**）**MPa**。

（A）0.01～0.05；（B）0.02～0.1；（C）0.5～0.2；（D）0.2～1。

Lb3A2142 主蒸汽温度调节系统在 **10%** 负荷阶跃扰动下，其汽温动态偏差应在（**C**）之内。

（A）±3℃；（B）±4℃；（C）±5℃；（D）±6℃。

Lb3A2143 连接执行机构与调节机构的连杆长度应可调且不宜大于（**D**）和有弯。

（A）2m；（B）3m；（C）4m；（D）5m。

Lb3A2144 凝汽器水位测量装置严禁装设（**A**）。

（A）排污阀；（B）平衡阀；（C）三通阀；（D）三组阀。

Lb3A2145 一块测量上限为 **10MPa** 的弹簧管压力表，在检定该压力表时，应选标准压力表的量程（计算值）是（**D**）。

（A）10MPa；（B）11.67MPa；（C）12MPa；（D）13.33MPa。

Lb3A2146 如果弹簧管压力表传动机构不清洁，将使其（**D**）。

（A）零位偏高；（B）指示偏高；（C）指示偏低；（D）变差增大。

Lb3A2147 水位测量采用补偿式平衡容器，它的补偿作用是对正压恒位水槽（**A**）进行补偿。

（A）温度；（B）压力；（C）水位；（D）温度、压力和水位。

Lb3A2148 在直径为（**A**）mm 以下的管道上安装测温元件时，如无小型温度计就应采用装扩大管的方法。

（A）76；（B）50；（C）89；（D）105。

Lb3A3149 国家检定规程规定，毫伏发生器的内阻不得大于（**B**）。

（A）15Ω；（B）5Ω；（C）1Ω；（D）0.5Ω。

Lb3A3150 多点配热电阻测温动圈表，使用中某点跑到最大，可能的原因有（**B**）。

（A）电阻局部短路；（B）电阻丝或引线断路；（C）仪表张丝断；（D）插管内积水积灰。

Lb3A3151 电缆接线时对线的目的主要是检查并确认

（**B**）两端的线号及其在相应端子上的连接位置是否正确。

（A）每根电缆；（B）同一根导线；（C）所有的导线；（D）不同的导线。

Lb3A3152 用来指导安装接线用的图纸是（**C**）。

（A）控制流程图；（B）电气原理图；（C）安装接线图；（D）设计方案图。

Lb3A3153 自动调节器的输入信号和内给定信号在输入回路中进行综合后得到二者的（**B**）信号。

（A）乘积；（B）偏差；（C）开方；（D）均差。

Lb3A3154 微分作用主要反应在调节过程的（**A**）阶段。

（A）起始；（B）结尾；（C）中间；（D）整个。

Lb3A3155 调速电机是由标准鼠笼型异步电动机、电磁转差离合器和控制器三部分组成的，适用于（**C**）场合。

（A）常变速；（B）调给粉量；（C）恒转矩负载；（D）间歇运转。

Lb3A3156 XCZ–102 型动圈仪温度指示仪与热电阻配套使用可测量–200～500℃温度。仪表的测量范围由（**B**）调整。

（A）线路电阻；（B）桥臂电阻；（C）热电阻；（D）零位调节钮。

Lb3A3157 在测量水和蒸汽流量时，如节流装置位置低于差压计时，为了防止空气侵入测量管路内，测量管路由节流装置引出时应先下垂，再向上接至仪表，其下垂距离一般不小于（**D**）mm。

（A）200；（B）300；（C）500；（D）800。

Lb3A3158 气体测量管路从取压装置引出时,应先向上引（**C**）mm，使受降温影响而折出的水分和尘粒沿这段直管道导回主设备，减少它们穿入测量管道的机会。

（A）200；（B）400；（C）600；（D）800。

Lb3A3159 热工仪表及控制装置的安装,应保证仪表和装置能准确、（**D**）、安全、可靠地工作，且应注意布置整齐、美观，安装地点采光良好，维护方便。

（A）导热；（B）无误；（C）快捷；（D）灵敏。

Lb3A4160 实现计算机分散控制的基础是（**A**）。

（A）执行级；（B）局部程序控制级；（C）协调控制级；（D）监督控制级。

Lb3A4161 全厂最高一级的计算机分散控制是（**C**）。

（A）执行级；（B）局部程序控制级；（C）协调级；（D）直接控制级。

Lb3A4162 当伺服放大器中的晶闸管或单结晶体管损坏时，必须（**A**）更换，以防止电机正反向逆转时的输入电流不对称。

（A）配对；（B）单独；（C）按原型号；（D）改型号。

Lb3A4163 一般要求晶闸管的反向漏电流应小于（**A**）μA，否则，容易烧坏硅整流元件。

（A）50；（B）100；（C）150；（D）200。

Lb3A4164 比例带和比例增益都是表征比例调节作用的特征参数，二者互为（**A**）。

（A）倒数；（B）乘数；（C）商数；（D）差数。

Lb3A4165 在流量测量过程中，由于孔板入口角的（**A**）及孔板变形，对测量精度影响很大。

（A）腐蚀磨损；（B）高温氧化；（C）杂质冲刷；（D）受热形变。

Lb3A4166 电子电位差计指示记录表，指针在指示位置抖动，其原因可能是（**B**）。

（A）有个别热偶虚接；（B）放大级增益过大；（C）伺服电动机轴部不洁油；（D）信号干扰。

Lb3A4167 调节阀的流量特性曲线的饱和区，应在开度的（**A**）以上出现。

（A）80%；（B）85%；（C）90%；（D）70%。

Lb3A4168 差压测量管路冲洗时，应先打开（**C**）。

（A）二次阀门；（B）排污阀门；（C）平衡阀门；（D）一次阀门。

Lc21A3169 热工仪表检查绝缘，正确的表述是：在用 **250V** 绝缘电阻表的测试条件下，（**C**）。

（A）动力回路外壳的绝缘不得低于 $100M\Omega$；（B）信号电触点对外壳的绝缘，不得低于 $20M\Omega$；（C）测量回路对地不得低于 $10M\Omega$；（D）测量回路与动力回路之间的绝缘，不得低于 $100M\Omega$。

Lb3A5170 在分散控制系统中，**DAS** 的主要功能是（**A**）。

（A）数据采集；（B）协调控制；（C）顺序控制；（D）燃烧器管理。

Lb3A5171 自动保护装置的作用是：当设备运行工况发生

异常或某些参数超过允许值时，发出报警信号，同时（**B**）避免设备损坏和保证人身安全。

（A）发出热工信号；（B）自动保护动作；（C）发出事故信号；（D）发出停机信号。

Lb3A5172 炉膛火焰检测探头一般应安装在炉膛火焰中心线（**A**）距离炉墙最近处，并且用压缩空气吹扫，冷却探头。

（A）上方；（B）中心；（C）中心线以下 1/2 处；（D）下方。

Lb2A1173 当汽轮机发生水冲击时，应（**D**）。

（A）减负荷；（B）停给水泵；（C）一般事故停机；（D）紧急破坏真空停机。

Lb2A1174 调节阀的漏流量一般应小于额定流量的（**B**）。

（A）20%；（B）15%；（C）10%；（D）5%。

Lb2A1175 仪表启动前，汽水管路应进行冲洗，一般冲洗次数不少于（**B**）。

（A）1 次；（B）2 次；（C）3 次；（D）4 次。

Lb2A1176 有 4 块压力表，它们的绝对误差值都是 **0.2MPa**，量程为（**D**）的表准确度高。

（A）1MPa；（B）4MPa；（C）6MPa；（D）10MPa。

Lb2A2177 遇到下列（**A**）情况时，要进行破坏真空紧急故障停机。

（A）润滑油压降至危险值；（B）润滑油压低于规定值；（C）交流润滑泵已启动润滑油压继续下降；（D）润滑油压指示不稳定。

Lb2A2178 负压燃烧锅炉的引风机故障停机后，送风机没有停机，这时将造成炉膛（**B**）而向外喷火。

（A）负压；（B）正压；（C）不平衡；（D）燃烧加强。

Lb2A2179 确认炉膛灭火而主燃料未自动跳闸时，应立即（**A**），并按规定进行炉膛吹扫。

（A）手动跳闸；（B）切断燃料；（C）切除油；（D）投入备用水泵。

Lb2A2180 对已投入运行的炉膛安全保护装置，燃烧自动控制等，不应任意（**A**）。

（A）解列；（B）停运；（C）拆除；（D）检修。

Lb2A2181 孔板的开孔直径 d 应在四个大致相等的角度上测量，并求出其平均值，要求各个单测值与平均值之差在（**C**）之内。

（A）0.2%；（B）0.03%；（C）0.05%；（D）0.07%。

Lb2A2182 电接点水位计的主要误差来源是（**A**）。

（A）相邻两接点之间的不灵敏区；（B）电极接通与断开的死区；（C）容器中溶液密度的变化；（D）没有排污。

Lb2A2183 测温范围在 1000℃左右时，最适宜选用的温度计是（**B**）。

（A）光学高温计；（B）铂铑 10—铂热电偶；（C）镍铬—镍硅热电偶；（D）铂铑 30—铂 6 热电偶。

Lb2A2184 现有的以下几种测温装置，在测量汽轮机轴瓦温度时，最好选用（**C**）。

（A）镍铬—镍硅热电偶；（B）充气压力式温度计；（C）铂

热电阻；（D）铜热电阻。

Lb2A2185 当凝汽器真空下降在保护动作值无法恢复时，应（**B**）。

（A）减负荷；（B）故障停机；（C）破坏真空故障停机；（D）重新启动真空泵。

Lb2A2186 密封垫圈的厚度通常规定为（**B**）。

（A）1～1.4mm；（B）1.5～2.5mm；（C）2.1～2.5mm；（D）2.6～3mm。

Lb2A2187 电动执行器伺服电机两绕组间接有一电容 **C** 的作用是（**B**）。

（A）滤波；（B）分相；（C）组成 LC 振荡；（D）抗干扰。

Lb2A2188 检查真空系统的严密性，在工作状态下关闭取源阀门，（**C**）内其指示值降低不应大于 **3%**。

（A）5min；（B）10min；（C）15min；（D）3min。

Lb2A2189 热工仪表及控制装置在机组试运期间主要参数仪表应 **100%** 投入，其优良率应为（**D**）。

（A）80%；（B）85%；（C）90%；（D）95%。

Lb2A3190 动圈表采用毫伏计的形式，极易将很小的直流信号转换成（**B**）指示。

（A）较小的位移；（B）较大的位移；（C）较大的电量；（D）较大的电压。

Lb2A3191 流量孔板采用法兰取压时，取压孔轴心线分别距节流件前后端面的距离为（**A**）。

（A）±25.4mm；（B）正取压距前端面 1*D*，负取压距前端面 *D*/2；（C）正取压孔距前端面 1*D*，负取压孔距前端面（0.2～0.8）*D*；（D）±28.4mm。

Lb2A3192 双金属温度计的感温元件，测量温度时必须是（**B**）。

（A）浸液 1/2；（B）全部浸液；（C）浸液 3/4；（D）浸入任何长度。

Lb2A3193 使用输出信号为 **4～20mA** 的差压变送器用于汽包水位测量时，当汽包水位为零时，变送器输出应为（**C**）。

（A）4mA；（B）10mA；（C）12mA；（D）20mA。

Lb2A3194 锅炉烟气中含氧量测量取样口，应设在锅炉燃料完全燃烧之后的位置，因此一般取在（**B**）。

（A）低温段，省煤器前后；（B）高温段，省煤器前后；（C）空气预热器前后；（D）引风机前。

Lb2A3195 汽轮机破坏真空停机时，禁止停止（**B**）。

（A）盘车；（B）轴封送汽；（C）润滑油；（D）给水泵。

Lb2A3196 调节门的死行程应小于全行程的（**B**）。

（A）3%；（B）5%；（C）8%；（D）10%。

Lb2A4197 当温度保持一定，且以空气作为参比气体的情况下，氧浓差电势与气体氧量的关系是随着气体含氧量的增加，氧浓差电势减小，并且是（**B**）的变化。

（A）线性；（B）非线性；（C）无规律；（D）阶跃式。

Lb2A4198 铠装热电偶是由外套（**A**）管，内装电熔氧化镁绝缘体和一对偶丝制成。

（A）耐酸不锈钢；（B）耐高温合金钢；（C）高速工具钢；（D）优质碳素结构钢。

Lb2A4199 便携型直流电位差计"标准"—"未知"开关合向"标准"时，若检流计始终向一边（接线正确），其原因可能是（B）。

（A）标准电池电阻过大；（B）内附电池电压过低；（C）检流计内阻过小；（D）检流计内阻偏大。

Lb2A4200 在自动记录仪表中,关于可逆电机不正确的说法是（B）。

（A）可逆电机是仪表随动系统的执行元件，可正反向旋转，其转向取决于放大器输出的控制电压相位；（B）可逆电机驱动滑动触点，以维持测量系统的平衡，而带动指针和记录笔及同步电机；（C）可逆电机控制绕组上并联的电容，主要是滤去高次谐波，消除干扰；（D）放大器输出电压的相位与电源电压相位相同或相反时，可逆电动机输出力矩最大。

Lb2A4201 8878型溶氧表原电池内充电解质溶液是（A）。
（A）KBr；（B）KCl；（C）NaCl；（D）HCl。

Lb2A4202 有一精度等级为 1.0 级的压力表，其量程为 $-0.1 \sim 1.6$MPa，则其允许误差为（D）。

（A）±0.014MPa；（B）±0.015MPa；（C）±0.016MPa；（D）±0.017MPa。

Lb2A4203 霍尔压力变送器，全量程指示偏小，其原因（B）。

（A）霍尔元件卡位；（B）霍尔片变质；（C）无控制电流；

（D）电源电压偏高。

Lb2A5204 DCS 主要包括过程控制级、**（A）** 和把二者连在一起的数据通信系统。

（A）控制管理级；（B）CPU 级；（C）CRT 级；（D）过程通道级。

Lb1A1205 锅炉的主燃料跳闸，系统电负荷及其他危及设备与人身安全的事故发生时，应 **（C）**。

（A）减负荷；（B）切断燃料；（C）紧急停炉；（D）立即报警。

Lb1A2206 在蒸汽流量阶跃增大扰动下，汽包水位 **（A）**。

（A）出现"虚假水位"；（B）立即上升；（C）立即下降；（D）不变。

Lb1A3207 不是因送、引风机跳闸引起的 MFT 动作，送、引风机 **（D）**。

（A）跳闸；（B）保持原状态；（C）转速波动；（D）不能跳闸。

La21A2208 以下关于玻璃液体温度计的测温误差说法不对的是 **（D）**。

（A）读数误差；（B）标尺位移；（C）弯月面顶部位移；（D）环境温度差异。

Lb1A3209 被测压力为脉动压力时，所选用压力表的量程为被测压力值的 **（B）**。

（A）1.5 倍；（B）2 倍；（C）2.5 倍；（D）3 倍。

Lb1A3210 在电厂锅炉安全门保护控制系统中,饱和蒸汽安全门动作的超压脉冲信号取自(**A**)。

(A)汽包;(B)主汽联箱;(C)给水;(D)过热器。

Lb1A3211 测量轴向位移的传感器,其安装位置距推力盘应不大于(**B**),否则,要对轴向位移的示值进行因轴向膨胀所引起的误差修正。

(A)20mm;(B)30mm;(C)40mm;(D)50mm。

Lb1A4212 检验孔板开孔直角入口边缘的尖锐度,一般是将孔板倾斜45°,在日光或人工光源射向直角入口边缘的条件下,使用(**B**)放大镜观察,应无光线反射。

(A)3～5倍;(B)4～12倍;(C)7～15倍;(D)10～20倍。

Ld21A3213 热工仪表检修对表指针质量的一般要求说法不对的是(**D**)。

(A)仪表指针不应有歪斜、卡涩与跳动现象,针尖部分应有明显的颜色;(B)针尖部的长度应能盖住最短分度线的1/4～3/4;(C)针尖的宽度应不超过最小分度间距的1/5;(D)指针距刻度间距离,一般工业表为0.5mm。

Lb1A4214 当吸风机全部停止时,自动保护系统动作,发生(**C**)。

(A)RB;(B)FCB;(C)MFT;(D)FTM。

Lc5A4215 划针一般用(**C**)制成。

(A)不锈钢;(B)高碳钢;(C)弹簧钢;(D)普通钢。

Lc5A3216 划针盘是用来(**A**)。

（A）划线或找正工件的位置；（B）划等高平行线；（C）确定中心；（D）测量高度。

Lc4A1217 扑灭电石火灾时可以用（D）灭火。

（A）水；（B）水加干砂；（C）泡沫灭火器；（D）干粉灭火器。

Lc4A2218 普通低合金结构钢焊接时，最容易出现的焊接裂纹是（C）。

（A）热裂纹；（B）再热裂纹；（C）冷裂纹；（D）层状撕裂。

Lc4A2219 人工拆卸和安装电机部件时，两个人的抬运重量不得超过（A）。

（A）100kg；（B）150kg；（C）200kg；（D）120kg。

Lc4A2220 高处作业区附近有带电体时，传递线应使用（D）。

（A）金属线；（B）潮湿的麻绳；（C）潮湿的尼龙绳；（D）干燥的麻绳或尼龙绳。

Lc4A2221 竹木脚手架的绑扎材料可采用（B）镀锌铁丝或直径不小于 **10mm** 的棕绳或水葱竹篾。

（A）5 号；（B）8 号；（C）10 号；（D）12 号。

Lc4A2222 悬挂式钢管吊架在搭设过程中，除立杆与横杆的扣件必须牢固外，立杆的上下两端还应加设一道保险扣件，立杆两端伸出横杆的长度不得小于（B）。

（A）30cm；（B）20cm；（C）50cm；（D）25cm。

Lc4A2223 精确度为 **1/20** 的游标卡尺，其主尺与副尺每格刻度相差（**C**）。

（A）0.5mm；（B）0.1mm；（C）0.05mm；（D）0.01mm。

Lc4A2224 凡在坠落高度基准面（**B**）有可能坠落的高处进行的作业均称为高处作业。

（A）3m 及以上；（B）2m 及以上；（C）1.5m 及以上；（D）4m 及以上。

Lc3A1225 锅炉水冷壁被加热升温，其传热方式主要是（**D**）。

（A）导热；（B）加热；（C）导热加对流；（D）热辐射。

Lc3A2226 当三台给水泵中出现任何两台掉闸时，应（**A**）。

（A）减负荷；（B）停电；（C）停炉；（D）抢修。

Lc2A2227 高压加热器装有（**B**）保护。
（A）压力；（B）水位；（C）温度；（D）安全门。

Lc2A3228 热处理就是使固态金属通过加热（**C**）和冷却的方法，改变其内部组织，从而获得预期性能的工艺过程。
（A）预热；（B）降温；（C）保温；（D）恒温。

Lc2A3229 高压加热器装置水位保护的主要作用是：避免高压加热器内一旦水管爆裂，给水流入蒸汽空间后发生（**C**）。
（A）锅炉暂时断水；（B）影响加热器工作；（C）高压水进入汽轮机；（D）汽水混合。

Lc1A2230 特殊工序是指（**C**）。

（A）需要有特殊技巧或工艺的工序；（B）有特殊质量要求的工序；（C）加工质量不能通过其后产品验证和试验确定的工序；（D）关键工序。

Lc1A3231　GB/T19000—2000 中"产品"是指（D）。
（A）硬件材料；（B）软件；（C）流程性材料；（D）服务。

Lc1A3232　GB/T19000—2000 中"产品质量"是指（D）。
（A）性能；（B）寿命；（C）可靠性；（D）一组固有特性满足要求的程度。

Lc1A3233　不合格是不满足（C）的要求。
（A）标准、法规；（B）产品质量、质量体系；（C）明示的、通常隐含的或必须履行的需求或期望；（D）标准、合同。

Lc1A3234　质量管理的目的在于通过让顾客和本组织所有成员及社会受益而达到长期成功的（C）。
（A）技术途径；（B）经营途径；（C）管理途径；（D）科学途径。

Lc1A3235　质量方针应由（A）颁布。
（A）组织的最高管理者；（B）管理者代表；（C）质量经理；（D）总工程师。

Lc1A3236　质量管理是一个组织（C）工作的一个重要组成部分。
（A）职能管理；（B）专业管理；（C）全面管理；（D）经济管理。

Lc1A3237　方针目标管理是一种（A）。

（A）综合管理；（B）技术管理；（C）生产管理；（D）经济管理。

Lc1A3238　调查表适用于（**C**）资料情况的整理。
（A）定量；（B）定性；（C）定量和定性；（D）不确定。

Jd5A1239　使用砂轮时人应站在砂轮（**B**）。
（A）正面；（B）侧面；（C）两砂轮中间；（D）背面。

Jd5A1240　钢直尺使用完毕，将其擦净封闭起来或平放在平板上，主要是为了防止直尺（**C**）。
（A）碰毛；（B）弄脏；（C）变形；（D）折断。

Jd5A1241　37.37mm=（**D**）inch。
（A）1.443；（B）1.496；（C）1.438；（D）1.471。

Jd5A1242　如图 A-3 所示，下列图形符号中表示信号灯的是（**A**）。
（A）⊗；（B）Ⓜ；（C）Ⓜ；（D）┤├。

Jd5A1243　下列文字符号中，表示热继电器的是（**C**）。
（A）L5；（B）CJ；（C）RJ；（D）JR。

Jd5A1244　下列文字符号中，表示磁放大器的是（**C**）。
（A）CJ；（B）SK；（C）CF；（D）CT。

Jd5A1245　测量二极管时，万用表拨到"欧姆挡"的（**B**）。
（A）R×1 挡或 R×10 挡；（B）R×100 或 R×1K 挡；（C）R×10K 挡；（D）R×1 挡。

Jd5A2246 锉削的表面不可用手摸擦，以免锉刀（**B**）。

（A）生锈；（B）打滑；（C）影响工件精度；（D）变钝。

Jd5A2247 乙炔瓶工作时要求（**B**）放置。

（A）水平；（B）垂直；（C）倾斜；（D）倒置。

Jd5A2248 乙炔瓶的放置距明火不得小于（**C**）。

（A）5m；（B）7m；（C）10m；（D）15m。

Jd5A2249 样冲的尖角一般磨成（**B**）。

（A）30°～45°；（B）45°～60°；（C）60°～75°；
（D）75°～80°。

Jd5A2250 确定尺寸精确程度的公差等级共有（**D**）级。

（A）12；（B）14；（C）18；（D）20。

Jd5A2251 5英分写成（**C**）。

（A）1/2；（B）5/12；（C）5/8；（D）6/8。

Jd5A2252 145mm=（**C**）inch。

（A）5.8；（B）5.577；（C）5.709；（D）5.701。

Jd5A2253 使用划针时，将划针紧贴于尺边，并将划针向尺边外倾斜大约（**A**）的角度。

（A）8°～15°；（B）15°～20°；（C）20°～25°；
（D）25°～30°。

Jd5A2254 划线盘在划线过程中的移动轨迹应为（**A**）。

（A）波浪线（～～～～）；（B）一条直线（———）；（C）点划线（—·—）；（D）虚线（·········）。

Jd5A2255 砂轮机砂轮片的有效半径磨损至原有半径的（**B**）就必须更换。

（A）1/2；（B）1/3；（C）2/3；（D）1/4。

Jd5A3256 为了提高钢的硬度和耐磨性，可采用（**A**）。

（A）淬火；（B）回火处理；（C）热处理；（D）锻打。

Jd5A3257 地规用完后应（**B**）。

（A）平放在工具箱；（B）悬挂在工具箱的箱壁上；（C）拆装零放；（D）包裹存放。

Jd5A3258 G3/4"为管螺纹，其3/4"指的是（**A**）。

（A）管的内孔直径；（B）螺纹部分的直径；（C）管子的壁厚；（D）螺纹的螺距。

Jd5A4259 用电钻或冲击钻开孔时，应将该钻头顶在工作面再开钻，以（**A**）。

（A）避免空打；（B）加快进度；（C）防止跑偏；（D）减震。

Jd5A4260 制氢室及固定储氢罐应悬挂警告牌，（**B**）m范围内严禁烟火，严禁放置易燃易爆物品。

（A）8；（B）10；（C）15；（D）25。

Jd5A4261 錾削平面用扁錾进行，每次錾削余量约（**B**）mm。

（A）0.2～1；（B）0.5～2；（C）1.5～3；（D）0.1～0.5。

Jd4A1262 9/32inch=（**C**）mm。

（A）7.312；（B）7.031；（C）7.144；（D）7.0。

Jd4A1263 立体划线时，通常选取（**C**）基准。

（A）1个；（B）2个；（C）3个；（D）多个。

Jd4A1264 一般的划线精度要求在（**B**）mm 之间。

（A）0.1～0.25；（B）0.25～0.5；（C）0.5～1；（D）0.8～1.5。

Jd4A2265 管螺纹的公称直径，指的是（**B**）。

（A）螺纹大径的基本尺寸；（B）管子内径；（C）螺纹小径的基本尺寸；（D）螺纹大径与螺纹小径。

Jd4A2266 采用双螺母连接结构的目的是为了（**C**）。

（A）加强螺母的强度；（B）提高螺纹连接的刚度；（C）防止螺纹松动；（D）以防螺母受力过大。

Jd4A2267 导管一般用（**A**）弯制。因为这样钢材的化学性能不变，且弯头整齐。

（A）冷弯法；（B）热弯法；（C）机械；（D）手工。

Jd4A2268 导管的弯曲半径，对于金属管应不小于其外径的（**A**）倍。

（A）3；（B）3.5；（C）4；（D）4.5。

Jd4A2269 对于塑料管，其弯曲半径不应小于其外径的（**B**）倍。

（A）3.5；（B）4.5；（C）5；（D）6。

Jd4A2270 键连接采用（**B**）配合。

（A）基孔制；（B）基轴制；（C）无基准件；（D）基准制。

Jd4A2271 根据平键的（C）不同，分为 A、B、C 型。

（A）截面形状；（B）尺寸大小；（C）头部形状；（D）长度。

Jd4A2272 研具材料比较被研磨的工件（A）。

（A）软；（B）硬；（C）软硬均可；（D）硬度一致。

Jd4A2273 红丹粉使用时可用（A）调合，它常用于钢和铸铁工件的刮削。

（A）机油；（B）乳化油；（C）煤油；（D）汽油。

Jd4A2274 仪表盘到达现场后，应存放在（B）。

（A）保温库内；（B）干燥的仓库内；（C）棚库内；（D）露天堆放场内。

Jd4A2275 连接盘面的螺栓、螺帽、垫圈等应是（C）。

（A）不锈钢材料；（B）铜材料；（C）有防锈层；（D）任意材质。

Jd4A3276 配合公差带的大小由（A）确定。

（A）标准公差；（B）基本偏差；（C）配合公差；（D）孔轴公差之和。

Jd4A3277 冷加工后的钢材，其强度（B）。

（A）减小；（B）增大；（C）不变；（D）变脆。

Je5A3278 控制盘找正时，检查垂直度常采用的方法是（B）。

（A）目测；（B）吊线坠；（C）水平尺；（D）水准仪。

Je5A3279 在煤粉管道上安装的测温元件，应装设（**B**）保护罩，以防元件磨损。

（A）固定；（B）可拆卸；（C）耐磨损；（D）抗撞击。

Je5A4280 安装水位测量取源装置时，其取源阀门应（**B**）。

（A）正装；（B）横装；（C）斜装；（D）立装。

Je5A5281 在触电者脱离电源后，发现心脏停止跳动，应立即（**B**）。

（A）送往医院；（B）就地进行急救；（C）通知医生到现场抢救；（D）通知救护车。

Je4A2282 一般在盘底与底座间加装厚度为 **10mm** 左右的（**B**），以防振动。

（A）不锈钢垫；（B）胶皮垫；（C）石棉垫；（D 紫铜垫。

Je3A2283 设备由低于−5℃的环境移入保温库时（**D**）开箱。

（A）可以立即；（B）应在 1h 后；（C）应在 10h 后；（D）应在 24h 后。

Je2A2284 就地显示压力表的安装高度一般为（**A**）。

（A）1.5m；（B）1.3m；（C）1m；（D）0.8m。

Je2A4285 磁性传感器的作用是将汽轮机转速转换成相应的（**A**）信号输出，并以数字方式显示汽轮机转速。

（A）频率为 f 的电压脉冲；（B）频率为 f 的电波脉冲；（C）频率为 f 的正弦波；（D）电阻。

Jf5A2286 吊方形物件时，四根绳索的位置应在重心的

（**C**）。

（A）左边；（B）右边；（C）四边；（D）两边。

Jf5A2287 竹片并列的脚手板，它是由宽为 **5cm** 的竹片侧叠而成，沿纵向用直径为 **10cm** 的螺栓栓紧，螺栓间距为（**C**）。

（A）10～20cm；（B）30～40cm；（C）50～60cm；（D）70～80cm。

Jf5A2288 容易获得良好焊缝成形的焊接位置是（**D**）。

（A）横焊位置；（B）立焊位置；（C）仰焊位置；（D）平焊位置。

Jf5A2289 普通碳素结构钢焊缝金属中的合金元素主要是从（**C**）中过渡来的。

（A）药皮；（B）母材；（C）焊芯；（D）药皮和母材。

Jf5A2290 为了防止或减少焊接残余应力和变形，必须选择合理的（**D**）。

（A）预热温度；（B）焊接材料；（C）热处理；（D）焊接顺序。

Jf5A2291 普通电力变压器不能作为弧焊电源是因为（**C**）。

（A）空载电压高；（B）动特性差；（C）外特性曲线是水平的；（D）成本高。

Jf5A3292 金属材料的基本性能包括使用性能和（**D**）两方面。

（A）化学性能；（B）物理性能；（C）机械性能；（D）工艺性能。

Jf5A3293 在对称三相电源为星形连接时，线电流是相电流的（**A**）。

（A）1倍；（B）$\sqrt{2}$倍；（C）$\sqrt{3}$倍；（D）2倍。

Jf5A3294 用电设备的电源引线不得大于（**C**）m，距离大于 **5m** 时，应设流动刀闸箱，流动刀闸箱至固定式开关柜或配电箱之间的引出线长度不大于 **40m**。

（A）10；（B）8；（C）5；（D）3。

Jf5A3295 定滑轮可以（**C**）。

（A）省力；（B）省功；（C）改变力的方向；（D）既省力又省功。

Jf5A3296 油压千斤顶在使用过程中只允许使用的方向是（**B**）。

（A）水平；（B）竖直；（C）倾斜；（D）任意方向。

Jf5A3297 使用手拉葫芦起重时，若手拉链条拉不动则应（**B**）。

（A）增加人数使劲拉；（B）查明原因；（C）猛拉；（D）用力慢拉。

Jf5A3298 使用白棕绳捆扎重物时，其安全系数应取（**B**）。
（A）10；（B）6；（C）3.5；（D）8。

Jf5A4299 分析质量数据的分布情况，用（**C**）。
（A）控制图；（B）排列图；（C）直方图；（D）因果图。

Jf4A2300 执行机构、各种导线、阀门、有色金属、优质钢材、管件及一般电气设备，应存放在（**B**）。

（A）保温库内；（B）干燥的封闭库内；（C）棚库内；（D）露天堆入场内。

Lb5A3301 绞芯线屏蔽电缆的作用是（**B**）。

（A）防止静电干扰；（B）防止电磁干扰；（C）防止地电位干扰；（D）都有。

Lb21A4302 锅炉汽包水位高、低保护测量系统中出现故障时应（**D**）。

（A）单点故障应自动转为二取一的逻辑判断方式；（B）单点故障不影响运行可以暂不处理；（C）当有两点因某种原因须退出运行时，应自动转为一取一的逻辑判断方式；（D）单点故障应自动转为二取一的逻辑判断方式，当有两点因某种原因须退出运行时，应自动转为一取一的逻辑判断方式，如逾期不能恢复，应立即停止锅炉运行。

Lb21A3303 汽轮机超速、轴向位移、振动、低油压保护、低真空保护，（**C**）应进行静态试验。

（A）每季度；（B）每年；（C）每季度及每次机组检修后启动前；（D）机组大修后。

Lb21A4304 标准节流装置使用过程中不正确的现象是（**B**）。

（A）必须保证节流装置的开孔与管道的轴线同心，并使节流装置端面与管道的轴线垂直；（B）在节流装置前后的两倍于管径的一段管道内壁上，有突出的部分；（C）节流装置前后必须配制一定长度的直管段；（D）安装时，被测介质的流向应与环室的方向一致。

Lb21A2305 工业用铜热电阻测温范围是（**A**）。

57

（A）–50～+150℃；（B）0～100℃；（C）–100～+100℃；（D）0～200℃。

Lb21A1306 铂热电阻 Pt100 的 R_0 名义值是（**B**）。

（A）1.428；（B）100；（C）50；（D）1.385。

Lb21A20307 热电偶产生热电势要求热电偶测量端和参考端之间必须（**A**）。

（A）有温差；（B）小于 100℃；（C）温度变化小；（D）恒温。

Lb21A1308 常用的工业标准化镍铬—镍硅Ⅱ级热电偶用于测温范围是（**B**）。

（A）–200～900℃；（B）–40～1200℃；（C）–40～750℃；（D）0～1600℃。

Lb21A2309 工业上通过热电阻来测温一般不采用的测量仪表是（**A**）。

（A）电位差计；（B）不平衡电桥；（C）手动平衡电桥；（D）电子平衡电桥。

Lb212310 现场安装弹簧管压力表时，不正确的说法是（**C**）。

（A）取压管口应与被测介质的流动方向垂直；（B）防止仪表的敏感元件与高温或腐蚀性介质直接接触；（C）压力仪表与取样管连接的丝扣应缠麻防止泄漏；（D）取压点与压力表之间的距离应尽可能短。

Lb21A2311 差压信号管路敷设，为了减小迟延，信号管路的内径应（**A**）。

（A）>（8～12）mm；（B）<（8～12）mm；（C）=12mm；
（D）=16mm。

Ld21A1312 差压仪表在运行过程中，如要进行排污冲洗时，必须先（**B**）。
（A）打开排污门；（B）打开平衡门；（C）关闭正压门；
（D）关闭负压门。

Lb21A3313 介质为气体的管道进行风压试验，用 **0.1～0.15MPa** 的压缩空气试压无渗漏现象，然后降至 **600mm** 水柱，（**B**）内压力降低值不超过 **5mm** 水柱。
（A）10min；（B）5min；（C）3min；（D）20min。

Lb21A1314 在相同温度下，产生热电势最大的热电偶是（**C**）。
（A）铂铑–铂热电偶；（B）镍铬–镍硅热电偶；（C）镍铬–考铜热电偶；（D）铁–铜镍热电偶。

Lb21A3315 用热电偶测量 0 以上的温度时，若与二次表相连接补偿导线极性接反，将使指示值（**C**）。
（A）偏高；（B）正常；（C）偏低；（D）不变。

Lb21A2316 一镍铬–镍硅热电偶的输出热电势为 **33.29mV**，已知其冷端环境温度为 **20℃**，且查镍铬–镍硅热电偶分度表，得知 **33.29mV** 对应温度为 **800℃**，则其热端所处温度为（**B**）。
（A）800℃；（B）820℃；（C）780℃；（D）不变。

Lb21A2317 热电偶测温时，输出信号应采用（**D**）连接。
（A）普通电缆；（B）屏蔽电缆；（C）通信电缆；（D）补

偿导线。

Lb21A2318 有一精度为 **1.0** 级的压力表，其量程为**–0.1～1.6MPa**，则其允许误差为（**B**）。

（A）±0.016MPa；（B）±0.017MPa；（C）±0.015MPa；（D）±0.018MPa。

Lb21A3319 压力表安装在取样点上方较高位置时，其零点（**A**）。

（A）采用正修正；（B）采用负修正；（C）不用修正；（D）可以采用正修正，也可以采用负修正。

Lb21A2320 被测量为脉动压力时，所选压力表的量程应为被测量值的（**C**）。

（A）1.5 倍；（B）1 倍；（C）2 倍；（D）0.5 倍。

Lc21A2321 锅炉在正常运行中，汽包上的云母水位计所示水位与汽包内实际水位比（**C**）。

（A）偏高；（B）相等；（C）偏低；（D）偏高或偏低。

La21A2322 仪表的精度等级是用（**C**）表示的。

（A）系统误差；（B）绝对误差；（C）允许误差；（D）相对误差。

La21A2323 灵敏度是表达仪表对被测参数变化的灵敏程度，这种说法（**B**）。

（A）不正确；（B）正确；（C）不一定正确；（D）可能正确。

La5A2324 液体的密度与其质量的关系是（**B**）。

（A）无关；（B）正比（体积一定）；（C）反比（体积一定）；

（D）正比。

La21A3325 汽轮机甩负荷后转速飞升过高的原因以下描述中不正确的是（**B**）。

（A）调门不能正常关闭或漏汽量过大；（B）调速系统迟缓率过大或部件卡涩；（C）调速系统动态特性不良；（D）调速系统调试整定不当。

Lc32A2326 氧气压力表严禁测量一切含油成分介质的压力，因此仪表上均标有（**C**）禁油标记。

（A）黄色；（B）蓝色；（C）红色；（D）黑色。

Lb32A3327 一般压力表的弹性元件，在测量高温介质的压力参数时，应使高温介质的冷却温度达到（**A**），方能进行测量。

（A）30～40℃以下；（B）50～60℃以下；（C）10～20℃以下；（D）100℃以下。

Lb4A2328 对压力表进行信号误差检定时，检定点应在测量范围的（**B**）之间选定。

（A）10%～70%；（B）20%～80%；（C）30%～90%；（D）50%以下。

La32A2329 气动仪表一般用于传递距离在（**B**）m 的范围内，要求防爆、运行安全、可靠的场合。

（A）< 300；（B）<150；（C）<50；（D）>30。

Lb3A3330 XC 系列热电偶动圈式温度仪表采用补偿导线法进行测温时，（**B**）。

（A）应把仪表的机械零点调在室温处；（B）应把仪表的机械零点调在 20℃处；（C）由于补偿导线补偿了热电偶的冷端，

仪表的机械零点应调在 0℃处；（D）仪表的机械零点应调在 0℃处，但仪表读出值应进行室温修正。

Lb21A3331 节流装置的（**A**）应与显示仪表的压差测量范围相一致。

（A）设计压差；（B）压差范围；（C）压头损失；（D）常用流量。

Lb2A3332 根据国家标准设计制造和安装的标准节流装置，可不必用（**C**）检定就能使用。

（A）标准器；（B）压缩空气；（C）现场校验；（D）标定。

Lb21A3333 当使用冷凝器时，正负压冷凝器应安装在垂直安装的引压管路上的（**C**），并具有相同的（**A**）。

（A）平衡高度；（B）最低处；（C）最高处；（D）垂直度。

Lb2A4334 使用压力液位计时，压力计通过取压管与仪表底部相连，而压力计的安装高度（**C**），否则指示值需加以修正。

（A）最好高于液位满量程高度；（B）最好等于液位满量程高度；（C）最好与取压点在同一水平面上；（D）最好在取压点和液位满量程高度之间。

Jb32A3335 热工仪表管路的敷设要尽量合理，否则将增加仪表设备的（**A**），影响测量与控制的准确性。

（A）延迟时间；（B）干扰信号；（C）损坏；（D）非线性。

Jd32A3336 测量黏度较大流体的压力时，在取压点与压力表之间应加装（**C**）。

（A）沉降器；（B）排污阀；（C）隔离器；（D）冷凝器。

Jd32A2337 当控制盘与控制台组合使用时，操作设备一般都布置在（**D**）。

（A）控制盘上部；（B）控制盘下部；（C）控制台立面上；（D）控制台台面上。

Jb32A2338 用 0.5 级量程 0～50mA 电流表去测量 20mA 电流，则测量误差为（**A**）。

（A）±0.1mA；（B）±0.25mA；（C）0.1mA；（D）0.25mA。

Jd32A2339 通常检定仪表时，读取数值应该是（**A**）。

（A）调节到被检仪表带数字刻度点，读取标准表的示值；

（B）调节到标准表带数字刻度点，读取被检仪表的示值；

（C）调节到被检仪表带数字刻度点，读取被检仪表的示值；

（D）任意方式都可以。

Jd43A3340 带电接点信号装置压力表的示值检定合格后，进行信号误差检定时，其方法是将上限和下限的信号接触指针分别定于（**B**）个以上不同的检定点上进行。

（A）2；（B）3；（C）5；（D）1。

Lb43A2341 电厂旋转机械的振幅的法定计量单位名称是（**C**）。

（A）丝米；（B）丝；（C）微米；（D）毫米。

Jd43A3342 汽轮机在 3000r/min 运行时，测得振级为 9.87m/s^2，则台面的双振幅为（**B**）μm。

（A）99.5；（B）199；（C）995；（D）9.87。

Je43A4343 气动调节型阀门、挡板调整过程中不正确的是（**D**）。

（A）在输入端缓慢加电流信号，直到输出轴开始转动，该输入不应超过 1.5%；（B）分别输入 25%、50%、75%信号，输出轴在相应的正、反行程摆动的次数不应超过三次；（C）断电信号给出后，执行机构的自锁应在 1s 内完成；（D）手动调整气源压力到 0.1MPa±10%。

Jb43A4344　烟气在线监测仪不能监测烟气中的参数是（**C**）。

（A）SO_2；（B）NO_X；（C）pH 值；（D）颗粒物。

Jb21A4345　分散控制系统接地系统与电厂电力系统共用一个接地网时，分散控制系统地线与电气接地网的接地电阻不大于（**C**）Ω。

（A）0.1；（B）0.2；（C）0.5；（D）1。

Lc2A4346　火焰的（**A**）信号更能区分不同类型的火焰。

（A）频率；（B）强度；（C）亮度；（D）形状。

Je4A3347　就地压力表的安装高度一般为（**A**）m 左右。

（A）1.5；（B）1.3；（C）1；（D）2。

Lb32A3348　分散控制系统工作环境的温度变化率应小于（**D**）。

（A）2℃/h；（B）3℃/h；（C）4℃/h；（D）5℃/h。

Jb21A4349　新建分散控制系统要求空余 I/O 和空端子排的数量不低于总使用量的（**B**）。

（A）5%～10%；（B）10%～15%；（C）15%～20%；（D）20%以上。

Lb21A4350 在分散控制系统中，信息传输是存储转发方式进行的网络拓扑结构，属于（**A**）。

（A）环形；（B）总线形；（C）树形；（D）星形。

Lb32A4351 哪个模拟量控制系统不宜采用基地式控制（**C**）。

（A）高加水位；（B）轴封供汽压力；（C）除氧器水位；（D）凝汽器水位。

Lb32A4352 现场总线设备之间的通信是（**C**）。

（A）单点通信；（B）单向通信；（C）双向串行通信；（D）单节点数字通信。

Lc21A4353 当物体结构形状复杂，虚线就愈多，为此，对物体上不可见的内部结构形状采用（**C**）来表示。

（A）旋转视图；（B）局部视图；（C）全剖视图；（D）端面图。

Lc32A3354 合金钢仪表管材质可通过下列方法鉴定（**A**）。

（A）光谱定性分析；（B）依据出厂批号；（C）肉眼观察；（D）通过标签分辨。

La32A4355 让交流电和直流电分别通过阻值完全相同的电阻，如果在相同的时间里，这两种电流产生的（**C**）相等，我们就把此直流电的数值定义为该交流电的有效值。

（A）电功率；（B）电能；（C）热量；（D）温度。

Jd32A2356 发生电火警时，在没有确知电源已经被确定的情况下，不能使用的灭火器是（**B**）。

（A）干粉灭火器；（B）泡沫灭火器；（C）二氧化碳灭火

器；（D）1211 灭火器。

Jd4A2357 凡是遇到有人触电，必须用最快的方法，首先要做的事情是（**A**）。

（A）使触电者脱离电源；（B）拨打急救医院电话 120；（C）进行人工呼吸；（D）心脏胸外挤压。

Lb21A4358 稳定性是现代仪表的重要性能指标之一，在（**A**）工作条件内，仪表某些性能随时间保持不变的能力称为稳定性（稳定度）。

（A）规定；（B）标准；（C）实际；（D）任何。

Lb21A4359 可靠性是现代仪表的重要性能指标之一，通常用（**B**）来描述仪表的可靠性。

（A）平均故障发生时间；（B）平均无故障时间 MTBF；（C）平均故障发生次数；（D）平均无故障发生次数。

Lb21A4360 线性度是数字式仪表的重要性能指标之一。线性度的表示通常用实际测得的输入-输出特性曲线（称为校准曲线）与理论直线之间的（**A**）与测量仪表量程之比的百分数来表示。

（A）最大偏差；（B）最小偏差；（C）平均偏差；（D）偏差。

Je43A3361 常温下，（−40～250℃）应优先选用（**B**）填料。

（A）石墨环；（B）聚四氟乙烯；（C）石棉-聚四氟乙烯；（D）石棉-石墨。

Jd32A4362 仪表总耗气量的计算方法有汇总法、经验估算法和（**C**）。

（A）调节回路数法；（B）调节阀台数法；（C）仪表台件核算法；（D）最大耗气量法。

Je32A3363 仪表工作电源容量一般按各类仪表耗电量总和的（**B**）倍计算。

（A）1.5；（B）1.2；（C）2；（D）1.6。

Je32A2364 仪表工作接地的原则是（**A**）。

（A）单点接地；（B）双点接地；（C）多点接地；（D）没有要求。

Lc21A4365（**B**）是施工的依据，也是交工验收的依据，还是工程预算和结算的依据。

（A）施工准备；（B）施工图；（C）施工方案；（D）图纸。

Lc21A4366（**C**）是施工准备的关键。

（A）资料准备；（B）技术准备；（C）物资准备；（D）标准仪器准备。

Je32A4367 仪表盘安装时，盘正面及正面边线的不垂直度应小于盘高的（**A**）。

（A）0.1%；（B）0.15%；（C）0.2%；（D）0.25%。

Je32A3368 就地压力表应安装弹簧圈（或缓冲管），其应安装在（**B**）。

（A）一次门后；（B）二次门后；（C）二次门前；（D）一次门前。

Jd32A2369 安装水位测量取源装置时，其取源阀门应（**A**）。

（A）横装；（B）斜装；（C）立装；（D）正装。

Je32A3370 管路沿水平敷设时应有一定的坡度，差压管路应大于（**B**）。

（A）1:10；（B）1:12；（C）1:50；（D）1:100。

Jd32A3371 管路支架的间距宜均匀，无缝钢管水平敷设时，支架间距为（**B**）。

（A）0.5～0.7m；（B）0.7～1m；（C）1～1.5m；（D）1.5～2m。

Je32A4372 仪表管子弯曲半径，对于金属管不应小于其外径的（**C**）。

（A）4倍；（B）3.5倍；（C）3倍；（D）5倍。

Je32A3373 在水平管道上测量气体压力时，取压点应选在（**A**）。

（A）管道上部、垂直中心线两侧45°范围内；（B）管道下部、垂直中心线两侧45°范围内；（C）管道水平中心线以上45°范围内；（D）管道水平中心线以下45°范围内。

Lb32A4374 用K分度的热电偶测量主蒸汽温度时，误用了E分度号的补偿导线，造成的误差将会使（**A**）。

（A）指示偏大；（B）指示偏小；（C）指示不变；（D）要视具体温度而定。

Jd43A4375 在生产厂房内外工作场所的井、坑、孔、洞或沟道，必须覆以与地面平齐的坚固的盖板。如因施工需取下盖板时，必须（**C**）。

（A）派人看守；（B）挂警告标志；（C）设临时围栏；（D）周围摆放障碍物。

Jd2A3376 在进行气焊工作时，氧气瓶与乙炔瓶之间的距离不得小于（**C**）。

（A）4m；（B）6m；（C）8m；（D）10m。

Je32A2377 选取压力表的测量范围时，被测压力不得小于所选量程的（**A**）。

（A）1/3；（B）1/2；（C）2/3；（D）3/4。

Je32A3378 当需要在阀门附近取压时，若取压点选在阀门前，则与阀门的距离必须大于（**C**）管道直径。

（A）0.5 倍；（B）1 倍；（C）2 倍；（D）3 倍。

Lb32A4379 在流量测量中，孔板测量和喷嘴造成的不可逆压力损失是（**B**）。

（A）孔板=喷嘴；（B）孔板＞喷嘴；（C）孔板＜喷嘴；（D）不能确定。

Lb43A3380 在规定条件下时，变送器各端子之间的绝缘电阻应满足下列要求，输出端子–接地端子、电源端子–接地端子、电源端子–输出端子分别为（**B**）MΩ。

（A）20、20、20；（B）20、50、50；（C）20、50、100；（D）50、100、100。

Lb21A4381 孔板入口边缘不尖锐和孔板弯曲对流量示值造成的影响分别是（**D**）。

（A）偏高、偏低；（B）偏低、偏高；（C）不受影响；（D）可能偏低或偏高。

La3A2382 在方框图中，指向方框的箭头表示（**A**），是引起变化的原因。

（A）输入信号；（B）输出信号；（C）被调量信号；（D）以上都不是。

Lc4A2383 平垫圈主要是为了增大（**B**），保护被连接件。

（A）摩擦力；（B）接触面积；（C）紧力；（D）螺栓强度。

Jb3A3384 水平安装的测温元件，若插入深度大于（**C**）时，应有防止保护套管弯曲的措施。

（A）0.5m；（B）0.8m；（C）1m；（D）1.2m。

Jd4A2385 用锉刀光整平面时，可将锉刀横过来沿工件推动，前进方向应（**A**）。

（A）顺锉纹；（B）逆锉纹；（C）与锉纹成45°；（D）顺、逆锉纹都可以。

Jd4A2386 使用砂轮机时，人站在与砂轮机中心线成（**B**）的地方。

（A）30°；（B）45°；（C）60°；（D）75°。

Lc4A3387 现场施工中，攀登阶梯的每档距离不应大于（**B**）cm。

（A）30；（B）40；（C）45；（D）60。

Jd4A2388 砂轮机砂轮片的有效半径磨损至原有半径的（**B**）就必须更换。

（A）1/2；（B）1/3；（C）2/3；（D）1/4。

Lb3A4389 压力变送器安装在取样点上方较高位置时，其零点采用（**A**）。

（A）正向迁移；（B）负向迁移；（C）不用迁移；（D）根

据实际情况而定。

Jd3A4390　对于采用无支架方式安装的就地压力表，其导管外径不小于 $\phi14mm$，但表与支持点之间的距离最大不超过（**A**）。

（A）600mm；（B）800mm；（C）1000mm；（D）400mm。

Lb1A3391　表示自动化系统中各自动化元件在功能上相互联系的图纸是（**B**）。

（A）控制流程图；（B）电气原理图；（C）安装接线图；（D）梯形图。

Lb2A4392　要了解一台机组的自动化程度，首先要熟悉（**C**）。

（A）安装接线图；（B）电气原理图；（C）控制流程图；（D）梯形图。

Lb3A3393　工业电视的信号传输可采用（**B**）。

（A）双绞线；（B）同轴电缆；（C）护套线；（D）屏蔽线。

Lb3A3394　电气原理图中的各种电器和仪表都是用规定的（**A**）表示的。

（A）符号；（B）图形；（C）线段；（D）方框。

Jc3A3395　测量工作电压为 **380V** 的电气设备绝缘电阻时，应选用（**A**）。

（A）500V 绝缘电阻表；（B）500 型万用表；（C）1000V 绝缘电阻表；（D）250V 绝缘电阻表。

4.1.2 判断题

判断下列描述是否正确。对的在括号内打"√"，错的在括号内打"×"。

La5B1001 50Hz 的频率在工业上广泛应用，所以叫做工频。（√）

La5B1002 电位就是电压，是对参考点的电压。（√）

La5B1003 电流的方向就是自由电子的运动方向。（×）

La5B1004 螺纹旋向有两种。（√）

La5B1005 二极管是一个线性元件。（×）

La5B2006 优质碳素钢牌号数字表示平均含碳量是百分之几，如 45 表示含碳量为 45%的优质碳素钢。（×）

La21B2007 国际单位制压力的基本单位是 MPa。（×）

Lc21B3008 数/模转换器是把代表某量的数字码转换成频率随数码值而变的脉冲输出。（×）

Lb21B4009 现场总线是一条用于连接现场智能设备与自动化系统的全数字、双向、多点链接的通信线路。（√）

La5B3010 在 GB 1800—1979《公差与配合》中规定，D 表示基准孔，d 表示基准轴。（×）

La5B3011 温度对三极管输入特性没有影响，只对输出特性有影响。（×）

Jb32B3012 电气原理图是表示控制系统中各个元件在电气上相互连接的图样。（√）

La5B4013 放大器没有交流信号输入时的状态叫静态。（√）

La5B5014 凡是有温度差存在的地方，必然有热量的传递。（√）

Ld21B1015 使用电钻等电气工具时不得戴绝缘手套。（×）

La4B1016 因为磁铁的 N 极和 S 极总是成对出现的，所以磁力线总是闭合的。（√）

La4B1017 采用双螺母连接结构的目的是为加强螺母的强度。（×）

La4B1018 任何热机都不可能将吸收的热量全部变成功。（√）

La4B1019 磁力线是人们假想出来的线。（√）

La4B1020 电场是一种特殊的空间，而不是物质。（×）

La4B1021 电路的组成只有电源和负载。（×）

La4B2022 液面上的压力越高，液体蒸发的速度越快。（×）

La4B2023 选择整流二极管主要考虑两个参数，反向击穿电压和正向平均电流。（√）

La4B2024 磁场总是伴随着电流而存在的，而电流则永远被磁场包围。（√）

Lb21B2025 漏电保护器对两相触电不能进行保护，对相间短路也起不到保护作用。（√）

La4B2026 严禁在油管路的正下方、燃气管路的正下方平行敷设电缆。（√）

Lb32B3027 根据电网负荷指令控制发电功率的自动控制，简称为 AGC。（√）

Lb21B2028 弱电信号测量不可利用对芯绞线抑制电磁干扰的影响。（×）

La4B2029 测量气体的管路应由测点向上敷设，测量液体的管路应由测点向下敷设。（√）

La4B3030 敏感元件也叫检出元件，是直接响应被测变量，并将它转换成适于测量形式的元件或器件。（√）

La4B3031 在绝热过程中，工质通过降低自身的内能来对外做功。（√）

La4B3032 单相桥式整流电路流过每只二极管的平均电

流只有负载电流的一半。（√）

La4B3033　单相桥式整流电路在输入交流电压的半个周内都有两支二极管导通。（√）

Lb21B3034　DCS 装置的接地包括机柜接地及屏蔽层接地。（√）

La4B4035　导线通过交流电时，电流在导线截面上的分布是均匀的。（×）

La4B4036　大气压力就是地球表面大气自重所产生的压力，它不受时间、地点变化的影响。（×）

Lb21B3037　DCS 机柜都备有接地棒，机柜的接地棒有两个，与箱体绝缘的称为逻辑地（PG），与箱体连通的称为保护地（CG）。（√）

La3B1038　质量管理中，"自检"是生产工人"自主把关"。（√）

La3B1039　质量管理是企业管理的基础管理。（√）

La3B1040　施工作业计划是根据企业的施工计划、建设工程的施工组织设计和施工现场的具体情况编制的。（√）

Lb21B3041　DCS 机柜工作环境的尘埃量超标不会导致装置误动作。（×）

La3B2042　液位静压力 p、液体密度 ρ、液注高度 h 三者之间存在着如下关系：$h=p/\rho g$。（√）

La3B2043　微分电路在数字电路中的作用是将矩形脉冲波变成三角波。（×）

La3B2044　"互检"就是同工序生产工人之间的互相检查。（×）

La3B2045　施工作业计划一般是由班组编制，经企业计划部门审核，由主管施工的领导批准后再转回给班组，作为班组施工的依据。（×）

La3B2046　班组就是企业根据劳动分工与协作的需要，由一定数量的生产资料和具有一定生产技能的工人，组合在一起

的最基层的生产和管理机构。（√）

La3B3047 在多级放大器中，我们希望每级的输入电阻大，输出电阻小。（√）

La3B3048 电子电位差计放大器的作用是将来自测量线路的不平衡电压进行放大，以便驱动可逆电机转动。（√）

La2B1049 "或"门可用来实现逻辑加法运算。（√）

La2B2050 构成计数器的最基本的电路是双稳态电路和触发电路。（√）

Jb32B3051 带有后备电池的模件，其后备电池应在电量耗尽后及时更换。（×）

La2B2052 RC 电路的充电时间长短与 R 和 C 的值有关。（√）

La2B2053 正弦量的相位是随时间变化的，但同频率的正弦量的相位差是不变的。（√）

La2B3054 为使放大器工作稳定，电路中常采用反馈；为使电子振荡器维持振荡，电路中常采用负反馈。（×）

La2B3055 微分环节的输出量与输入量的变化速度成正比。（√）

La2B3056 电感为 L 的线圈在正弦交流电路中消耗的能量为 LI^2。（×）

La2B3057 在纯电感正弦交流电路中，电压与电流是同频率的正弦交流电，由于电压与自感电动势是反相位的，所以自感电动势滞后电流 $90°$。（√）

La2B5058 工业控制计算机可对生产过程进行事故预报、处理、控制各种设备的自动启停等。（√）

La1B2059 数码寄存器是"记忆"电路，所以它的基本单元必须是能"记忆"的元件。（√）

La1B2060 在直流电路中，由于直流的频率为零，所以容抗和感抗都为零。（×）

Ld21B2061 使用砂轮切割机必须使用合适的漏电保护开

关，并安装接地线。（√）

La1B3062 管路的严密性试验必须在管路的防冻、防腐及保温施工前进行。（√）

La1B3063 只要将放大器的输出引入到输入端，该放大器就会变成振荡器。（×）

Lb5B1064 取样导管是用于取引蒸汽、水、烟气、氢气等介质的样品，用于成分分析。（√）

Lb5B1065 引压导管越长越好。（×）

Lb5B1066 电接点水位计的电接点安装在测量筒壁上。（√）

Lb5B1067 测量值小数点后面位数越多，测量越准确。（×）

Lb5B1068 文字符号"SB"表示按钮开关。（√）

Lb5B1069 接线时，用螺丝固定的线头，可用尖嘴钳按逆时针方向弯成圆圈。（×）

Lb5B1070 由电线槽中间引出导线时，应用机械加工方法开孔，并采用电线管或金属软管保护导线。（√）

Lb5B1071 就地压力表所测介质温度低于 75℃时，仪表阀门前应装 U 形或环形管。（×）

Lb5B1072 油管路敷设时，只要距热表面有足够的距离，则可以平行布置在热表面上部。（×）

Lb5B1073 管道中滤网的堵塞反映在滤网前后压差增大，因此可以直接使用压差开关测量滤网前后的压差。（√）

Lb5B2074 在高温高压和合金材料制成的容器或管路上固定支架时，可采用焊接。（×）

Lb5B2075 为了测量准确、运行方便，风压管路上一般也应安装阀门。（×）

Lb5B2076 测量管路是指把被测介质自取源部件传送到测量仪表或变送器，用于测量压力、差压等。（√）

Lb5B2077 差压测量的正、负压管路，其环境温度应相同。（√）

Lb5B2078　新建机组，DCS 每块模块的 I/O 通道应逐点进行精度测试。（√）

Lb5B2079　无论压力高低，在压力、流量和水位取样时，皆可采用与测量管相当的无缝钢管制的插座。（×）

Lb5B2080　DKJ 型电动执行中的位置发生器把输出角（0～90°）线性地转换成电流（0～10mA）。（√）

Lb5B2081　数据通信总线的负荷率，以太网应不大于40%，其他网络应不大于 20%。（×）

Lb5B2082　单圈弹簧管压力表广泛用于测量对铜合金不起腐蚀作用的液体，气体和蒸汽介质的压力。（√）

Lb5B2083　电缆应按最短路径集中敷设。（√）

Lb5B2084　取源阀门及其以前的管路应参加主设备的严密性试验。（√）

Lb5B2085　在压力管道上和设备上开孔,应采取的方法是氧乙炔焰切割。（×）

Lb5B2086　当压力取源部件和测温元件在同一管段上邻近装设时，按介质流向前者应在后者的下游。（×）

Lb5B2087　就地安装的差压计，其刻度盘中心距地面高度为 1.2m。（√）

Lb5B2088　管子弯曲半径，对金属管不应小于其外径的 3倍。（√）

Lb5B2089　在满足要求的情况下导管应尽量短，但对于蒸汽测量管路，为了使导管内有足够的凝结水，管路又不应太短。（√）

Lb5B2090　取源阀门压力参数通常用公称 PN 表示，它指的是设计介质温度下的正常允许工作压力。（×）

Lb5B2091　压力表所测压力的最大值一般不超过仪表测量上限的 $\frac{2}{3}$。（√）

Lb5B2092　图形符号"====="表示屏蔽导线。（√）

Lb5B2093 图形符号"⊖"表示就地安装的仪表。（√）

Lb5B2094 图形符号"⊖⊖"表示盘台面安装的双笔或双针仪表。（√）

Lb5B3095 工作介质为水或油，最大压力为 1MPa，工作温度 40℃以下时，可选用绝缘纸垫片。（√）

Lb1B4096 测量锅炉过热器、再热器管壁温度的热电偶，其测量端宜装在离顶棚管上面 100mm 内的垂直管段上。（√）

Lb5B3097 "YQ–60"型号的弹簧管压力表，其符号意义为外径 60mm 的乙炔压力表。（×）

Lb5B3098 成排敷设的管路间距应均匀，且应牢固地电焊在支架上。（×）

Lb5B3099 仪表盘安装时，各盘间的连接缝不大于 5mm。（×）

Lb5B3100 铂铑 10—铂相配的补偿导线的型号为 SC，正极为红色，负极为绿色。（√）

Lb5B3101 弹性压力表是根据弹性元件的变形与其所承受的压力成一定的比例关系测量压力的。（×）

Lb5B3102 图示符号"⌐⌐"表示随机组带来的热电偶。（×）

Lb5B3103 图形符号"⧓"表示孔板。（×）

Lb5B3104 流体内部的部分流体的热量随着运动而传递到另一地方中去，这种热量传递的方式称为对流。（√）

Lb5B3105 火力发电厂汽轮机工质的温度越高，则具有的热能越多。（√）

Lb5B3106 当液体被加热至某一温度时，在液体内部进行的汽化现象称为沸腾。（√）

Lb5B3107 在仪表精度等级规定中，0.5 级比 0.25 级的精度低。（√）

Lb5B4108 执行机构与调节机构用连杆连接后，应使执行

机构的操作手轮顺时针转动时调节机构关小，逆时针转动时调节机构开大。（√）

Lb3B3109 变频器一般适用于三相鼠笼交流电机的转速调整。（√）

Lb5B4110 当环境温度低于要求时，敷设前应将电缆预热。预热方式有两种：一是放在室内；二是电流加热法。（√）

Lb5B4111 测量真空的指示仪表或变送器应设置在高于取源部件的地方。（√）

Lb5B4112 一般说来，同一阀门随着介质工作温度的升高，其最高允许工作压力也随之升高。（×）

Lb5B4113 取源阀门公称直径用 DN 表示，当 DN=6mm 以下时，一般选用外螺纹连接形式；当 DN=6mm 及以上时，一般选用焊接连接的方式。（√）

Lb5B4114 直接接触的物体各部分因存在温差而发生热传递现象叫热辐射。（×）

Lb5B4115 测量锅炉风压用的 U 形管压力计，如果安装时有倾斜，则测量的压力值偏小。（×）

Lb5B4116 要求仪表的示值绝对正确是做不到的，任何一种仪表测量结果都会有误差。（√）

Lb5B5117 铠装型热电偶的突出特点是动态特性好、能弯曲，可适应对象结构复杂的测温场合。（√）

Lb4B1118 仪表启动前，汽水管路应进行不少于两次的冲洗。（√）

Lb4B1119 为了安装方便，现场的弱信号导线和强电导线可用同一根电缆。（×）

Lb4B1120 爆炸危险场所，可采用钢管配线，也可明敷绝缘导线。（×）

Lb4B1121 电缆桥架是系列化、工厂化成套的产品。（√）
Lb4B1122 孔板是用于差压流量测量的检出元件。（√）
Lb4B1123 锅炉的烟、风压取样管也必须安装取源阀门。

（×）

Lb4B1124 仪表的测点不宜选在焊缝及其边缘上开孔及焊接。（√）

Lb4B1125 热工仪表及控制装置是用于对热力设备及系统进行测量、控制、监视及保护的设备。（√）

Lb4B1126 紧固测温元件的六角螺母时，可用管子加长扳手的力臂，还可用手敲击加固。（×）

Lb4B2127 测量酸、碱的仪表和设备可以安装在酸、碱室内，其他仪表不得安装在酸、碱室内。（×）

Lb4B2128 仪表的校验点应在全刻度范围内均匀选取。（√）

Lb4B2129 测点位置选择规定，在同一处的压力或温度测孔中，用于自动控制的测孔选择在前面。（√）

Lb4B2130 必须在汽水测量管路的介质冷凝（却）后，方可投入仪表。（√）

Lb4B2131 差压仪表启动前，在仪表及平衡门皆关闭的情况下，打开取源阀门，检查管、接头及阀门的严密性，应无泄漏。（×）

Lb4B2132 弱电信号回路可以与强电系统公用接地线。（×）

Lb4B2133 弱电信号导线应避免和强电导线相互平行敷设。（√）

Lb4B2134 在防爆场所，电缆沿工艺管道敷设时，当工艺管道内介质的密度大于空气时，电缆应在工艺管道上方。（√）

Lb4B2135 在控制室下夹层内以及架空水平敷设电缆时，使用桥型电缆支架。（√）

Lb4B2136 电缆桥架只可供室内架空敷设电缆之用。（×）

Lb4B2137 普通电缆桥架是用冷压薄钢板冲压而成并经镀锌处理。（√）

Lb4B2138 测量保护与自动控制用仪表的测点一般可合

用一测孔。（×）

Lb4B2139 在同处的压力或温度孔中，用于自动控制系统的测孔应选择在前面。（√）

Lb4B2140 管路的内部清洗可采用氧气进行吹扫。（×）

Lb4B2141 盘底座应在地面或平台二次抹面前进行安装。（√）

Lb4B2142 盘底座应在平整的平地面上进行制作。（×）

Lb4B2143 制作盘底座时，可用气割下料。（×）

Lb4B2144 控制室内仪表盘底座采用槽钢制作，其槽钢一般采用平放方式。（√）

Lb4B3145 在 DKJ 型执行器通电试验中，电机只有嗡嗡声而不转动，其原因是制动器弹簧太紧。（√）

Lb4B3146 在烟、风、煤粉管道上安装取压部件时，取压部件的端应无毛刺，且应超出管道内壁。（×）

Lb4B3147 执行机构的全关至全开行程，一定是调节机构的全关至全开行程。（√）

Lb4B3148 当水平或倾斜管道上测量气体压力时，取压测点应选择在管道的侧面。（×）

Lb4B3149 启动前，管路接头应紧固，垫圈合适，隔离器内液体应排空。（×）

Lb4B3150 蒸汽管的监察管段用来检查管子的蠕动情况，严禁在其上开凿测孔和安装取源部件。（√）

Lb4B3151 盘底座安装时，沿盘宽面方向，盘面端宜稍高于盘后端（1～1.5mm），以弥补由于盘前仪表自身所造成的自重倾斜，便于盘的找正。（√）

Lb4B3152 盘底座制成矩形，过长时，中间可以增加拉条。（√）

Lb4B3153 仪表盘底座尺寸不得大于盘底尺寸。（×）

Lb4B3154 当执行器的磁放大器的不灵敏区太大时，将产生自激振动。（×）

Lb4B3155 电动执行机构在不装伺服放大器的情况下，还可与控制开关配合，用于远方控制。（√）

Lb4B3156 安装在高温高压汽水管道上的测温元件应与管道垂直。低压管道上的测温元件倾斜安装时，其倾斜方向应将感温端迎向流体。（√）

Lb4B4157 单元控制室或集中控制室，严禁引入蒸汽、水、油及氢气介质的导压管路。（√）

Lb4B4158 盘底座固定应牢固，顶面水平，倾斜度不得大于 0.1%，其最大水平高差应不大于 5mm。（×）

Lb3B1159 目前，火电厂普遍采用氧化锆氧量计测量烟气中的含氧量。（√）

Lb3B1160 理想气体在温度不变时，压力与比体积成反比。（√）

Lb3B1161 振动表拾振器的输出信号不仅与其振幅的大小有关，而且与振动频率有关。（√）

Lb3B1162 冗余的 I/O 信号可以配置在相同的 I/O 模件上。（×）

Lb3B1163 差压式液位计，因被测介质温度、压力的变化会影响到液位—差压转换的单值关系。（√）

Lb3B1164 连通管式物位计具有读数直观准确，且能远传的特点。（×）

Lb3B2165 用节流式流量计测流量时，流量越小，测量误差越小。（×）

Lb3B2166 标定介质为水的靶式流量计，也可以用来测量油的流量。（×）

Lb3B2167 给水自动调节系统中的 3 个冲量是指给水流量、减温水流量、汽包水位。（×）

Lb3B2168 锅炉汽包虚假水位的定义是水位的变化规则不是按蒸汽与给水流量的平衡关系进行变化的水位。（√）

Lb3B2169 测量蒸汽和液体流量时，节流装置最好比差压

计位置高。（√）

Lb3B2170　在热膨胀设备体上是无法装设取源装置的，因为其设备膨胀后，将使敷设好的仪表管路受到拉力，甚至断裂。（×）

Lb3B2171　执行器行程一般为调节机构行程的两倍。（×）

Lb3B2172　锅炉过热器安全门和汽包安全门都是为了防止锅炉超压的保护装置。（√）

Lb3B2173　冷凝器也叫平衡容器，为了使蒸汽快速凝结，一般不应保温。（√）

Lb3B2174　安装取源部件的开孔应在管道衬胶后进行。（×）

Lb3B2175　电力电缆、控制电缆与信号电缆应分层敷设，并按上述顺序排列。（√）

Lb3B3176　汽水分析仪表的取样装置、阀门和连接管路，应根据被测介质的参数，采用不锈钢或塑料等耐腐蚀的材料制造。（√）

Lb3B3177　采用压力补偿式平衡容器测量汽包水位时，平衡容器的补偿作用将对全量程范围都进行补偿，从而使误差大大减少。（×）

Lb3B3178　测量管道内流体流量时，一要有合格的节流元件，二要有符合要求的管道直径及其节流元件前后直管段长度，这样就能准确地测量出流体的流量。（×）

Lb3B3179　锅炉房内的垂直段可沿本体主钢架、步道外侧或厂房混凝土柱子集中敷设，以便于导管的组合安装并易于做到整齐、美观。（√）

Lb3B3180　差压测量管路不应靠近热表面，因为正负压管的环境温度不一致，易造成测量内介质密度不同而造成测量误差。（√）

Lb3B3181　当温度计插入深度超过 1m 时，应尽可能水平安装。（×）

Lb3B3182 利用孔板或喷嘴等节流元件测量给水和蒸汽流量时，实际的流量越小，测量误差越大，所以锅炉的低负荷运行时，不能使用三冲量调节给水。（√）

Lb3B3183 检查真空系统的严密性，在工作状态下关闭取源阀门，30min 内其指示值降低应不大于 3%。（×）

Lb3B3184 敷设在爆炸和火灾危险场所的电缆保护管均应采用圆柱管螺纹连接，螺纹有效啮合部分应在六扣以上。（√）

Lb3B3185 合金钢材安装后应有记录，而无需光谱分析。（×）

Lb3B3186 设电缆夹层时，电缆敷设后，在其出口处不必封闭，以便检修方便。（×）

Lb3B3187 检定仪表时，读取数值应该是调节被检仪表指针到检定数字刻度点，读取标准表示值。（√）

Lb3B3188 仪表示值经修正后，测量结果就是真值，不存在测量误差。（×）

Lb3B4189 氢气分析器的测量原理是基于氢气的导热系数远远小于其他气体的特性。（×）

Lb3B4190 DCS 必须有两路可靠的交流 220V 电源供电，其中至少必须有一路是 UPS 电源。（√）

Lb3B4191 顺序控制就是根据预定的顺序逐步进行各阶段控制的方法。（√）

Lb3B4192 给水和减温水调节门在全关时，漏流量应小于调节门最大流量的 20%。（×）

Lb3B4193 当汇线槽或电缆沟通过不同等级的爆炸和火灾危险场所的分隔间壁时，在分隔间壁处无须做充填密封。（×）

Lb3B4194 取源部件的材质应与主设备或管道的材质相符，并有检验报告。（√）

Lb3B4195 LA-Ⅱ型数字式联氨表主要是用于汽轮机中蒸汽氨含量的测量。（×）

Lb3B5196 安装前，对各类管材、阀门、承压部件应进行

检查和清理，对合金钢材部件必须进行光谱分析并打钢印，取源阀门和压力容器可随锅炉水压试验一并进行。（×）

Lb3B5197　按保护作用的程度，热工保护可分为停机保护、改变机组运行方式保护和进行局部操作的保护。（√）

Lb3B5198　热工各项试验信号应从源头端加入，并尽量通过物理量的实际变化产生。（√）

Lb3B5199　LA–Ⅱ型联氨表是根据其原电池的极限电流与 N_2H_2 浓度成反比的关系，通过测量原电池的极限电流而得知 N_2H_4 浓度的。（×）

Lb2B1200　闪光报警器主要由振荡单元、音响放大单元、报警单元和电源等部分组成。（√）

Lb2B1201　省煤器布置在锅炉的顶部，吸收烟气热量，使给水温度升高，然后送入汽包。（×）

Lb2B2202　在由差压流量计导压管路、阀门组成的系统中，当正压侧管路或阀门有泄漏时，仪表指示一般偏高。（×）

Lb2B2203　当热偶冷端的补偿器处极性接错时，仪表指示会偏大。（×）

Lb2B2204　惯性环节有时也称为实际积分环节。（√）

Lb2B2205　热电偶补偿导线及热电偶冷端补偿器，在测量中所起的作用是一样的，都是对热电偶冷端温度进行补偿。（×）

Lb2B2206　二氧化碳比空气的热导率大。（×）

Lb2B2207　电力建设总的程序是按计划、设计、施工三个阶段进行的。（√）

Lb2B2208　焊接时所选用的焊接材料和焊接工艺是根据所焊的材料的钢号来确定的。（√）

Lb2B2209　过热器由许多蛇形无缝钢管组成，一般布置在炉膛顶部和水平烟道中。（√）

Lb2B2210　电线管的内径一般应为导线外径的 2～2.5 倍。（×）

Lb2B3211　调节品质指标可概括为稳定性、快速性、准确

性。（√）

Lb2B3212　电导率的大小只能大约表示水中的总盐量。（√）

Lb2B3213　弹性元件在压力作用下产生变形。当压力除去后，弹性元件不能恢复到原来的形状的变形叫疲劳变形。（×）

Lb2B3214　一般在实际整定调节器时，应尽量使过渡过程不出现振荡，因此，应尽量使衰减速率接近 1。（√）

Lb2B3215　DDG-55A 型酸碱浓度计由发送器和转换器两大部分组成。（√）

Lb2B3216　由于 1151 型变送器采用全密封电容感测元件进行压力（差压）测量，较难消除机械传动及振动冲击的影响。（×）

Lb2B3217　装有隔离容器的仪表，隔离液应冲入隔离容器及隔离容器至仪表间的导管和仪表充压室。（√）

Lb21B3218　DCS 控制器的组态应确保任何一对冗余控制器或其电源故障和故障后复位时，所有保护和控制信号的输出符合工艺处于安全状态的要求。（√）

Lb2B3219　XCZ-102 型仪表在热电阻断开时，仍可向仪表送交流 220V 电源，这是该表的一大特点。（×）

Lb2B3220　用平衡容器测量汽包水位时，水位最低，输出差压最大；水位最高时，输出差压最小。（√）

Lb2B3221　测温仪表的灵敏度是指仪表对被测温度值的反应能力。（√）

Lb2B3222　钢号是以平均含碳量的两位阿拉伯数（以万分之几计）来表示的。（√）

Lb2B4223　热电偶补偿导线与热电偶补偿器，在测温中所起的作用是一样的，都是对热电偶冷端温度实行补偿。（×）

Lb2B4224　在锅炉火嘴燃烧稳定时，可调整火焰检测探头，使其达到最佳探视角度。（√）

Lb2B4225　与标准孔板比较，在测量误差要求相同的条件

下，因为流量喷嘴精度高，所以直管段要求也较短。（√）

Lb2B4226　调节对象的放大系数 K 是对象自平衡能力的度量，K 越大，对象的自平衡能力越强。（×）

Lb2B4227　发电厂热工调节过程多采用等幅振荡过程。（×）

Lb2B4228　角接取压装置有消除和平衡压差的效果，使节流件的测量精确度提高，且使压力信号稳定。（×）

Lb2B4229　检定仪表时，读取读值应该是调节标准表到检定信号数字刻度点，读取被检仪表示值。（×）

Lb2B4230　"20 号钢" 即平均含碳量为 0.02%。（×）

Lb2B4231　对于不同含盐量的溶液来说，溶液的摩尔电导率是一个变数。（√）

Lb2B5232　校验数字式温度表，在调零位电位器时，应使数码管在 0～1 之间闪动。（√）

Lb2B5233　分散性控制系统的主要功能包括 4 个部分：控制功能、监视功能、管理功能和通信功能。（√）

Lb1B2234　调节器的比例带 δ 过小时，过渡过程振荡周期较长；微分时间过大时，过渡过程振荡周期较长。（×）

Lb1B2235　流量表、水位计及差压变送器的导管一般应安装排污阀门，以保持连接导管的清洁和畅通。（√）

Lb1B2236　与水压有关的各系统上的压力、温度、流量、水位等取样部件，在水压试验前至少应安装到一次门。（√）

Lb1B2237　协调级、局部控制级和执行控制级是三个彼此独立的平级别控制级。（×）

Lb1B2238　再热器的作用是将汽包来的饱和蒸汽加热为过热蒸汽，然后送入汽轮机继续做功。（×）

Lb1B2239　仪表的基本误差取决于对仪表有影响的外界因素，如现场温度、电源电压及频率波动、外界电磁场等。（×）

Lb1B3240　通常在整定调节器参数时，应从稳定性、准确性和快速性三个方面来考虑，并把稳定性放在首位。（√）

Lb1B3241 磁饱和稳压器，是将在一定范围内波动的输入电源电压，经变压整流转变成稳定的输出电压，供给仪器仪表。（×）

Lb1B3242 弹性元件上加负荷停止或完全卸荷后，弹性元件不是立即完成相应的变形，而是在一段时间内仍在继续变形，这种现象叫做弹性元件的弹性后效。（√）

Lb1B3243 相同直径管子的对口焊接，不应有错口现象，不同直径管子的对口焊接，其内径差不宜超过 2mm，否则，应采用变径管。（√）

Lb1B4244 对于某些迟延和惯性较大的对象，为了提高调节质量，需要在调节器中加入积分作用。（×）

Lb1B4245 电解质溶液的电导率不仅与溶液含盐量有关，还与溶液温度有关，溶液温度上升，电导率减小。（×）

Lc5B1246 碳素钢也称为碳钢。（√）

Lc4B2247 镀锌钢管的连接，应采用镀锌的螺纹管件连接，不得采用焊接连接。（√）

Lc4B2248 砂轮机必须装设托架，托架与砂轮片的间隙最大不得超过 5mm。（×）

Lc4B3249 保护接地应牢固可靠，可接到电气的保护接地网上，但不应串联接地。（√）

Lc4B3250 蒸汽管道的监察管段是专门用于装设取源部件的管段。（×）

Lc4B3251 产品质量是指产品的可靠性。（×）

Lc4B3252 连接固定表盘的螺栓、螺母、垫圈等必须经过防锈处理，才可使用。（√）

Lc4B4253 为防火、防尘，盘底孔洞必须用水泥耐火材料严密封闭。（×）

Lc4B4254 电气设备发生火灾时，严禁使用导电的灭火剂进行灭火，但可以使用泡沫灭火器直接灭火。（×）

Lc4B5255 几个重要控制回路的 I/O 信号不应放置在同一

个 I/O 模件上。（√）

Lc3B1256 施工中应做好与建筑专业的配合工作，核对预留孔洞和预埋铁件。（×）

Lc3B1257 遇有六级以上大风或恶劣气候时，应停止露天高处作业。（√）

Lc3B3258 全面质量管理要求运用数理统计方法进行质量分析和控制，使质量管理数据化。（√）

Lc21B259 取样一次门安装前要按规程要求进行水压试验，合金阀门还要进行光谱分析。（√）

Jd5B1260 管螺纹主要用于连接管件。（√）

Jd5B1261 手锯是在向后拉动时进行切削的。（×）

Jd5B1262 在使用划针盘时，其划针伸出的长度应尽可能长些。（×）

Jd5B1263 圆规也叫划规，在划线工作中用来划圆周线、圆弧线和等多线等。（√）

Jd5B1264 热处理的目的是改善金属材料性能。（√）

Jd5B1265 錾削是用手敲錾子对金属工件进行切削加工的方法。（√）

Jd5B2266 细牙普通的螺纹一般用于机件的连接部分。（×）

Jd5B2267 螺纹的内径用 d_1 表示，它指的是螺纹的最小直径。（√）

Jd5B2268 螺纹的外径用 d 表示，它指的是螺纹的最大直径。（√）

Jd5B2269 电缆桥架选择时，应注意控制电缆填充率一般取 50%～70%。（√）

Jd5B2270 电缆保护管的内径，应大于电缆外径的 5 倍。（×）

Jd5B2271 高压导管上需要分支时，可在管路上直接开孔焊接。（×）

Jd5B2272　电缆保护管每根管子弯头最多不超过三个，直角弯不超过两个，超过时应加中间过渡盒。（√）

Jd5B2273　控制器的处理周期，对于一般模拟量控制回路应不大于 250ms，对于一般开关量控制回路应不大于 100ms。（√）

Jd5B2274　锉刀按齿纹的大小可分为细锉、粗锉、特粗锉。（×）

Jd5B2275　粗牙普通螺纹用字母与公称直径来表示。（√）

Jd5B2276　用于保护的温度等变化缓慢的模拟量输入信号除应设置量程超限方法对信号进行"质量"判别外，还应设置变化率超限等方法对信号进行"质量"判别。（√）

Jd5B2277　钳工用的丝锥即可用于攻丝，又可用来钻孔。（×）

Jd5B3278　螺栓 M10×100GB30—76 表示细牙普通螺纹，其外径为 10mm，有效长度为 100mm。（×）

Jd5B3279　楔铁的斜度应在 1:30～1:50 之间。（√）

Jd5B3280　楔铁可以单独使用，也可以两块大小头相互颠倒垒起来使用。（√）

Jd5B3281　分度规由于规座上安有一只水平仪，因此它不仅可以划出各种角度的直线，而且还可以划出水平的垂线和倾斜线。（√）

Jd5B3282　手锤的重量大小用来表示手锤的规格，有 0.5 磅、1 磅和 1.5 磅几种。（√）

Jd4B1283　百分表是一种指针量具，所测得的数值是通过指针在表盘的刻度上指示出来的。（√）

Jd4B1284　制造一定的锯路是为了防止锯削时"夹锯"和"摩擦过热"。（√）

Jd4B1285　锯条的锯路有交叉形和波浪形两种。（√）

Jd4B1286　擦净千分尺的测量面和工件的被测表面是测量的必要工作。（√）

Jd4B2287　按螺旋旋向不同，可分为顺时针方向旋入的左螺纹和逆时针方向旋入的右螺纹。（×）

Jb3B3288　在热工仪表安装中，控制台台面设备一般均用汇线槽敷线。（×）

Jd4B3289　牙型角为 60°的公制螺纹，同一公称直径按螺距大小可以分为粗牙与细牙两种。（√）

Jd4B4290　錾子在刃磨时，其楔角的大小应根据工件的硬度来选择。一般錾削的硬材料时，錾子楔角选 60°～70°；錾削中等硬材料时，楔角选 50°～60°；錾削软材料时，楔角选 30°～50°。（√）

Jd4B4291　M24×1 表示公称直径为 24mm 的粗牙螺纹。（×）

Jd3B2292　控制辅机电动机的 DCS 输出指令应采用短脉冲，并在每个电动机强电控制回路中设置自保持。（√）

Jd3B2293　铆接使用要求可分为活动铆接和固定铆接。（√）

Jd3B3294　合金钢管件焊接时，必须按规程规定预热，焊接后的焊口又必须热处理。（√）

Jd2B2295　图纸会审中提出的问题及解决的办法，应写出详细记录文件，必要时由设计部门另出修改图纸，列入工程档案。（√）

Lb21B3296　安装在取样点下方的压力变送器，应采用正迁移来修正其零点。（×）

Je4B1297　盘内各设备之间一般必须经过中间端子，用导线连接。（×）

Je4B1298　当导线的两端分别是连接到可动的与固定的部分时，应使用多股软铜线。（√）

Je4B1299　对于采用开关量仪表输入信号直接接入机组继电器跳闸回路时，应三重冗余配置且应定期进行动态试验；不允许使用死区和磁滞区大、设定装置不可靠的开关量仪表，

以及普通的电接点压力表作为保护信号仪表。（√）

Je4B1300　仪表盘运到后，最好是立即运至安装现场，就位立盘。（√）

Je4B2301　为了简化盘内配线工作，可将导线敷设在线槽内。（√）

Je4B2302　用于盘内的配线宜用多种颜色的导线。（×）

Je4B2303　设备与导线一般用螺丝连接，螺丝均应拧紧。如需要锡焊，应采用单股硬铜线。（×）

Je4B2304　盘内每组端子排前，应设有标记型端子，用于标明所属回路名称。（√）

Je3B1305　对新投产的机组或汽轮机调节系统经重大改造后的机组必须进行甩负荷试验。（√）

Je3B2306　汽包水位、炉膛负压、一次风压、润滑油压、真空、转速等重要保护信号应采取三取中（模拟量信号）或三取二（开关量信号）冗余配置。（√）

Je3B2307　电缆盘应直立存放，不允许平放。（√）

Je3B2308　几个环节相串联后的总传递函数等于各个环节传递函数之和。（×）

Je3B2309　在方框图中，信号能沿箭头方向通过，也能自动倒回。（×）

Je3B3310　环节的连接是指环节之间输入和输出信号的传递关系，不是指各个单元在结构上的关联。（√）

Je3B3311　几个环节并联，总的传递函数等于各个环节传递函数的乘积。（×）

Je3B3312　在方框图中，箭头方向既代表信号传递方向，也代表物质流动方向。（×）

Jf3B1313　锅炉汽包水位高、低保护应采用独立测量的三取二的逻辑判断方式。（√）

Jf3B2314　质量通常用两个含义：一种是狭义的质量，是指产品质量；另一种是广义的质量，是指产品的质量和工作质

量。（√）

Jf2B1315 施工图纸是施工和验收的主要依据，必须在施工过程中，对图纸不断地会审。（×）

Jf2B3316 施工中，对需要更改的地方，只需行政领导同意，可不经过技术交底人的同意。（×）

Lb21B3317 为了防止干扰，对绞芯线屏蔽电缆排线时，芯线不要校直。（√）

Lb21B2318 电缆孔洞间隙的封堵可分两步进行：第一步是用非硬化阻火堵料进行临时封堵；第二步进行孔洞间隙正式封堵。（√）

Lb21B3319 DCS 干扰产生的原因主要是 DCS 输入回路或输入回路的引线附近有电磁场产生电磁感应。（√）

Lb21B2320 如果电力线（大电流）离操作台较近，会引起 CRT 画面晃动、变形、变色等。（√）

Lb21B4321 控制柜各逻辑地之间出现不等电位，会对计算机产生干扰，严重时会造成 CPU 系统紊乱，还可以冲击 RAM 中的程序。（√）

Lb21B2322 弱电信号不能捆扎在同一束电缆中或两种信号使用同一根电缆。（√）

Lb21B2323 同一信号回路的两根导线必须在同一根电缆中，不得借用大地作为信号传送导线。（√）

Lb21B3324 现场设备与 DCS 机柜（I/O）连接的所有电缆的屏蔽层，原则上应在就地侧接地，机柜侧浮空。（×）

Lb21B3325 现场控制站是对生产现场的各种变量、状态进行数据处理，对各种工艺设备进行控制的。（√）

Lb21B3326 DCS 机柜工作环境的尘埃量超标不会导致装置误动作。（×）

Ld21B2327 机柜移动时尽量不要使用滚杠，在不得不使用时，可使用木质滚杠。（√）

Lc21B2328 为了防止干扰，对绞芯线屏蔽电缆排线时，

线芯不要拉直。（√）

Lb21B1329 屏蔽电缆可以采用裸屏蔽，因为屏蔽层最终都是要接地的。（×）

Lc21B3330 如果使用计算机独立接地网，接地网位置应选在防雷接地系统附件或尽量靠近电气接地网，以保证接地电阻尽可能的小。（√）

La21B3331 测量蒸汽液体的压力表投入后，若指针指示不稳或有跳动现象，一般是由于导压管内有空气造成的。（√）

Lb21B1332 弹簧管式一般压力表检定时，标准器的综合误差应不小于被检压力表基本误差绝对值的 1/3。（×）

Ld21B3333 真空压力表投入后，应进行严密性试验。在正常状态下，关闭一次阀门，15min 内指示值的降低不应大于3%。（√）

Lb21B3334 取压点与压力表安装处之间的距离应尽量短，一般取压管的长度不超过 50m。（√）

Lb21B1335 选择压力表时，被测压力值应处于压力表测量上限值的 1/3 处。（×）

Lb21B1336 热电偶露在外面的部分要尽量短并应加保温层，以减少热量损失和测量误差。（√）

Lb21B3337 补偿导线和热电偶材料在 100℃ 以下的热电性质不同将产生测量误差。（√）

Lb21B4338 用来测量热电阻测温元件的电桥工作电流不得大于 20mA。（×）

Lb21B339 热工测点和管道焊缝之间，以及两个测点之间的距离没有明确的要求。（×）

Lb21B1340 差压仪表的受压部分应进行 1.25 倍工作压力的严密性试验，应无渗漏现象。（√）

Lc21B3341 汽轮机调节保安油系统，主要包括调速器、油动机、调节阀、油箱、主油泵、辅助油泵和保安设备等。（√）

La21B2342 输入和输出信号之间存在着一定的因果逻辑

关系的逻辑电路称作门电路。（√）

La21B1343 人在安全活动中的可靠性是减少人身事故的重要方面，违章是人的可靠性降低的表现。（√）

Lb21B3344 主厂房内架空电缆与热体管道应保持足够距离，控制电缆的不小于 0.5m，动力电缆的不小于 1m。（√）

Ld21B1345 使用电钻等电气工具时不得戴绝缘手套。（×）

Ld21B2346 生产厂房内外工作场所的井、坑、孔、洞或沟道的盖板，在检修工作中如需将盖板取下，施工结束后，必须恢复原状。（×）

Lb21B2347 节流装置安装时，被测介质的流向应与环室的方向一致。（√）

Lb21B2348 我国国家标准规定的标准节流件为标准孔板和标准喷嘴。（√）

Ld21B1349 投运差压变送器的操作顺序是：先开正压侧二次门，再开负压侧二次门，最后关闭平衡门。（×）

Lc21B2350 取样一次门安装前要按规程要求进行水压试验，合金阀门还要进行光谱分析。（√）

Lb21B3351 因氧化锆测量系统中有恒温装置，保证工作温度稳定，故对安装点的温度没有要求。（×）

Lb21B3352 氧化锆氧量计探头锆管内阻：在探头温度为 700℃时，其内阻一般不应大于 100Ω。（√）

Lb21B3353 电缆与热表面平行敷设之间的距离不应小于 200mm，交叉时不小于 500mm，以防烧坏电缆或发生火灾事故。（×）

Lb21B2354 控制电缆与动力电缆应分层敷设，控制电缆在动力电缆之下。（√）

Lb21B3355 DCS 的主要控制器要采用冗余配置，重要 I/O 点应考虑采用非同一板件的冗余配置。（√）

Lb21B3356 DCS 电源应设计有可靠的后备手段（如采用

UPS 电源），备用电源的切换时间应小于 20ms（应保证控制器不能初始化）。（×）

Lb21B3357 DCS 电源故障应在控制室内设有独立于 DCS 之外的声光报警。（√）

Lb21B2358 DCS 在修改、更新、升级软件前，应对软件进行备份。（√）

Lb21B4359 在热电偶回路中插入第三、四种导体，只要插入导体的两端温度相等，且插入导体是匀质的，无论插入导体的温度分布如何，都不会影响原来热电偶热电势的大小。（√）

Lb21B4360 使用铂铑-铂热电偶测温时，错用镍铬-镍铝热电偶的补偿导线，极性接得正确，将造成过补偿，使指示表偏高。（√）

Le21B3361 检查压力表和变送器密封性时，一般用活塞式压力计，加压到最高测量值，保持 5min，如测量元件不泄漏不膨胀，说明密封性合格。（√）

Lb21B2362 评定测温仪表品质好坏的技术指标主要是看仪表最大绝对误差的大小。（×）

Lb21B3363 热电偶的热电势是热电偶两端温度差的函数，是非线性的；在不同温域内，温差相等，热电势并不相等。（√）

Jb32B2364 控制盘、箱内布置的设备，既不应与控制盘、箱面设备的嵌入部分相碰，也不要彼此妨碍安装、接线。（√）

Jb32B2365 在控制流程图中给出了热工参数测点的位置，仪表的安装及仪表的功能。（√）

Jb32B3366 安装盘、台用的预埋件通常设在每块台四角的位置。预埋件的尺寸一般用 60mm×60mm×60mm 的钢板。（×）

Jb32B4367 安装接线图是供安装接线时使用的图样。它仅反映了电缆和端子的连接关系。（×）

Lb32B3368 DCS 并行冗余的设备，如操作员站等，停用其中一个或一部分设备，应不影响整个 DCS 的正常运行。（√）

Jb32B4369 DCS 在冗余切换试验时，除发生与该试验设备相关的过程报警外，系统不得发生出错、死机或其他异常现象，故障诊断显示应正确。（√）

Jb43B4370 DCS 操作员站画面响应时间的平均值应小于 1.5s（一般画面不大于 1s；最复杂画面小于 2s）。（√）

Jb32B4371 对 DCS 模件的 I/O 通道进行精度测试；每块模件上可随机选取 1～4 个通道。（×）

Jb32B3372 烟气排放监测系统安装后对于气态污染物浓度以及烟气温度、含氧量等参数，可以使用经过校准在有效期内的便携式仪器进行对比标定。（√）

Jb32B3373 烟气排放监测系统采样位置安装优先选择在垂直管段，应避开烟道弯头和断面急剧变化的部位。（√）

Jb21B4374 炉膛压力保护信号应按三取二的方式选取，而对于炉膛压力控制的信号采用三取中的方式选取。（√）

Jd32B3375 接线盒安装位置宜靠近设备本体，且不宜安装在振动比较大的场所。（√）

Jb34B3376 在运行平台或布道栏杆处装接线盒时，应将接线盒放置在栏杆内侧。（×）

Jb32B3377 电缆槽使用率一般为槽内面积的 1/3。（×）

Jb32B3378 测量煤粉仓温度的热电阻，插入方向应与煤粉下落方向一致，以避免煤粉的冲击。（√）

Jb32B3379 安装在高温高压汽水管道上的测温元件可以倾斜安装。（×）

Je3B2380 热工仪表及控制装置的施工，应按设计并参照制造部门的技术资料进行，修改时有变动手续。（√）

Jd2B3381 油系统应尽量避免使用法兰连接，禁止使用铸铁阀门。（√）

Jd2B3382 油系统法兰可以使用塑料垫、橡皮垫（含耐油橡皮垫）和石棉纸垫。（×）

Je2B4383 机组启动调试时应对汽包水位校正补偿方法进行校对、验证，并进行汽包水位计的热态调整及校核。（√）

4.1.3 简答题

La5C1001 什么叫螺距？

答：螺距是指相邻两牙的中径线中对应两点间的轴向距离。

La5C2002 万用表通常能测量哪些电量？

答：万用表一般都能测直流电流、直流电压、交流电压、直流电阻、电平等电量。有的万用表还能测交流电流、电容、晶体三极管的电流放大倍数 H_{FE} 等。

La5C2003 什么是电阻？

答：电流在导体中流动过程时，所受到的阻力叫电阻，用 R 表示。

La5C2004 什么是三视图的投影规律？

答：主、俯视图长对正；主、左视图高平齐；俯、左视图宽相等。

Lc21C2005 什么是金属的机械性能？

答：金属的机械性能是金属材料在外力作用下表现出来的特性，如弹性、强度、硬度、韧性和塑性等。

La5c3006 如何用万用表判断二极管的好坏？

答：用万用表的电阻挡 $R \times 100$，测量二极管正反向电阻值。如果正向电阻值约为 $500 \sim 600\Omega$，则正向电阻是好的；反向电阻值约为几千欧姆以上时为正常，否则是坏的。

La5C3007 电压与电位差之间有什么关系？

答：在电路中，任意两点之间的电位差就等于两点间的电压，所以电压也称为电位差。

Lc21C4008　什么是计算机病毒？

答：计算机病毒实际上是一种人编制的程序。它通过非授权入侵而隐藏在计算机系统的数据资源中，利用系统数据资源进行繁殖并生存，具有相当大的破坏性，能影响计算机系统的正常运行，并通过系统数据共享的途径进行传染。

La4C2009　基尔霍夫电压定律的内容是什么？

答：对任一回路，沿任一方向绕行一周，各电源电势的代数和等于各段电压代数和。

La4C2010　一张完整的零件图应该包括哪几个方面内容？

答：（1）一组图形表达零件各部分的形状和结构。

（2）各种尺寸：用文字和符号说明零件在制造检验时质量应达到的要求。

（3）标题栏：说明零件的名称、材料、数量、图纸编号及图形比例、绘图人及日期等。

La4C3011　基尔霍夫电流定律的内容是什么？

答：对于电路中任一节点，流入节点的电流之和必等于流出该节点的电流之和。

La4C3012　对于不同压力等级的测量介质，其取压元件应分别采用什么样的插座？

答：中压以上时，压力、流量、水位的取压插座应采用加强型插座；低压时，可用相当于无缝钢管制成的插座。

La2C2013　施工准备阶段的"五通一平"通常指的是什么？

答："五通"指的是水通、电通、公路通、铁路通、通信通。"一平"指的是场地平整。

Je3b3014 测量风、烟、制粉系统压力的管路严密性试验标准是什么？

答：用表压为 0.1～0.15MPa 的压缩空气试压无渗漏后，降至 6kPa 压力进行严密性试验，5min 内压力降低应不大于 50Pa。

La1C2015 什么叫中断？

答：中断就是计算机为响应其他任务的要求，暂时中止正在执行的程序，转而去执行处理其他任务的程序，待处理其他任务的程序执行完毕后，再返回和继续执行原来被中止的程序。

Jb21b3016 热工测量管路的长度有什么规定？

答：热工测量管路的最大允许长度应符合下列规定：
（1）压力测量管路不大于 150m；
（2）微压、真空测量管路不大于 100m；
（3）水位、流量测量管路不大于 50m。

La1C3017 施工准备阶段班、组长的主要任务是什么？

答：学习施工准备阶段设计和施工图纸，组织临时建设工程开工，组织工人熟悉图纸和操作规程，参加设计图纸等交底，组织培训，明确岗位分工，对新工人进行安全教育，做好施工准备。

Lb5C1018 普通型热电偶由哪几部分组成？

答：普通型热电偶由热电极、绝缘子、保护套管及接线盒四部分组成。

Lb5C1019 控制软件组态一般包括哪些内容？

答：控制软件组态一般包括以下几方面内容：

（1）根据过程控制系统方框图，确定算法功能块的类型；

（2）为功能块指定输入与输出信号；

（3）指出信号的处理方式；

（4）填写功能块所需要的参数等。

Lc21C1020 "三不伤害"是指什么？

答："三不伤害"是指：

（1）不伤害自己。

（2）不伤害别人。

（3）不被别人伤害。

Lb5C1021 测量气体压力或流量时，差压仪表或变送器宜设置在高于取源部件的地方，否则，应采取什么措施？

答：应该采取放气或排水措施。

Lb5C1022 节流件的安装方向应如何确定？

答：对于孔板，圆柱形尖锐直角边应迎着介质流动的方向；对于喷嘴，曲面大口应迎着介质流动的方向。

Lb5C1023 玻璃水银温度计标尺应垂直或向上成倾斜状安装，当需要水平或倒置时，可采用什么措施？

答：可用角式温度计来满足要求。

Lb5C2024 动圈式显示仪表的基本工作原理是什么？

答：它是利用通过电流的导体在磁场中受力运动的原理工作的。

Lb5C2025 铂热电阻有何特点？

答：主要特点是物理化学性质稳定，抗氧化性好，测量精确度较高，但不足之处是其电阻—温度线性度较差，而且价格较贵。

Lb5C2026 分度号 **Pt100** 中的铂电阻"**100**"是什么意思？

答：相应 0℃时的电阻值 $R_0=100\Omega$。

Lb5C2027 写出牌号为 **20g** 钢的读法，它属于哪一类钢？

答：读 20 号锅炉钢，属于优质碳素结构钢。

Lb5C2028 一阀门的型号为 **J21W–40**，说出其名称及阀体材料是什么？

答：该阀名称是外螺纹截止阀，阀体材料是铬镍钛钢。

Lb5C4029 导管在连接时，螺纹连接适用于什么管材的连接？它分哪两种形式？

答：螺纹连接是用于水煤气管的连接。它分为连管节和外套螺帽式（俗称油任）两种。

Lb5C2030 紫铜垫片适用中、高压和中、高温工作介质的取源部件，但在使用前应进行什么处理？

答：紫铜垫片在使用前应进行退火处理。

Lb5C2031 工作介质为水、汽时，石棉橡胶板垫片的最大工作压力和温度是多少？

答：其最大工作压力为 6.0MPa，最高工作温度为 450℃。

Lb5C3032 适应工作压力和温度都最高的金属垫片是什么？

答：1Gr18Ni9Ti 合金钢垫片。

Lb5C2033 对于承受压力的插入式测温元件，采用螺纹或法兰安装时，应在金属垫片和测温元件的丝扣部分涂擦防锈或防卡涩的涂料，以利于拆卸。这种涂料的名称是什么？

答：二硫化钼或黑铅粉。

Lb5C2034 测量蒸汽或液体流量时,差压仪表或变送器宜设置在何位置?

答：宜设置在低于取源部件的地方。

Lb5C2035 电缆敷设在易积粉尘或易燃的地方时,应采取什么措施?

答：应采取封闭电缆槽或穿电缆保护管。

Lb5C2036 设有电缆夹层时,电缆敷设后,应对其出口如何处理?

答：在其出口处必须用耐火材料严密封闭。

Lb5C2037 普通弹簧管压力表的型号为 **Y–60T**,其中的字母及数字含义是什么?

答：Y 表示压力表, 60 表示外壳直径为 60mm, T 表示结构特征为径向后边。

Lb5C2038 什么叫电缆终端头制作?

答：电缆敷设完后, 其两端要剥出一定长度的线芯, 以便与接线端子链接, 这道工序叫终端头制作。

Lb5C3039 热工仪表的质量好坏通常由哪几项主要指标评定?

答：热工仪表的质量好坏通常由准确度、灵敏度、时滞三项主要指标评定。

Lb5C3040 什么叫变差?

答：当被测量值逐渐上升和逐渐下降时, 使仪表指针从上行和下行两个方向趋近并指在某一刻度线上，这时所对应的两个被测量的标准值之差的绝对值称为仪表刻度的示值变差。

Lb5C3041　仪表的管路按照作用各分哪几类？

答：仪表的管路按照作用可分为测量管路、取样管路、信号管路、气源管路、伴热管路、排污及冷却管路。

Lb5C3042　仪表盘的底座制造，当型钢底座总长度超过5m 时，全长最大偏差为多大？

答：底座全长超过 5m 时，最大偏差不大于 5mm。

Lc21b3043　什么是电路的零点漂移？

答：零点漂移是指放大电路在没有输入时，由于某种原因引起输出电压偏离原来的静态值而上下漂动、缓慢变化的现象。

Lb5C3044　对取源部件的材质有什么要求？

答：取源部件的材质应与主设备或管道的材质相符，并有检验报告。合金钢材安装后必须进行光谱分析复查并记录。

Lb5C3045　电缆与热表面平行或交叉敷设时应满足多大的距离要求？

答：平行时一般距离不小于 500mm，交叉时一般距离不小于 200mm。

Lb5C3046　现场校线最实用和最简单的方法之一是通灯法，试问为了找出第一根芯线，可使用何物构成回路？

答：可借导电的电缆外皮或接地的金属构件构成回路，先找出第一根芯线。

Lb5C3047　对接线盒的安装位置有什么要求？

答：（1）周围环境温度不宜高于 45℃。

（2）便于接线和检查；距各测点的距离要适当。

（3）不影响通行，便于设备维修，振动小，不受汽水浸蚀。

Lb5C3048　执行机构安装前应做哪些检查？

答：（1）执行机构动作应灵活、无松动及卡涩等现象；

（2）绝缘电阻应合格，通电试转动作平稳，开度指示无跳动；

（3）对电信号气动执行机构通电试验、严密性、行程、全行程时间、自锁等应符合制造厂规定。

Lb5C3049　请简述电伴热应遵守的规定。

答：（1）电热线在敷设前应进行外观和绝缘检查，绝缘电阻值应符合产品说明书的规定；

（2）电热线最高耐热温度应大于冲管时管路表面温度；

（3）电热线的接入电压应与其工作电压相符；

（4）电热线应紧贴管路均匀敷设并固定牢固；

（5）伴热温度传感器的安装位置应避免受电热线直接加热，并调整到设定温度值上。

Lb5C3050　两块以上的就地压力表安装在同一地点时,应尽量把压力表固定在表板型、表箱型支座上，试问采用表箱型支座，用什么材料制作为宜？

答：其仪表箱用 2～3mm 厚的钢板制成，后开门，导管由支座的下部引入表箱，支座支撑一般采用 $\phi 3''$ ～ $4''$ 的水煤气管制作。

Lb5C3051　在低温低压容器或管道及高温高压容器或管道上固定支架时应分别采取什么方式？

答：在低温低压容器或管道上固定支架，可采用焊接；在高温高压容器或管道上固定支架，应采用抱箍卡接。

Lb5C4052　使用补偿导线应该注意哪些事项？

答：（1）一种补偿导线只能与一种热电偶相配，并且补偿导线正、负极应与热电偶相应的正、负极相接，不能接反。

（2）补偿导线只能在规定的使用温度范围内（一般为 0～100℃）使用，超过此限将有补偿误差。

（3）补偿导线与热电偶冷端连接的两个接点温度应相同，否则，会有附加误差。

Lb5C4053　底盘座的固定应牢固，顶面应水平，倾斜不得大于多少？其最大水平高度差不应大于多少？

答：其倾斜不得大于 0.1%，最大水平高度差不应大于 3mm。

Lb5C4054　电缆若需人工卸车，应搭跳板，严禁将电缆盘直接推下。试问对该跳板的厚度及倾斜角度有什么要求？

答：跳板的厚度不得小于 70mm，倾斜角不得超过 15°。

Lb3C4055　仪表管路伴热应遵守哪些规定？

答：仪表管路伴热应遵守以下规定：

（1）管内介质保持的温度，在任何时候都不得使介质冻结或汽化；

（2）差压导管的正、负压管受热应一致；

（3）管路与伴热设施应一起保温，并要求保温良好和保护层完整。

Lb5C4056　测量含灰量较小的气体压力（如锅炉烟道、风道压力）时，取压装置有何特点？

答：取压装置应有吹洗用的堵头和可拆卸的管接头。水平安装时，取压管倾斜向上（在炉墙和烟道上安装时的取压管与

水平线的夹角 α 一般大于 30℃),导压管的选用依据含灰大小而定,较小含量时,采用公称口径 25~40mm 水煤气管,堵头采用丝扣连接。较大含灰量时采用 $\phi60$ 的钢管,堵头采用法兰连接。

Lb4C1057　什么叫仪表测点?

答:仪表测点是指敏感元件和取源部件的安装地点。

Lb4C1058　仪表管路的防冻措施有哪些?

答:仪表管路的防冻措施有保温、蒸汽伴热和电伴热等。

La21C1059　热工测量仪表是由哪几部分组成的?

答:热工测量仪表是由传感器、转换器、显示器三大部分组成。

Lb5C5060　自动平衡式显示仪表的输入信号应是哪些物理量?

答:直流电压、电流或电阻信号。

Lb4C2061　电动执行机构由哪些部分组成?

答:电动执行机构由两相伺服电动机、减速器及位置发生器等部分组成。

Lb4C2062　仪表盘的底座在没有给出材料尺寸时,一般选用什么材料制作?

答:在没有给定的条件下,可选用$\angle150\times5$~$\angle180\times8$ 的角钢或 6~8 号槽钢制作。

Lb4C2063　盘底座制作前,对型钢应进行调平、调直,其使用的机具有哪些?

答：可使用型钢调直机、压力千斤顶、铁轨螺丝千斤顶、大锤等机具。

Lb4C2064　什么叫取源部件？

答：取源部件是指敏感元件与主设备连接时，在它们之间使用的一个安装部件。

Lb4C2065　安装节流件所规定的最小直管段内，其内表面有何要求？

答：规定的最小直管段内，其表面应清洁、无凹坑，节流装置所在的管段和管件的连接处不得有任何管径突变。

Lb4C2066　目前，电缆桥架的定型产品有哪些形式？

答：目前，我国电缆桥架定型产品有梯形电缆桥架和槽型电缆托盘两种形式。

Lb4C2067　电磁干扰产生的原因是什么？

答：按照干扰产生的来源分，干扰主要有电磁辐射干扰、信号通道之间的干扰、电源干扰、电路干扰、地线干扰和其他干扰等。

电厂的控制系统在应用时，主要干扰情况如下：

（1）电磁辐射干扰主要有自然界干扰，雷电、大气层电场变化、电离层变化和太阳爆发，其中雷电干扰作用较大；放电干扰，电晕放电、辉光放电、弧光放电、火花放电，其中金属电焊产生的弧光放电干扰对控制系统危害较大；射频干扰，无线电广播、电视、雷达和通信设备会产生射频干扰，电厂环境下主要来自于手机、小灵通和对讲机。

（2）信号通道干扰主要有静电耦合干扰、差模和共模干扰、传导耦合干扰、容性（电场）耦合干扰、感性（磁场）耦合干扰。

（3）电源干扰：当控制系统和其他大负载公用电源时，如果大负载设备启停可造成电源过压、欠压、浪涌、陷落或产生尖峰干扰，从而通过电源内阻耦合到控制系统电路，严重的会损坏输入或隔离设备。电源线较长时，所产生的电压降及感应电势会形成噪声干扰；变频器启动及运行过程中产生的谐波对电网产生传导干扰，引起电网电压畸变，影响电网的供电质量而对系统产生较大的干扰。

（4）电路干扰：电子电路上的数字开关电路造成的脉冲干扰。

（5）地线干扰：控制系统公用直流电源或虽使用不同电源却共用地线时，各部分电路的电流都流经公共地线产生电压降，从而形成相互干扰的噪声信号。

（6）其他干扰：电阻热噪声干扰、转接干扰、微音干扰、压电效应干扰等。

Lb4C2068　什么叫屏蔽？

答：屏蔽就是用金属物（屏蔽体）把外界干扰与测量装置隔开，使信号不受外界电磁场的影响。

Lb4C2069　汽轮机超速试验时，应检查哪些内容？

答：汽轮机超速试验时，应检查超速信号的动作值和保护装置的动作情况，应符合规定。

Lb4C2070　电动执行机构减速箱润滑油从何处加入？加入量为多少？

答：电动执行机构的润滑油从吊环孔注入，注入油量应在油标孔中心线上。

Lc21b3071　二十五项反措中对锅炉汽包水位保护在锅炉启动前进行传动校验的要求有哪些？

答：用上水方法进行高水位保护试验、用排污门放水的方法进行低水位保护试验，严禁用信号短接的方法进行模拟传动替代。

Lb4C2072 对气动执行机构的气源母管有什么要求？

答：气源母管一般采用不锈钢管，用氧—乙炔焰或氩弧焊连接，在适当的地段增设法兰。母管端安装法兰堵头，用以吹洗管道。

Lb4C2073 直流锅炉启动时有哪些特点？

答：（1）启动速度快。

（2）启动时必须建立一定的启动流量和压力。

（3）启动过程中会出现汽水膨胀现象。

Lb4C2074 为什么大、中型锅炉对减温水的质量要求很高？

答：由于减温水经喷水减温器后与过热蒸汽直接混合，因而对水质要求很高，其清洁度与饱和蒸汽相当，否则，将影响减温器运行和蒸汽品质。

Lb4C2075 火力发电厂中，三大主要设备及汽轮机的辅助设备有哪些？

答：三大主要设备是锅炉、汽轮机和发电机。汽轮机的辅助设备有凝汽器、凝结水泵、抽气器、油箱、油泵、冷油器和加热器等。

Lb4C3076 安装在设备或管道上的检出元件都有哪些装置？

答：测温元件、节流装置、分析取样装置等。

Lb4C3077 热工测量和控制仪表安装的防爆措施主要有

哪几方面？

答：热工测量和控制仪表安装的防爆措施，主要有三个方面：一是根据设计要求和爆炸危险场所的区域等级，配置相应类型的防爆仪表和电器设备；二是爆炸危险场所的电气线路安装必须符合规定；三是在安装、运行、维护、检修过程中，若该场所已有爆炸物质或与空气混合形成的爆炸性混合物，工作时，就应采用防爆措施。

Lb4C3078　为什么火力发电厂中要采取防爆措施？

答：火力发电厂采用油、天然气或煤作燃料，发电机采用氢气冷却，在有关场所里都存在易爆物质和空气的混合物，这些都会因电器设备和线路产生的火花或危险温度引起燃烧爆炸事故，故要采取严密的防爆措施。

Lb4C3079　对易爆炸危险场所的绝缘导线和电缆的选择有什么要求？

答：爆炸危险场所使用的低压电缆和绝缘导线，其额定电压不应低于线路的额定电压，且不得低于 500V。线芯截面必须较非爆炸危险场所用的留有适当的余量。控制线路线芯应为铜芯，且截面积不得小于 $1.5mm^2$。有剧烈振动的地方所用电器设备的线路，应采用铜芯绝缘软导线或铜芯多股电缆。固定敷设的电缆应采用铠装电缆、塑料护套电缆或不燃性橡胶电缆。

Lb4C3080　管道保温前应具备哪些条件？

答：管道保温前应具备以下条件：

（1）管路已安装完毕，并经严密性试验或焊接合格；

（2）有伴热的管路，伴热设施已安装完毕；

（3）管道表面上的灰尘、油垢、铁锈等杂物已清除干净，如设计规定涂刷防腐剂时，在防腐剂完全干燥后方可施工。

Lb4C3081　主机组启动程序逐项投入的项目有哪些？

答：有测量、信号、保护、连锁、程控、计算机监控及远方操作等系统。

Lb4C3082　什么是保护接地？

答：在低压电网中为防止操作员触电，往往将机器外壳接到地网，叫保护接地。

Lb4C3083　电动执行机构的连杆接头有几种？各有何特点？

答：接头有叉型接头和球形链接头两种。前者仅适用于执行机构与调节机构的摇杆在同一平面时的连接；后者适用于各种场合，且可以消除连接间隙所造成的空行程。

Lb4C3084　给水泵有哪些保护？

答：给水泵是电厂中大型重要辅机，一般都装有较完善的保护装置。大部分装有润滑油油压低保护、轴承温度高保护、轴向位移保护、给水泵入口压力低保护。

Lb4C3085　直流锅炉的调节任务是什么？

答：（1）使锅炉的蒸发量适应负荷的需要或等于给定负荷。

（2）保持蒸汽压力在一定范围内。

（3）保持过热蒸汽温度和再热蒸汽温度在一定范围内。

（4）保持燃烧的经济性。

（5）保持炉膛负压在一定范围内。

Lb4C3086　汽包炉的汽包水位在什么情况易产生假水位？

答：汽包炉一般在汽包压力大幅度变化（下降）的时候出现假水位。

Lb4C4087　电动执行装置行程控制失灵的原因有哪些？

答：有微动开关损坏、微动开关位置移动、弹簧板未到位、回路接线故障、机械部分损坏等原因。

Lb4C4088　使用电接点水位表应注意哪些问题？

答：（1）使用的电极要精心挑选，绝缘电阻应在 20MΩ以上。

（2）电极应尽可能随锅炉启动时投入，以达到缓慢升温的目的。

（3）运行中更换电极时，要关严汽水门打开排污门，放掉容器内的水，待水位容器泄压并完全冷却后，再进行拆装。

（4）更换电极或停用后重新启动水位表，应先打开排污门，再缓慢开启汽水阀门缓慢关闭排污门，使仪表投入运行。

（5）拆装电极时，应避免敲打。安装时要细心，丝扣和结合面要完好垂直。拧入接点时，丝扣要涂抹二硫化钼或铅油。

Lc21b3089　标准孔板有什么特点？

答：标准孔板其结构比较简单，加工方便，安装容易，省料，造价低，但压力损失较大。孔板入口边缘抗流体磨蚀的性能差，难以保证尖锐，孔板膨胀系数的误差也比喷嘴大。

Lb3C1090　为了保证机组的正常运行，循环水系统主要给哪些设备提供冷却水？

答：需供给冷却水的主要设备有凝汽器、冷油器及发电机氢气、空气冷却器等。

Lb3C2091　汽轮机振动表一般由哪三部分组成？

答：一般由振动传感器、振动放大器和显示仪表组成。

Lb3C2092　仪表导管安装前应进行哪些外观检查？

答：应进行如下外观检查：

（1）导管外表应无裂纹、伤痕和严重锈蚀等缺陷。

（2）检查导管的平整度，不直的导管应调直。

（3）管件应无机械损伤及铸造缺陷。

Lb3C2093 对节流件所要求的最小直管段内表面有何要求？

答：在节流体所要求的最小直管段内，其内表面应清洁，无凹坑。节流装置的各管段和管件的连接处不得有管径突变现象。

Lb3C2094 动圈式显示仪表的外接线路电阻必须符合规定值，对于热电偶及热电阻其线路热电阻误差范围是什么？

答：对于热电偶，应不超过$\pm 0.2\Omega$；对于热电阻，应不超过$\pm 0.1\Omega$。

Lb3C2095 热工仪表及控制装置的安装工程验收时，应进行哪些工作？

答：应进行下列工作：

（1）进行安装工程和设备的盘点。

（2）检查各项装置的安装是否符合设计和有关规范的规定。

（3）移交竣工验收料、设备附件、生产试验仪器和专用工具。

Lb3C2096 火力发电厂热力过程自动化由哪几部分组成？

答：由热工检测、自动调节、程序控制、热工信号及保护等部分组成。

Lb3C2097 什么叫热工越限报警信号？

答：热工越限报警信号是指热力参数值越出安全界限而发出的报警信号。

Lb3C3098　汽轮机为什么要设轴向位移保护装置？

答：汽轮机在启停和运转中，因转子轴向推力过大或油温过高，油膜将会被破坏，推力瓦乌金将被熔化，引起汽轮机动、静部摩擦，发生严重事故，故要设置此装置。

Lb3C3099　汽轮机通常有哪些保护？

答：超速保护、低真空保护、轴向位移保护和低油压保护等。

Lb3C3100　如何选择自热式氧化锆探头的安装点？

答：（1）被测烟温度在 0～600℃ 范围内，最佳温度在 300～400℃ 之间。

（2）烟气流通条件好。

（3）安装、维修、校验方便。

Lb3C3101　什么叫状态信号？

答：状态信号是用来表示热力系统中的设备所处的状态，如"运转"、"停运"等。

Lb3C3102　高压加热器保护动作对锅炉有什么影响？

答：高压加热器突然停止运行，就将造成给水温度下降，锅炉汽压下降，并会造成锅炉汽包水位先上升后下降，使锅炉运行不稳定，并影响到全厂的热效率。

Je2C3103　DCS 中如何进行模拟量输入（AI）信号精度测试？

答：（1）用相应的标准信号源，在相应的端子上分别输入

0.25%、50%、75%、100%信号，在操作员站或工程师站读取该测点的显示值，与输入的标准值进行比较。

（2）记录各测点的测试数据，计算测量误差，应满足规程规定的精度要求。

Lb3C3104　仪表管路按其作用可分为哪几类？

答：仪表管路按其作用可分为：

（1）测量管路；

（2）取样管路；

（3）信号管路；

（4）气源管路；

（5）伴热管路；

（6）排污及冷却管路。

Lb3C3105　在节流件的上、下游安装温度计时，对直管段长度有何要求？

答：其与节流件间的直管距离应符合下列规定：

（1）当温度计套管直径小于或等于 $0.03D$ 时，不小于 $5D$。

（2）当温度计套管直径在 $0.03D \sim 0.13D$ 之间时，不小于 $20D$。

Lb3C3106　系统调试前应具备哪些条件？

答：应具备以下条件：

（1）仪表及控制装置安装完毕，单体校验合格。

（2）管路连接正确，试压合格。

（3）电气回路接线正确，端子固定牢固。

（4）交直流电力回路送电前，用 500V 绝缘电阻表检查绝缘，其绝缘电阻不小于 $1M\Omega$，潮湿地区不小于 $0.5M\Omega$。

（5）电源的容量、电压、频率及熔断器或开关的规范应符合设计和使用设备的要求。

（6）气动管路吹扫完毕，气源干燥、洁净，压力应符合设备使用要求。

Lb3C3107　单元制主蒸汽系统的主要特点是什么？

答：其主要特点是由一台或两台锅炉与一台汽轮机连接组成为一个独立单元，锅炉的新蒸汽只供给本单元的汽轮机和使用新蒸汽的辅助设备使用，而与其他机组不相通，近代大容量机组多采用这种系统。

Lb3C3108　方框图的几个要素是什么？

答：方框图的要素是环节、信号线、相加点和分支点。

Lb3C4109　说明控制盘安装时其尺寸偏差应符合哪些要求？

答：安装尺寸误差应符合下列要求：

（1）盘正面及正面边线的不垂直度小于盘高的 0.15%。

（2）相邻两盘连接处的盘面不得凹凸不平，其相差不大于 1mm。

（3）各盘间的连接缝隙不大于 2mm。

（4）控制盘应有良好的接地（如有特殊要求以要求为准）。

（5）为防火、防尘，盘底孔洞应用防火材料严密封闭，盘内地面应平滑，但地面必须在接线完成后进行。

Lb2C3110　电导仪投入前，应进行哪些检查？

答：应检查发送器与导管连接处无渗漏，发送与转换器、转换器与仪表之间的连接线以及电源线等应正确。

Lb2C3111　电导式分析是用于连续监测溶液含盐量的仪表，在火电厂中一般用于哪些介质的测量？

答：电导式分析仪一般用于主蒸汽凝结水、给水及炉水品质的监督。

Lb2C3112 同种钢材焊接时，应选用性能和化学成分与母材相当的焊条，而异种钢材焊接时，焊条的选用应考虑哪些主要因素？

答：当异种钢材焊接时，焊条的选用应考虑抗裂性和碳扩散等因素。

Lb2C3113 程序控制的主要作用是什么？

答：程序控制的主要作用是，根据预先规定的顺序和条件，使生产工艺过程中的设备自动地依次进行一系列操作。

Lb2C3114 什么叫"闭锁"作用？

答：引入必要的逻辑约束条件，禁止命令产生作用，因而使被控制对象在此条件下不可能动作，通常称为"闭锁"作用。

Lb2C4115 新装氧化锆探头为什么要运行 **24h** 后才能校准？

答：由于新氧化锆管内存在一些吸附水分和可燃性物质，在高温下，吸附水分的蒸发，可燃物质的燃烧，消耗了参比空气的氧含量；影响仪器的正常工作。水分和杂质被新鲜空气置换干净的过程约需 12h 左右。所以，新装氧化锆探头要在 24h 以后才能校准。

Lb2C4116 热工保护的主要作用是什么？

答：热工保护的主要作用是，当机组在启动和运行过程中发生了危及设备安全的危险工况时，使其能自动采取保护或连锁措施，防止事故扩大，从而保机组设备的安全。

Lb2C4117 采用平衡容器测量水位有哪些误差来源？

答：采用平衡容器进行水位测量其误差的主要来源是：

（1）在运行时，当汽包压力发生变化时，会引起饱和水、饱和汽的重度发生变化，造成差压输出有误差。

（2）设计计算平衡容器补偿管是按水位处于零水位情况时得出的，而当运行时锅炉偏离零水位时会引起测量误差。

（3）汽包压力突然下降时，由于正压室内凝结水可能会被蒸发掉，导致仪表指示出现误差。

La21C1118 什么是热工测量？什么是热工测量仪表？

答：热工测量就是在火力发电厂热力生产过程中对各种热工参数（如温度、压力、流量、液位等）进行的测量方法和过程。

热工测量仪表是指用来测量热工参数（如温度、压力、流量、液位等）的仪表。

Lb1C2119 调节中过渡过程有哪几种形式？

答：其有四种形式：发散振荡、等幅振荡、衰减振荡、非周期过程。

Lb1C3120 局部控制级按系统功能又可分为哪三大部分？

答：其可分为自动调节系统、程序控制系统和热工保护系统。

Lb1C4121 双回路调节系统的投入步骤是什么？

答：先投内回路，后投外回路，在调节系统运行基本正常后，应进行扰动实验。

Lb3C2122 脱硫设施运行数据保留时间上有什么要求？

答：脱硫设施运行数据在 DCS、SIS 等系统中要保留 1 年以上，文本记录和数据报表要保留 2 年以上。

Lb3C2123　脱硫烟气上受环保排放监测的参数有哪些？

答：脱硫烟气监测系统用于环保排放监测的参数主要有 SO_2、NOx、O_2、粉尘浓度、流量、温度、压力等。

Lc5C2124　中压等级以上的材质如没有出厂证，必须进行检验，确认无误后方可使用。对于合金钢部件有什么要求？

答：合金钢部件不论有无证件，在安装前均应进行光谱分析，安装后还须光谱分析复核并提出分析报告。

Lc3C2125　施工企业企业管理的内容主要有哪些？

答：施工企业企业管理的内容主要有计划管理、施工管理、技术管理、质量管理、劳动工资管理、设备管理、物资管理、成本管理、财务管理、教育管理等。

Lc3C2126　什么叫工程质量？

答：工程质量是指建设工程满足使用要求所具备的特性，通常包括功能要求、耐用性、安全性、经济性（成本，造价）以及造型美观等内容。

Lc3C2127　全员参加质量管理的含义是什么？

答：全员参加质量管理的含义是：一个企业上至经理厂长，下至工人，人人做好本职工作，关心工程质量，全体参加质量管理。

Lc3C2128　技术管理的主要任务是什么？

答：技术管理的主要任务是：正确贯彻国家的技术政策和上级主要部门有关技术工作的指示与决定，科学地组织各项技术工作，建立良好的技术秩序，保证施工过程符合技术规程的要求，促进施工技术不断发展与更新。

Lc3C3129　计划管理的作用是什么？

答：计划管理的作用在于通过计划的编制、执行、检查和修订，把企业内部的各种力量，各项工作以施工生产为中心，科学有效地组织起来，使其互相配合，密切协作，以求优质、高效地实现既定目标。

Lc3C3130　班组施工作业计划管理的目标和要求是什么？

答：班组施工作业计划管理的目标和要求，就是合理地组织施工生产活动，充分发挥班组全体成员和施工机械设备的能力，保证按质、按量、按时均衡地完成企业或工地下达的施工作业任务。

Lc3C3131　什么是全面质量管理？

答：全面质量管理就是企业全体职工及有关部门同心协力，把专业技术、经营管理、数理统计和思想教育结合起来，建立起工程准备、施工、投入使用、工程回访服务等活动全过程的质量保证体系，从而用最经济的手段，建议用户满意的工程。

Lc3C3132　PDCA 是管理的基本工作方法，试问 PDCA 为何意？

答：P—计划、D—执行、C—检查、A—总结的一套工作程序。

Lc3C3133　班组技术管理的主要任务是什么？

答：班组技术管理的主要任务是：严格遵守和贯彻执行技术标准和工艺规程，按技术操作规程组织施工，用好施工工器具，组织工人学习技术，开展群众性的合理化建议、技术革新和技术协作活动。执行技术标准、工艺规程是班组技术管理的重要环节。

Lc3C3134　锅炉过热器安全门与汽包安全门用途有何不同？

答：锅炉过热器安全门和汽包安全门都是为了防止锅炉超压的保护装置，过热器安全门是第一道保护，汽包安全门是第二道保护。整定时要求过热器安全门先动作，这是因为过热器安全门排出的蒸汽对过热器有冷却作用，而汽包安全门排出的蒸汽不经过过热器，这时过热器失去冷却容易超温，故只有在过热器安全门失灵的情况下或过热器安全门动作后压力仍不能恢复时，汽包安全门才动作。

Lc2C2135　班组对施工人员的安全教育主要有哪些内容？

答：主要有三方面的内容：一是本班组生产的特点、作业环境状况、班组人事状况，以及设备、消防设施的使用；二是本工种安全责任制、操作规程、事故教训；三是如何正确使用防护用品和安全生产的具体要求。

Lc2C3136　验收交工阶段班组长的主要任务是什么？

答：熟悉试运方案及试运的有关要求，安排试运人员，及时处理班组施工的项目在试运中出现的问题。

Lb3C2137　脱硫系统运行工艺控制参数记录主要包括哪些内容？

答：脱硫系统运行工艺控制参数记录至少应包括：脱硫塔入口和出口烟气温度、流量、压力，脱硫塔入口和出口二氧化硫浓度、烟尘浓度、氮氧化物浓度，脱硫效率，主要电气设备的电流、温度，水、电消耗值等。

Jd5C2138　使用电动砂轮机时要注意哪些事项？

答：（1）使用前必须严格检查各零部件的紧固是否可靠，砂轮片有无裂纹、损伤，有效半径是否符合要求，防护罩和防护玻璃是否完善，砂轮片与磨件托架间是否符合要求，操作开关是否灵活可靠，接地是否完好，运转是否正常等。

（2）磨削时用力要适当，严禁撞击磨削。

（3）磨件应顺着砂轮片旋转方向磨削。

（4）操作人员应站在砂轮片的侧面或斜侧位置。

（5）拆卸、更换零部件时，必须切断电源。

Jd5C2139　锯齿崩裂有哪些原因？

答：锯齿崩裂的原因有：

（1）锯条粗细选择不当；

（2）起锯方向不对；

（3）突然碰到砂眼、杂质。

Lc21b2140　什么叫热电偶的补偿导线？

答：热电偶的补偿导线是两根材料不同的金属丝，在一定温度范围内（一般为 0～100℃），它具有和所连接的热电偶相同的热电性能，其材料相对于热电偶是由廉价金属制成的。

Lc21C3141　什么是金属材料的刚度和硬度？什么是韧性？

答：零件在受力时抵抗弹性变形的能力称为刚度。硬度是指金属材料抵抗硬物压入其表面的能力。金属材料抵抗冲击载荷的能力称为韧性或冲击韧性，即材料承受冲击载荷时迅速产生塑性变形的性能。

Jd5C3142　用锯弓锯割金属材料时，应该注意哪些事项？

答：（1）根据金属材料的硬度及形状，选用合适的锯条。对于软金属及厚材料，应选用粗齿锯条；对于硬且较薄的材料，应选用细齿锯条。

（2）锯割时先轻轻打好锯割口，用力要均匀，往复速度不宜过快，回程时不应有压力，以免锯条磨损过快。

（3）方向要一致，不应左右摆动，以免割线锯偏或夹断锯条。

Jd5C3143　划针保管应注意些什么？

答：由于划针是经过淬火的，很脆，所以用完后应放在专用的硬纸盒或皮套内。不允许和其他工具碰撞，更不允许将划针随身携带，以免扎伤身体或损坏划针。

Jd4C1144　常用的划线基准有哪三种基本形式？

答：划线基准一般可根据以下三种类型选择：

（1）以两个互相垂直的平面（或线）为基准；

（2）以两条中心线为基准；

（3）以一个平面和（或）一条中心线为基准。

Jd4C1145　卡钳有几种？它们各有何用途？

答：卡钳分为两种：一种是外卡钳，用于量外径；另一种是内卡钳，用于量孔径。

Jd4C1146　厚薄规又叫"塞尺"或"缝尺"，其主要作用是什么？

答：它主要用来检查两结合面之间的缝隙。

Jd4C2147　什么叫攻丝？什么叫套丝？

答：用丝锥（螺丝攻）在孔中切削出螺纹称攻丝，用板牙在圆杆上切削出外螺纹称为套丝。

Jd4C2148 热工仪表及控制装置安装时，常用的小型机具设备有哪些？

答：常用的小型机具设备有砂轮机、砂轮锯、弯管机、套丝切管机、台钻、磁力钻、电焊机、虎钳等。

Jd4C3149 螺纹的六个要素是什么？

答：牙形、外径、螺距、头数、精度、旋向。

Jd4C4150 热工仪表及控制装置安装时，常用的手工工具有哪些？

答：常用手工工具有钳工工具、弯管器、割管器、电工工具、水平仪及割把、焊把等。

Jd4C5151 使用水平仪应注意的事项有哪些？

答：（1）所测工件表面必须有一定的精度，当所测表面精度较低时，要借助于水平尺。

（2）测量前应先将水平仪和工件表面擦拭干净。

（3）水平仪接触工件表面后，要轻微沿水平轴向往返拖动二、三下。

（4）当在圆轴或垂直面测量水平时，应先观察横向水准器，将水平仪放正，然后再观察轴向水准器所示数值。

（5）测量时必须将水平仪调转180°反复测量，取各次读数的平均值。

（6）水平仪用完后应立即擦净，放在专用的木盒内。如果长时间不用，就要在工作面上涂上防腐油。

Jd4C5152 使用台钻时，应注意哪些问题？

答：（1）首先应检查台钻是否完好，其内容有电源线是否完好可靠、接线是否符合要求、操作开关是否灵活完整、运转是否正常等。

（2）按钻孔孔径和工件厚薄调整好转速，钻孔孔径越大，或工件越厚，应适当减小转速。

（3）使用钻头的直径不应超过电钻的允许值，以免电动机过载。

（4）钻头必须用钥匙夹紧，不得用其他工具敲击钻夹头。

（5）钻孔工件应放平稳，小型工件不得用手直接拿着钻孔，可用钳子夹持手扶钳子钻孔，并在工件下面垫好木板。

（6）钻孔时，用力应均匀平稳，不得用力过猛，以免电机过载或损坏钻头。

（7）操作时不准戴手套，清除铁削时不能用手直接拔出和用嘴吹，可用毛刷扫除。

（8）使用完毕后，应切断电源。

Jd4C3153　盘面需堵孔时，如何实施？

答：盘内需堵孔时，应选用与盘面同样厚度的铁板制成较孔洞略小的形状，放在孔洞内，由盘背后用细焊条点焊。6mm以下的圆孔可用泥子堵平。

Jd4C2154　盘内配线的基本技术要求是什么？

答：按图施工，接线正确；连接牢固，接触良好；绝缘和导线没有损伤；配线整齐、清晰、美观。对于已配好的线的盘（台），在安装时应按此要求进行检验，如发现不合格者，必须进行处理。

Jd4C2155　盘内配线应选用什么规格的线材？

答：导线应选 $1.5mm^2$ 的单股硬铜线或 $1.0mm^2$ 的多股软铜线。

Lb21C4156　什么是模数转换器？

答：模数转换器（analog to digital converter）是能将模拟

量转换成数字量的器件，简称 ADC 或 A/D。模数转换器是利用数字系统分析、处理、控制模拟信号的桥梁。被分析处理的对象一般多为物理量，如温度、压力、位移、速度等。

Lb21C3157　什么是数据采集系统（DAS）？

答：采用数字计算机系统对工艺系统和设备的运行参数、状态进行检测，对检测结果进行处理、记录、显示和报警，对机组的运行进行计算和分析，并提出运行指导的监视系统。

Lb21C3158　什么是模拟量控制系统（MCS）？

答：实现锅炉、汽轮机及辅助系统参数自动控制的总称。在这种系统中，常包含参数自动控制及偏差报警功能，对前者，其输出量为输入量的连续函数。

Ld21C4159　什么是自动发电控制（AGC）？

答：根据电网负荷指令控制发电功率的自动控制。

Lb21C3160　什么是顺序控制系统？

答：对机组的某一工艺系统或主要辅机按一定规律（输入信号条件顺序、动作顺序或时间顺序）进行控制的控制系统。

Ld21C4161　什么是炉膛安全监控系统？

答：对锅炉点火、燃烧器和油枪进行程序自动控制，防止锅炉炉膛由于燃烧熄火、过压等原因引起炉膛爆炸而采取的监视和控制措施的自动系统。FSSS 包括燃烧器控制系统（BCS）和炉膛安全系统（FSSS）。

Lb21C3162　什么是总燃料跳闸（MFT）？

答：由人操作或保护信号自动动作，快速切除进行锅炉炉膛的所有燃料而采取的控制措施。

Lb21C4163　什么是汽轮机数字电液控制系统（DEH）？

答：按电气原理设计的敏感元件、数字电路（计算机），按液压原理设计的放大元件及液压伺服机构构成的汽轮机控制系统。

Ld21C4164　简述计算机控制系统的接口显示器的质量要求。

答：显示器检修复原后上电检查，显示器画面应清晰，无闪烁、抖动和不正常色调；亮度、对比度、色温、聚焦、定位等按钮功能正常；仔细调整大屏幕显示器，整个画面亮度色彩应均匀。

Jd21C4165　对 DCS 控制柜内维修时如何防静电损坏模件？

答：对于有防静电要求的设备，检修时必须做好防静电措施，工作人员必须带好防静电接地腕带，并尽可能不触及电路部分；拆卸的设备应放在防静电板上，吹扫用压缩空气枪应接地。

Jd21C4166　DCS 中如何进行模拟量输入（AI）信号精度测试？

答：（1）用相应的标准信号源，在测相应的端子上分别输入 25%、50%、75%、100%信号，在操作员站或工程师站（手操器）读取该测点的显示值，与输入的标准值进行比较。

（2）记录各测点的测试数据，计算测量误差，应满足规程规定的精度要求。

Lb21C4167　DCS 对现场 I/O 量的处理可以分为近程 I/O 和远程 I/O 两种，说明两者的区别与关系？

答：区别：近程 I/O 是将过程变量直接通过信号电缆引入

计算机，其信号电缆传输的是模拟量信号。

远程 I/O 通过远程终端单元实现现场 I/O，在远程终端单元和计算机之间通过通信线路实现连接和信号的交换，其通信电缆传输的是数字量。

关系：它们都要完成对现场过程量的数据采集。

Je21C4168　简述 DCS 中对现场过程控制站的控制方案组态的过程。

答：通过 DCS 的工程师调用过程控制站中的算法库，在工程师站按功能块图方法进行图形化组态连接，然后编译下装至过程控制站的内存中，即完成了控制方案的组态过程。

Je21C4169　如何对 DCS 操作员站进行系统容错性能试验？

答：在操作员站的键盘上操作任何未经定义的键，或在操作员键盘上输入系列非法命令，操作员站和控制系统不得发生出错、死机或其他异常现象。

Je21C4170　如何对 DCS 抗射频干扰能力测试？

答：用频率为 $400\sim500MHz$、功率为 5W 的步话机作干扰源，距敞开柜门的机柜 1.5m 处发出信号进行试验，计算机系统应正常工作，记录测量信号示值变化范围应不大于测量系统允许综合误差的两倍。

Je21C4171　对需要防静电的控制模板如何保存与管理？

答：必须用防静电袋包装或采取的防静电措施后存放。存取时应采取相应的防静电措施，禁止用手触摸电路板。对储存有特殊要求的备品备件，应按制造厂要求进行。

Lb1C5172　DCS 与 SIS（MIS）的接口有什么要求？

答：DCS 与 SIS（MIS）的接口必须按照《火力发电厂厂级监控信息系统技术条件》的要求，配置可靠的隔离措施，信号的传送应该是从 DCS 向 SIS（MIS）单向的。严禁将 DCS 与 SIS（MIS）以及上级公司的信息网络直接互联。

Lb21C5173　DCS 的电源供电有什么要求？

答：DCS 必须有两路可靠的交流 220V 电源供电，其中至少必须有一路是 UPS 电源。两路电源的切换时间应足够短，以确保电源故障切换时不会造成 DCS 扰动和故障。

Je5C4174　压力表在投入前应做好哪些准备工作？

答：（1）检查一、二次门，管路及接头处应连接正确牢固。二次门、排污门应关闭，接头锁母不渗漏，盘根填加适量操作手轮和紧固螺丝与垫圈齐全完好。

（2）压力表及固定卡子应牢固。

（3）电接点压力表应检查和调整信号装置部分。

Lb21b3175　何谓热电阻元件的纯度校验法？

答：在 0℃和 100℃时，测量电阻值 R_0 和 R_{100}，求出 R_{100} 和 R_0 的比值 R_{100}/R_0，看是否符合规定。

Je5C5176　仪表管在安装前为何要进行吹扫清洗？

答：由于管子在制造、运输、保管各个环节中，都不可避免地要产生氧化物垢和泥土等其他污垢。如不把这些污垢在安装前吹扫干净，安装后就难免出现堵塞管路，特别是仪表管子本身通径又小，在敷设焊接后，管路又较长且弯头又多，管子的堵塞情况就可能更加严重，这时再来疏通，那就极为困难。所以管子在安装前必须逐根吹扫干净，才能顺利地投入使用。

Je4C1177　标准孔板取压方式有哪两种？

答：可分为角接取压和法兰取压两种。角接取压又可分为单独钻孔取压和环室取压两种。

Je4C1178 如果一孔板装反了方向，流量指示将如何变化？

答：指示将会偏低。

Je4C2179 流量变送器在投入前应检查哪些项目？

答：（1）脉冲管连接正确、整齐、牢固，无泄漏；平衡门，一、二次门应严密不漏；平衡门处于开启状态，其他门处于关闭状态。

（2）检查电源保险容量，二次回路绝缘电阻应合格，接线无误，并进行通电预热。

（3）冲洗管道，至少冷却 30min 后方可投入。

Je4C2180 立盘时，底座上的地角螺丝位置如何确定？

答：立盘时，可在底座上先把每块盘调整到大致合适位置，由每块盘的地脚螺丝孔处向底座上划线和冲中心孔（每盘一般为四处）。然后将盘搬下，在底座上各地脚螺丝位置一一钻眼攻丝后再将盘搬上底座，拧上地脚螺丝。

Je4C2181 在调试中，发现缺少一个直流 220V 继电器，误把一交流 220V 继电器装入，问能否正常工作？

答：不能正常工作。因为直流继电器的线圈比交流继电器线圈的匝数多，将会烧坏继电器。

Je3C3182 设备开箱时，应进行哪些工作？

答：应进行下列工作：

（1）根据装箱单核对型号、规格、附件、备品、数量及技术资料。

（2）外观检查设备有无缺陷、损伤、变形及锈蚀，并作记录。

（3）精密设备开箱后，应恢复其必要的包装并妥善保管。

Je4C3183　盘运到室内后，应对表盘进行哪些项目的检查和记录？

答：进行各项检查作好记录的事项有：

（1）各元件的型号、规范是否与设计相符。

（2）设备缺陷、缺件的情况和原因。

（3）边盘、侧板、盘门、灯箱等是否齐全。

（4）盘面尺寸及部件位置是否符合设计要求，尤其应检查最高和最低一排表计的高度。

Je4C4184　标准化节流装置由哪几部分组成？有什么技术要求？

答：标准化节流装置由节流元件、取压设备和节流件前后直管段组成。对节流装置一般有以下要求：

（1）管道：各种材料制成的圆管，在节流件前 $10D$ 和后 $4D$ 长的直管段内壁应光滑，无可见毛刺。

（2）流体和流动状态：① 流体是单向的，均质的牛顿流体，并且在通过节流装置时不发生相变或析出杂质；② 流体充满圆管并且连续有压流动，流速小于音速，不是脉动流动；③ 流动在受到节流件影响前，已达到充分发展的层流，流线和管轴平行，不是旋转流动。

Je4C4185　选择绞孔余量的原则是什么？

答：（1）孔径：孔径大，余量大。

（2）材料：材料硬，余量小；材料软，余量大。

（3）绞前加工方法：加工方法精度高，余量小；加工方法精度低，余量大。

（4）绞孔方法：机铰余量大，手铰余量小。

Je3C2186 测量仪表、控制仪表、计算机及外设等精密设备宜存放在什么条件下？

答：宜存放在温度为 5～40℃，相对湿度不大于 80%的保温库内。

Lc5C4187 为什么钻孔时有时要用冷却润滑液？它有什么作用？

答：钻孔时，由于金属变形和钻头与工作的摩擦产生大量的切削热，使钻头的温度升高，磨损加快，也影响钻孔质量，因此，要用冷却液。它的主要作用是：迅速地吸收和带走钻削时产生的切削热，以提高钻头的耐用度。同时，渗入钻头与切削之间，以减小钻头与切削摩擦作用，使排屑顺利。

Je2C2188 施工技术交底的目的是什么？

答：目的是使施工人员了解施工人员所承担施工工程的特点、施工任务、技术要求、施工工艺、操作方法、质量标准等，做到心中有数。

Je5C2189 任何单位和个人在发现火灾的时候，都应当迅速、准确地报警，并积极参加扑救，火灾报警的要点有几条？内容是什么？

答：有 4 条，火灾地点、火势情况、燃烧物和大约数量、报警人姓名及电话号码。

Jf3C1190 全过程质量管理的全过程主要包括哪些过程？

答：主要包括设计过程、制造过程、安装过程和使用过程。

Jf2C3191　什么叫材料消耗定额？

答：材料消耗定额指的是在合理的施工条件和在节约及合理使用材料的条件下，生产单位合格产品所必须消耗的一定品种规格的材料数量。它包括主材、辅材和其他材料的消耗数量标准。直接用于安装和工程安装材料称为材料消耗净定额，不可避免的废料和损耗称为材料损耗定额，两者之和为材料消耗定额。

Jf1C3192　什么叫劳动定额？

答：劳动定额也称人工定额，它是在安装工人正常施工条件下，在平均先进合理水平的基础上制定的，它表明每个工人在单位时间内生产合格产品所必须消耗的劳动时间或在一定劳动时间中所生产的合格产品的数量。

Jf1C3193　施工定额编制的主要依据是什么？

答：依据有：

（1）现行国家建筑安装工程施工验收规范、技术安全操作规程和有关标准图集。

（2）全国建筑安装工程统一劳动定额。

（3）全国建筑安装工程预算定额。

（4）现场有关测定资料。

（5）建筑安装工人技术等级标准。

Le21C3194　现场侧屏蔽层接地如何处理？

答：当信号源接地时，电缆屏蔽层接地点应放在现场信号源附件上。信号源接地时，屏蔽层不能直接接信号源外壳上，应与信号源外壳或接地端子可靠连接后，用导线至接地金属上。

Le21C4195　汽轮机扣盖前，热控应完成哪些工作？

答：汽轮机扣盖前，热控应完成以下工作：

（1）汽轮机厂厂供测温元件校验合格，并出具试验报告。

（2）检测核实汽轮机厂测温元件的定位、测孔螺纹与测温元件固定装置是否相配套，必要时应对系统进行过丝。

（3）安装测温元件固定支架及引出法兰装置。

Lb21C2196　机组试运阶段分为几部分？

答：试运阶段分为分部试运、整套试运、试生产三个阶段。

Lb21C3197　机组进入试运阶段的条件是什么？

答：机组进入试运阶段，要求主厂房热力设备及热力系统安装工作的结束，公用系统附属生产设备的完成，厂用系统带电的完毕和热控安装的结束。

Lb21C2198　分部试运阶段应完成哪些试运工作？

答：分部试运阶段应完成以下试运工作：

（1）单机试运，单台辅机试运。

（2）分系统试运，按系统对其动力、电气、热控等所有设备进行空载和带负荷的调试试运。

Lb21C3199　整套试运阶段包括哪些内容？

答：整套试运阶段是指从锅炉、汽轮机、电气等第一次整套启动时锅炉点火开始，到完成满负荷试运移交试生产止的阶段。

Lb21C4200　热工控制系统对供电电源的切换时间要求是多少？

答：采用 UPS 供电的电源系统切换时间应不大于 5ms；未采用 UPS 供电的检测、调节、控制、报警系统，其电源系统的切换时间应不大于 200ms。

Lc21C2201　什么是仪表的基本误差？

答：在规定的技术条件下，将仪表的示值和标准表的示值相比较，在被测量平稳地增加和减少的过程中，在仪表全量程取得的指示值的引用误差中的最大者，称为仪表的基本误差。即

$$仪表的基本误差 = \frac{(x - x_0)_{max}}{仪表量程上限 - 仪表量程下限} \times 100\%$$

Lb21C2202　什么是仪表的测量误差？

答：仪表的测量误差是指测量结果与测量真实值之间的差值。测量误差有大小、正负和单位。

Lb21C3203　什么是仪表的主要质量指标？

答：仪表的质量指标，是评价仪表质量的标准。常见的仪表质量指标有精确度（准确度）、回程误差（变差）、灵敏度、指示值稳定性、动态特性（分辨力）等。

Lb21C3204　什么是仪表的分辨力？

答：仪表的分辨力也叫鉴别力，表明仪表响应输入量微小变化的能力。分辨力不足将引起分辨误差，即在被测量变化某一定值时，示值仍然不变，这个误差叫不灵敏区或叫死区。

Lb21C3205　什么是仪表的修正值？

答：为了消除系统误差对测量值加的附加值，叫修正值。它的大小同误差的绝对值相等，方向与误差相反。

Lc21C2206　什么是计量器具？

答：凡能用以直接或间接测出被测量对象量值的装置、仪器仪表、量具和用于量值的标准物质，包括计量基准、计量标准、工作计量器具统称为计量器具。

Lc21C2207　什么是计量标准？

答：计量标准是按国家规定的准确等级，作为检定依据用的计量器具或物质。

Lc21C3208　什么是计量检定？

答：计量检定是指评定计量器具的计量性能，确定其是否合格所进行的全部工作。

Lc21C2209　什么是计量装置？

答：计量装置是为确定被测量值所必需的计量器具和辅助设备的总体。

Lc21C2210　什么是量值传递？

答：量值传递是通过检定，将国家基准所复现的计量单位量值通过标准逐级传递到工作计量器具范围，以保证被测量值的准确和一致性。

Lc21C3211　什么是计量认证？

答：计量认证是政府计量部分对有关技术机构计量检定、测试能力和可靠性进行考核和证明，来保证准确和一致的量值传递。

Lc21b2212　压力表式温度计分为哪几类？

答：压力表式温度计分充液压力式温度计、充气压力式温度计、蒸汽压力式温度计三类。

Lc21b4213　热电偶参考端补偿的意义是什么？

答：根据热电偶的测温原理，热电势的大小与热电偶两端的温差有关，要准确地测量温度，必须要求热电偶参考端温度应保持恒定，一般恒定在 0℃。热电偶的分度表也是在参考端温度为 0℃的条件下制作的。在使用中应使热电偶参考端温度恒定在0℃，如果不是0℃，则必须对参考端温度进行修正。

Lc21b3214　热电偶参考端补偿的方法有哪些？

答：热电偶参考端温度补偿方法一般有：

（1）冷端温度校正法（计算法）；

（2）冷端恒温法；

（3）仪表机械零点调整法；

（4）补偿电桥法（冷端补偿器）；

（5）多点冷端温度补偿法。

冷端恒温法就是冰点器（或零点仪等），要求热电偶参考端所处的温度恒定在某一温度或0℃。冷端补偿法就是采取补偿措施来消除因环境温度变化造成热电偶测量结果的温差。

Lb32b3215　测量汽轮机轴承金属温度用的专用热电阻，其结构有什么特点？

答：由于使用环境和要求的特殊性，决定其结构不同于一般热电阻。一般采用漆包铜丝或铂金丝双线密绕在绝缘的骨架上，端面应与轴承的轴瓦紧密接触，以减少导热误差。

4.1.4　计算题

La5D1001　求 $\dfrac{1}{8}$ in 等于多少毫米？

解：$25.4 \times \dfrac{1}{8} = 3.175$（mm）

答：$\dfrac{1}{8}$ in 等于 3.175mm。

La5D1002　已知水的温度为（热力学温度）297K，计算此温度相当于多少摄氏度？

解：$t = T - 273.15 = 297 - 273.15 = 23.84$（℃）

答：297K 相当于 23.84℃。

La5D1003　锅炉汽包压力表读数为 9.604MPa，大气压表的读数为 101.7kPa，求汽包内工质的绝对压力是多少？

解：已知 $p_{表} = 9.604$MPa；$p_{b} = 101.7$kPa ≈ 0.1（MPa）

　　　　则 $p_{绝} = p_{表} + p_{b} = 9.604 + 0.1 = 9.704$（MPa）

答：汽包内工质的绝对压力为 9.704MPa。

La5D2004　用电流表量得电动机的正弦电流是 10A，问这个电流的最大值是多少？又用电压表量得交流电源的电压是 220V，问这个电压的最大值是多少？

解：电流的最大值 $I_{m} = \sqrt{2}\,I = \sqrt{2} \times 10 = 14.1$（A）

电压的最大值 $U_{m} = \sqrt{2}\,U = \sqrt{2} \times 220 = 308$（V）。

答：电流的最大值为 14.1A，电压的最大值为 308V。

La5D2005　如果人体最小的电阻为 800Ω，已知通过人体的电流为 50mA 时，就引起呼吸麻痹，不能自主摆脱电源，求其电压是多少伏？

解：$U=IR=0.05×800=40$（V）

答：电压是 40V。

La5D2006　当水银温度 $t=20℃$ 时，空气的压力由水银气压计测得为 765mmHg，试将此压力以 Pa 表示。

解：由压力换算关系为

$$1mmHg=133.3Pa$$
$$765mmHg=765×133.3Pa$$
$$=101\,974.5（Pa）$$

答：空气的压力为 101 974.5Pa。

La5D2007　凝汽器真空表的读数为 730mmHg，气压计读数 p_{amb} 为 765mmHg，求工质的绝对压力。

解：由真空值计算绝对压力的公式为

$$p_{绝}=p_{amb}-H$$

已知 $p_{amb}=765mmHg$，$H=730mmHg$

代入上式得 $p_{绝}=765-730=35mmHg=4665.5$（Pa）

答：工质的绝对压力为 4665.5Pa。

La5D2008　某卷扬机要求在 5h 内完成 50kW•h 的功，在不考虑其他损失的条件下，应选择多大功率的电动机？

解：按要求，该电动机的功率应达到能在 5h 内完成 50kW•h 的功，而功率 P 的计算公式为

$$P=\frac{W}{\tau}$$

式中　W——功，J；

　　　τ——做功时间，s。

所以　　　　　　　　$P=\frac{50}{5}=10$（kW）

答：应选择功率为 10kW 的电动机。

La5D3009 某用户照明用电的功率为 300W，某月点灯时数为 90h，求这个月的用电量。

解：此题是由功率求功，已知

$$W=P\times t$$
$$=300\times90=27\,000\ （W \cdot h）$$
$$=27（kW \cdot h）$$

答：这个月的用电量为 27kW·h。

La5D3010 要在中碳钢的工件上，攻深 20mm 的不通孔 M8 螺纹，试求钻底孔直径及钻孔深度。

解：钻底孔直径 $D=d-t=8-1.25=6.75$（mm）

（钻头直径=螺纹外径−螺距）

钻孔深度=所需螺孔深度+0.7d（d 为螺纹外径）

$$=20+0.7\times8=25.6（mm）$$

答：钻孔直径为 6.75mm，钻孔深度为 25.6mm。

La5D3011 压力表读数为 $p_\text{表}$=0.12MPa，而大气压力根据气压计读数为 680mmHg，求容器内气体的绝对压力。

解：由表压力计算绝对压力的公式为

$$p_\text{绝}=p_\text{表}+p_\text{amb}$$

已知表压力为

$$p_\text{表}=0.12\text{MPa}$$
$$p_\text{amb}=680\text{mmHg}$$

为了进行加法计算，应将它们的单位统一起来，现统一使用单位 Pa。

$$p_\text{amb}=680\times133.3=90\,644（Pa）$$
$$p_\text{表}=0.12\text{MPa}=120\,000（Pa）$$

所以绝对压力为

$$p_\text{绝}=p_\text{表}+p_\text{amb}$$

$$=120\,000+90\,644$$

$$=210\,644（Pa）$$

答：容器内气体的绝对压力为 210 644Pa。

La5D4012 一台机器在 1s 内完成了 4000J 的功，另一台机器在 8s 完成了 28 000J 的功，问哪一台机器的功率大？

解：第一台机器的功率 P_1 为

$$P_1 = \frac{W_1}{t_1} = \frac{4000}{1} = 4000（W）$$

第二台机器的功率 P_2 为

$$P_2 = \frac{W_2}{t_2} = \frac{28\,000}{8} = 3500（W）$$

答：第一台机器的功率大于第二台机器的功率。

La5D4013 有两个电容器，$C_1 = 2\mu F$，额定工作电压 160V，$C_2 = 10\mu F$，额定工作电压 250V，若将它们串联接在 300V 的直流电源上使用，求等效电容量和每只电容器上分配的电压。试问：这样使用是否安全？

解：（1）串联等效电容为

$$C = \frac{C_1 C_2}{C_1 + C_2} = \frac{2 \times 10}{2 + 10} = \frac{20}{12} = 1.67（\mu F）$$

（2）$U_{C1} = \dfrac{C_2}{C_1 + C_2} \times U = \dfrac{10}{2 + 10} \times 300 = 250（V）$

$$U_{C2} = \frac{C_1}{C_1 + C_2} \times U = \frac{2}{2 + 10} \times 300 = 50（V）$$

答：这样用很不安全，因为 C_1 很快被击穿，而随之 C_2 也被击穿。

La4D2014 测整流二极管的

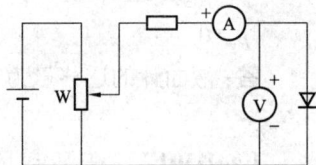

图 D-1

正向电阻的电路图如图 D-1 所示。已知二极管的最大整流电流为 1A，用调节电位器 W 进行测量，当电流表指示为 1A 时，电压表指示为 0.5V，问此时二极管的正向电阻是多少？

解：R_D=0.5/1=0.5（Ω）

答：此时二极管正向电阻是 0.5Ω。

La4D2015 气体吸收了 4186.8kJ 的热量，其内能增加了 1674.7kJ，问气体在该过程中做的功是多少？

解：热力学第一定律

$$Q=\Delta U+W$$

所以 $$W=Q-\Delta U$$

$$=4186.8-1674.7=2512.1（kJ）$$

答：气体在该过程中做功 2512.1kJ。

Jd32D3016 一单法兰液位计测量开口容器液位，其最高液位和最低液位到仪表的安装距离分别为 h_1=3m，h_2=1m，如图 D-2 所示，若所测介质密度 ρ=1g/cm³，求仪表的量程及迁移量？

图 D-2

解：由图 D-2 知仪表测量的有效量程高度为 h_1-h_2=2m，所以仪表的量程Δp 为

$$\Delta p=(h_1-h_2)\rho g=(3-1)\times1\times9.81=19.62（kPa）$$

当液位最低时，仪表正负压室的受力分别为

$$p_+=\rho gh_2=1\times9.81\times1=9.81（kPa）$$

$$p_-=0$$

答：液面计的迁移量为 P_+-P_-=9.81-0=9.81（kPa）（正迁移）

La4D3017 在某封闭容器内储有气体，其真空 H_1=50mmHg。温度 t_1=70℃，气压计读数 p_{amb} 为 760mmHg。问须将

气体冷却到什么温度，方可使其真空变成 100mmHg？

解：在封闭容器内气体的状态变化过程是定容过程。在定容过程中

$$\frac{p_1}{T_1}=\frac{p_2}{T_2}$$

或

$$T_1 = p_2\frac{T_1}{p_1}$$

式中　p_1、p_2——原态、终态的绝对压力。

$$p_1= p_{amb}-H_1=760-50=710（mmHg）$$
$$p_2= p_{amb}-H_2=760-100=660（mmHg）$$

代入计算 T_2 的公式中得

$$T_2 = p_2\frac{T_1}{p_1}=660\times\frac{70+273.15}{710}$$

$$=318.98（K）$$

$$t_2=318.98-273.15=45.8（℃）$$

答：须将气体冷却到 45.8℃。

La3D3018　在一个容器中有 $0.07m^3$ 的气体，其压力为 0.3MPa，当温度不变、容积减小到 $0.01m^3$ 时，其压力上升到多少？（此题中压力均为绝对压力）。

解：等温过程中（T=常数）压力与容积的关系为

$$p_1V_1=p_2V_2$$

$$p_2= p_1V_1/V_2=\frac{0.3\times10^6\times0.07}{0.01}=2.1（MPa）$$

答：压力上升到 2.1MPa。

La3D3019　在如图 D-3 所示单相半波整流电路中，试求：① 输出直流电压大小和极性，负载电流大小与方向；② 二极管中流过的平均电流及承受的最大反向电压。

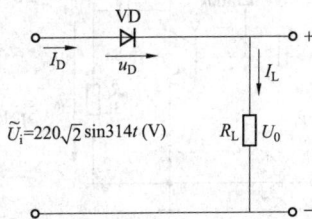

图 D-3

解：（1）已知单相半波整流输出直流电压 $U_0 \approx 0.45\widetilde{U}_i$ ，现知 $\widetilde{U}_i = 220V$ ，故得

$$U_0 \approx 0.45 \times 220 = 99（V）$$

电压极性见图 D-3。负载电流 $I_L = U_0/R_L$ 电流方向见图 D-3。

（2）二极管中流过的平均电流 $I_D = I_L$ ，二极管承受的最大反向电压 $U_{DM} = \sqrt{2}\,\widetilde{U}_i = \sqrt{2} \times 220 \approx 311（V）$

答： 输出直流电压为 99V，二极管承受的最大反向电压约为 311V。

La3D3020 在如图 D-4（a）所示的单相桥式整流电路中，① 画出 $\tilde{u}_2$ 正、负半周电流的流程，并标出 U_0 的极性；② 设 $\tilde{u}_2 = 20\sqrt{2} \times \sin\omega t$ （V），求二极管承受的最大反向电压及 U_0。

解：（1）图 D-4（b）中用实线和虚线分别画出 $\tilde{u}_2$ 正、负半周电流的流程，并标出 U_0 的极性。

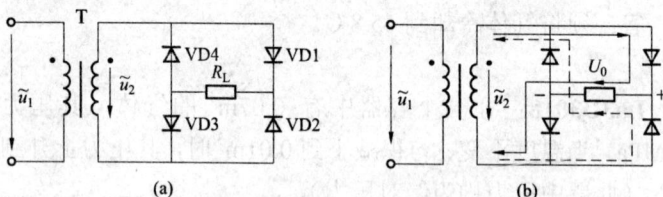

图 D-4

（2）根据 $U_{DM} = \sqrt{2}\widetilde{U}_{2M} = 20\sqrt{2}$ （V）知， $U_0 \approx 0.9\widetilde{U}_2 = 0.9 \times 20 = 18$ （V）

答： 二极管承受的最大反向电压是 $20\sqrt{2}$ V，输出电压是 18V。

La3D3021 估算法计算图 D-5 所示电路的静态工作点。

解： 根据公式得

$$I_{bQ} = \frac{E_c - U_{beQ}}{R_b} \approx \frac{12V - 0.7V}{300k\Omega} \approx 37.7（\mu A）$$

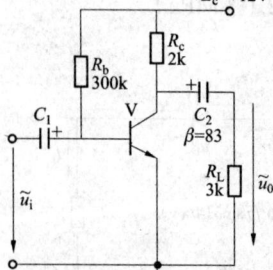

图 D-5

$$I_{cQ}=\beta I_{bQ}=37.7\mu A\times83\approx3.13\ (mA)$$
$$U_{ceQ}=E_c-I_{cQ}R_c=12-3.13\times2=5.74\ (V)$$

答：静态工作点的电压为 5.74V。

La3D4022　某三级放大电路各级的电压放大倍数分别为 $K_{u1}=70$、$K_{u2}=60$、$K_{u3}=40$。试求该放大电路的电压总增益。

解：根据公式得：

三级总电压放大倍数　$K_u=K_{u1}\times K_{u2}\times K_{u3}=70\times60\times40=168\ 000$

电压总增益　$G_u=20\lg K_u=20\lg\ (K_{u1}K_{u2}K_{u3})=20\lg168\ 000$

$$\approx104.5\ (dB)$$

答：该放大电路的电压总增益为 104.5dB。

La3D4023　计算 1kg 空气当压力不变时，在空气预热器中由 25℃ 加热到 300℃ 所吸收的热量。[已知空气比定压热容为 1010.6kJ/（kg・℃）]

解：$q=c(t_2-t_1)=1.010\ 6\times(300-25)$

$$=277.92\ (kJ/kg)$$

答：1kg 空气吸收的热量为 277.92kJ。

Jd3D3024　检定一只压力变送器，测量范围为 0～400kPa。准确度等级为 0.5 级。输出电流为 4～20mA，检定数据如表 D-1 所示，试求出示值误差及来回差并判断该变送器是否合格。

表 D-1

序号	检定点 (kPa)	对应电流值 (mA)	标准电流表示值	
			上升（mA）	下降（mA）
1	0	4	4	4
2	100	8	8.02	8
3	200	12	12.02	11.98
4	300	16	16	15.96
5	400	20	20.02	20

解：示值误差及来回差见表D-2。

表 D-2

序号	检定点（kPa）	对应电流值（mA）	示值误差		来回差（mA）
			上升（mA）	下降（mA）	
1	0	4	0	0	0
2	100	8	0.02	0	0.02
3	200	12	0.02	−0.02	0.04
4	300	16	0	−0.04	0.04
5	400	20	0.02	0	0.02

变送器允许误差 $\delta = \pm 16 \times 0.5\% = \pm 0.08$（mA）。

检定结果：① 示值误差最大值为 -0.04mA，在允许值 ± 0.08mA内。② 来回差最大值为0.04mA，小于允许值0.08mA，故该变送器符合0.5级，结论合格。

La3D4025 当大气压力 p_b 为 0.1MPa、温度为 20℃时，气体占有容积为 3m³，求标准状态下的容积是多少？

解：根据联合定律表达式

$$\frac{p_1 V_1}{T_1} = \frac{p_0 V_0}{T_0}$$

式中：注脚"1"为大气所处状态；"0"为标准状态。

$$V_0 = \frac{p_1 V_1}{T_1} \times \frac{T_0}{p_0} = \frac{0.1 \times 10^6 \times 3}{(20 + 273.15)} \times \frac{273.15}{101325}$$
$$= 2.759 \ (\text{m}^3)$$

答：标准状态下气体占有的容积为 2.759m³。

Je43D2026 已知管道内径 $D_{20} = 100$mm，管道材质的线膨胀系数为 $D = 11.16 \times 10^{-6}$mm/mm℃，求 80℃时管道的内径。

解：$D_t = D_{20}[1 + \lambda_D(t-20)] = 100[1 + 11.16 \times 10^{-6}(80-20)]$
$$\approx 100.067 \ (\text{mm})$$

答：80℃时管道的内径为 100.067mm。

La2D3027 求如图 D-6 所示放大器的输入电阻 r_i、输出电阻 r_0 和电压放大倍数。已知 $\beta=80$。

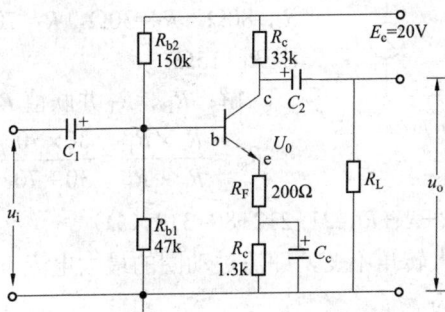

图 D-6

解：从基极看进去输入电阻是

$$r_I' \approx \beta R_F = 80 \times 0.2 = 16 \ (\text{k}\Omega)$$

放大器的输入电阻是 R_{b1}、R_{b2}、r_I' 的并联值，即

$$r_i = r_I' \mathbin{/\mkern-5mu/} R_{b1} \mathbin{/\mkern-5mu/} R_{b2} = 16\ 111\ 501\ 147 \approx 11 \ (\text{k}\Omega)$$

放大器的输出电阻

$$r_0 \approx R_c \approx 3.3 \ (\text{k}\Omega)$$

放大器的电压放大倍数

$$K = \frac{V_0}{V_i} = -\beta \frac{R_L'}{r_i'} = -\beta \frac{R_L'}{\beta R_F} = -\frac{R_L'}{R_F}$$

$$R_L' = R_C = 3.3\text{k}\Omega$$

$$K = -\frac{R_C}{R_F} = -\frac{3.3}{0.2} = -16.5$$

答：该放大器的输入电阻 r_i 为 11kΩ，输出电阻 r_0 为 3.3kΩ，放大倍数为 -16.5。

La2D4028 图 D-7 所示为 XCZ–101 型动圈仪表，原仪表配用 K 分度热电偶。测量范围为 0～1200℃，现要求改为配用

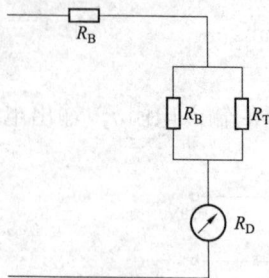

图 D-7

E 分度热电偶，测量范围为 0～800℃。试计算 R_S 的阻值改为 R'_S 后为多少？已知：E_K（1200，0）$=48.87\text{mV}$，E_E（800，0）$=66.42\text{mV}$，$R_s=212\Omega$，$R_D=80\Omega$，$R_B=30\Omega$，$R_T=70\Omega$，外接电阻 $R_E=15\Omega$。

解：R_B、R_T 并联值 R_K 为

$$R_K = \frac{R_B \times R_T}{R_B + R_T} = \frac{30 \times 70}{30 + 70} = 21 \ (\Omega)$$

总内阻 $R_i = R_K + R_S + R_D = 21 + 212 + 80 = 313$（$\Omega$）

要使动圈最大转角不变，即流过动圈的最大电流不变，则改变后的总内阻为

$$R'_i = R_K + R'_S + R_D$$
$$= 21 + R'_S + 80$$
$$= 101 + R'_S$$

$$\frac{E_K(1200,0)}{R_e + R_I} = \frac{E_E(800,0)}{R'_i + R_e}$$

所以

$$R'_i = \frac{E_E(800,0)}{E_K(1200,0)} \times (R_e + R_i) - R_e$$

$$= \frac{66.42}{48.87} \times (15+313) - 15$$

$$= 445.8 - 15 = 430.8 \ (\Omega)$$

$$101 + R'_S = R'_i = 430.8 \ (\Omega)$$

$$R'_S = 430.8 - 101 = 329.8 \ (\Omega)$$

答：R'_S 为 329.8Ω。

La2D4029 如图 D-8 所示，已知电压 $U=200\text{V}$，$C_1=4\mu\text{F}$，$C_2=8\mu\text{F}$，C_1 的电量 $Q_1=0.000\ 6\text{C}$，试求 C_3、U_1、U_2、U_3、Q_2、Q_3 各为多少？

解：（1）求 C_1 上分压。

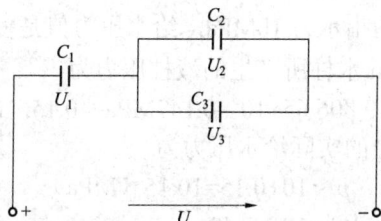

图 D-8

$$U_1 = \frac{Q_1}{C_1} = \frac{6 \times 10^{-4}}{4 \times 10^{-6}} = 150 \text{ (V)}$$

（2）求 C_2 和 C_3 上分压。

$$U_3 = U_2 = U - U_1 = 200 - 150 = 50 \text{ (V)}$$

（3）求 Q_2、Q_3 和 C_3。

$$Q_2 = C_2 \times U_2 = 8 \times 10^{-6} \times 50 = 4 \times 10^{-4} \text{ (C)}$$

$$Q_3 = Q_1 - Q_2 = 6 \times 10^{-4} - 4 \times 10^{-4} = 2 \times 10^{-4} \text{ (C)}$$

$$C_3 = \frac{Q_3}{U_3} = \frac{2 \times 10^{-4}}{50} = 4 \times 10^{-6} \text{ (F)}$$

答：C_3、U_1、U_2、U_3、Q_2、Q_3 分别为 4μF、150V、50V、50V、4×10^{-4}C、2×10^{-4}C。

Lb5D2030 摄氏温度为 100℃的水，用热力学温度表示为多少 K？

解：$T = t + 273.15 = 100 + 273.15 = 373.15$ （K）

答：用热力学温度表示为 373.15K。

Lb5D2031 锅炉出口处的蒸汽压力表读数为 139kgf/cm²，当地气压计读数为 756mmHg，求蒸汽的绝对压力。

解：$p_绝 = p_表 + p_{amb}$

$\quad = 139 \times 0.008\,07 + 756 \times 133.3 \times 10^{-6}$

$\quad = 13.73$ （MPa）

答：蒸汽的绝对压力为 13.73MPa。

Lb5D4032 给水管道上方 15m 处装有一只弹簧管给水压

力表，压力表的指示为 10MPa，给水压力值是多少？

解：由 15m 水柱所产生的液柱压力为

$$\Delta p = 15 \times 9.806\ 65 \times 10^3 = 0.147 \text{MPa} \approx 0.15 \ （\text{MPa}）$$

所以给水管道中的实际给水压力为

$$p \approx 10 + 0.15 = 10.15 \ （\text{MPa}）$$

答：给水压力为 10.15MPa。

Lb4D2033 热力学温度 283°K 相当于多少摄氏温度？相当于多少华氏度？

解：　　　　283K=283－273=10（℃）

　　　　　　　10℃=10×9/5+32=50（F）

答：相当于 50F。

Lb4D2034 绝对温度 200K 相当于摄氏温度的多少？

解：　　　$T=t-273=200-273=-73$（℃）

答：绝对温度 200K 相当于－73℃。

Lc21D2035 化简图 D-9 所示的方块图并写出闭环传递函数。

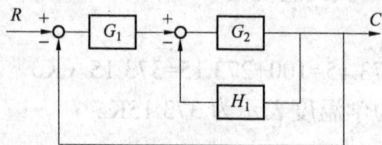

图 D-9

解：原图变为图 D-9′

传递函数 $G(S)=C/R=G_1G_2/(1+G_2H_1+G_1G_2)$

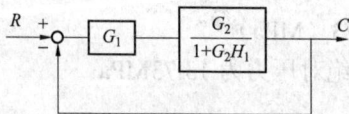

图 D-9′

Lb4D2036　大气压力为 755mmHg，相当于多少帕？

解：因为　　　1mmHg≈133.3（Pa）

所以　　　755mmHg≈755×133.3=1.006×10^5（Pa）

答：755mmHg 相当于 1.006×10^{5}Pa。

Lb4D2037　压力为 10mmH$_2$O 相当于多少帕？

解：因为　　　1mmH$_2$O≈9.81（Pa）

所以　　　10mmH$_2$O=10×9.81=98.1（Pa）

答：10mmH$_2$O 相当于 98.1Pa。

Lb4D2038　氧气瓶容积为 40L，相当于多少立方米？

解：因为　　　1L=10^{-3}（m^3）

所以　　　40L=40×10^{-3}=0.04（m^3）

答：40L 相当于 0.04m^3。

Lb4D2039　用 U 形管压差计测量凝汽器内蒸汽的压力，测得水银柱高为 720.6mm。若当时当地大气压力 p_b=750mmHg，求凝汽器内的绝对压力是多少？

解：根据题意，蒸汽的压力低于大气压力，所以采用 $p=p_b+p_v$ 计算绝对压力。

$$p=p_b-p_v=750-720.6=29.4（mmHg）$$

因为　　　1mmHg≈133.3（Pa）

所以　　p=29.4×133.3=3919.02=0.039×10^5（Pa）

答：凝汽器内的绝对压力为 0.039×105Pa。

Lb4D2040　某水泵出口压力表读数为 2MPa，相当于：（1）多少 kgf/cm^2？（2）多少 m 水柱？（3）多少 bar？（4）多少 mm 水银柱？（5）多少 atm？

解：（1）2MPa=(2×10.2)kgf/cm^2=20.4（kgf/cm^2）

（2）2MPa=(2×101.97)mH$_2$O=203.94（mH$_2$O）

（3）2MPa=(2×10)bar=20（bar）

（4）2MPa=(2×7518.8)mmHg=15 037.6（mmHg）

（5）2MPa=2×9.87atm=19.74（atm）

Lb4D2041 5 马力等于多少瓦？多少千瓦？

解：（1）5 马力=(5×735.5)W=3677.5（W）

（2）5 马力=(5×0.735 5)kW=3.677 5（kW）

Lb4D2042 计算流量为 60m³/h，相当于多少升/s？

解： $1m^3=1000L$

$$60m^3/h=\frac{60\times1000}{3600}=16.667（L/s）$$

答：流量为 60m³/h，相当于 16.667L/s。

Lb4D2043 一临时油箱容积为 8.1m³，现用 150L/min 的滤油机向油箱灌油，问多长时间后才能将油箱灌满？

解： $8.1m^3=8.1\times1000=8100（L）$

$8100\div150=54（min）$

答：需要 54min。

Lb4D2044 5kg 温度为 100℃的水，在压力为 1×10^5Pa 下完全汽化为水蒸气。若水和水蒸气的比体积各为 0.001m³/kg 和 1.673m³/kg。试求此 5kg 水因汽化膨胀而对外所做的功是多少？

解：汽化过程中压力不变，所以

$$W=mp(V_2-V_1)$$
$$=5\times1\times10^5(1.673-0.001)$$
$$=836（kJ）$$

答：对外做功为 836kJ。

Lb4D2045 热机产生 1.5kW 的功率，其热效率为 0.24，问此热机每小时吸收多少 kJ 的热量？

解：
$$W=Nt=1.5\times3600 \text{（kJ）}$$
$$q=\frac{W}{\eta}=\frac{1.5\times3600}{0.24}=22\,500 \text{（kJ）}$$

答：此热机每小时吸收 22 500kJ 的热量。

Lb4D3046 将下列单位换算成帕斯卡。

（1）800mmHg；（2）0.980 7MPa。

解：（1）800×133.3=106 655.79≈106 656（Pa）。

（2）0.980 7×1 000 000=980 700（Pa）。

Lb4D3047 10kg 水，处于 0.1MPa 下时饱和温度 t_s=99.64℃，当压力不变时，若其温度变为 150℃，则处于何种状态？

解：因 t=150℃＞t_s=99.64℃，故此时处于过热蒸汽状态。其过热度为

$$D=t-t_s=150-99.64=50.36 \text{（℃）}$$

答：其为过热蒸汽，过热度为 50.36℃。

Lb4D3048 已知水垢的导热系数为 1.16W/（m·℃），求 3mm 厚水垢的热阻是多少？

解：平壁的导热热阻 $R=\dfrac{\delta}{\lambda}$

则
$$R=\frac{3\times10^{-3}}{1.16}=2.59\times10^{-3} \text{ [（m}^2\cdot\text{℃）/W]}$$

答：3mm 厚水垢的热阻为 2.59×10^{-3} [（m^2·℃）/W]。

Lb4D3049 假定流体的流速是一定的，问两根 2in 管能顶 1 根 4in 管用吗？

解：设 d_1=2in，d_2=4in。

$$Q_1=S_1v=\frac{d_1^2}{4}\pi v=\pi v$$

$$Q_2 = S_2 v = \frac{d_2^2}{4} \pi v = 4\pi v$$

因为 $2Q_1 < Q_2$，所以两根 2in 管不能顶一根 4in 管用。

Lb3D2050 水在 4℃时的重度为 9810N/m³，试求水的密度为多少（g=9.81m/s²）。

解：水的密度$=\dfrac{重度}{g}=\dfrac{9810}{9.81}=1000$（kg/m³）

答：水的密度为 1000kg/m³。

Lb3D3051 质量为 19.71kg 的氧气，从 20℃定容加热到 120℃，已知比热容 c=0.657 2kJ/（kg·K），求加入的热量。

解：热量计算公式为 $Q = mc(t_2 - t_1)$

所以　　　　　$Q = 19.71 \times 0.654 \, 2 \times (120 - 20)$
　　　　　　　　　$= 1289.4$（kJ）

答：加入的热量是 1289.4kJ。

Lb3D3052 304.8mm 等于多少 inch？等于多少英尺？

解：304.8mm$=(304.8 \div 25.4)$inch
　　　　　　　$= 12$inch$= 1$（英尺）

答：304.8mm 等于 12inch，合 1 英尺。

Lb3D2053 有两块毫安表，一块量程为 0～30mA，准确度 0.2 级；一块量程为 0～150mA，准确度 0.1 级。现欲测量 25mA 电流，测量误差不大于 0.5%，应选用哪一块毫安表，并说明理由。

解：量程为 0～30mA、0.2 级毫安表的允许误差为
　　　　　　　$\Delta_1 = 30 \times 0.2\% = 0.06$（mA）
　　量程为 0～150mA、0.1 级毫安表的允许误差为
　　　　　　　$\Delta_2 = 150 \times 0.1\% = 0.15$（mA）

而测量 25mA 的允许误差应小于

$$\Delta=25\times0.5\%=0.125（mA）$$

所以应选用 30mA、0.2 级毫安表。

答：选用 30mA，0.2 级毫安表。

Lb2D1054 校验弹簧管压力表时，被校表满刻度读数为 16.04MPa，标准表读数为 16MPa，试计算被校表的示值误差。

解：示值误差=被校表示值−标准表示值

$$=16.04-16$$

$$=0.04（MPa）$$

答：示值误差为 0.04MPa。

Lb2D1055 计算测量范围为 0～16MPa，准确度为 1.5 级的弹簧管式压力表的允许误差。

解：仪表的允许误差$=\pm\left(仪表量程\times\dfrac{准确度等级}{100}\right)$所以该表的允许基本误差为$\pm\left(16\times\dfrac{1.5}{100}\right)=\pm0.24（MPa）$。

答：误差为 ±0.24MPa。

Lb2D2056 一块弹簧管压力真空表，其测量范围为 −0.1～0.16MPa，它的精确度等级为 1.5，试求该表的允许绝对误差？

解：[0.16−(−0.1)]×1.5%=0.003 9（MPa）

答：该压力表的允许绝对误差为 0.003 9MPa。

Lb2D2057 某流量计的刻度上限为 320t/h 时，差压上限为 21kPa，当仪表指示在 80t/h 时，相应的差压是多少？

解：$\Delta p=最大差压\times\left(\dfrac{流量指示值}{最大流量}\right)^{2}$

$$=21\times10^{3}\times\left(\frac{80}{320}\right)^{2}$$

$$=1.31\times10^{3}（Pa）$$

$$=1.31（kPa）$$

答：当流量计指针在 80t/h 时，相应的差压为 1.31kPa。

Lb2D2058 有一块压力表，量程为 0～25MPa，精确度等级为 1 级。校验时，在 20MPa 点，上升时读数为 19.85MPa，下降时读数为 20.12MPa，求该表的变差。此表是否合格？

解：变差=|20.12−19.85|=0.27（MPa）

允许误差=±25×1%=±0.25（MPa）

答：由于变差大于允许误差，所以此表不合格。

Lb2D2059 有一台 1.0 级配 K 型热电偶的动圈表，其测量范围是 0～1100℃，计算允许误差。（K 型热电偶 1100℃时热电势值为 45.108mV。）

解：因为精确等级 $a=1$，$E_{max}=45.108mV$

所以 $\qquad E_{允}=\pm a（E_{max}-E_{min}）/100$

$$=\pm1\times(45.108-0)/100$$

$$=\pm0.450（mV）$$

答：允许误差为±0.450mV。

Lb2D3060 一水箱距离底面垂直向上 10m 处装有一块压力表，其示值是 1.9MPa，问水箱底部压力是多少？（求底部表压示值）。

解：$p_{底}=p_{表}+p_{液柱}$

因为 $\qquad p_{液柱}=10mH_2O\approx0.1（MPa）$

所以 $\qquad p_{底}=1.9+0.1=2.0（MPa）$

答：水箱底部压力为 2.0MPa。

Lb2D3061 汽轮机润滑油油压保护用的压力开关的安装标高为 5m，汽轮机转子标高为 10m，若要求汽轮机润滑油油压小于 0.08MPa 时发出报警信号，则此压力开关的下限动作值应设定为多少？（已知润滑油密度 ρ =800kg/m^3）

解：当汽轮机润滑油压降至 0.08MPa 时，压力开关感受的实际压力为

p=0.08+ρ $g\Delta H$=0.08+800×9.8×(10–5)×10^{-6}=0.08+0.039 2= 0.119 2（MPa）

答：根据计算压力开头的下限动作值应定在 0.119 2MPa。

Lb2D3062 若 1kg 蒸汽在锅炉内吸收热量 q_1=2532kJ/kg，在凝汽器中放出热量 q_2=2093kJ/kg，问蒸汽在汽轮机内做功为多少？（不考虑其他损失）。

解：蒸汽在汽轮机内做功为

$$W=q_1-q_2=2532-2093=419（kJ）$$

答：1kg 蒸汽在汽轮机内做功为 419kJ。

Lb2D3063 液体在管内径为 d_1=100mm 内，流动速度 v_1=4m/s，当流入内径为 d_2=200mm 管道时，计算其流速 v_2 为多少？

解：
$$v_1F_1=v_2F_2$$
$$4\times\frac{\pi(100)^2}{4}=v_2\times\frac{\pi(200)^2}{4}$$
$$v_2=4\times\frac{\pi(100)^2}{4}\times\frac{4}{\pi(200)^2}\,1（m/s）$$

答：流速为 1m/s。

Lb2D3064 已知供水量为 300t/h，给水的流速是 3m/s，试问应当选择管子内径为多大？（计算时不考虑阻力损失）

解：根据 $Q=F\cdot v$，设水的重度为 1t/m^3，其中 Q=300m^3/3600s=

$0.083\ 3m^3/s$，$v=3m/s$，得

$$F=Q/v=0.083\ 3/3=0.027\ 8\ （m^2）$$

其中，$F=\pi d_2/4=0.027\ 8\ （m^2）$，则

$$d=\sqrt{0.0278\times4/\pi}=0.188=188\ （mm）$$

答：选择的管子内径应为 188mm。

Lb2D3065 有一三相对称负荷，每相电阻 $R=8\Omega$，感抗 $X_L=6\Omega$，如果负荷接成星形，接到线电压为 380V 的三相电源上，求负荷的相电流、线电流。

解：先求单相阻抗，即

$$Z_X=\sqrt{R^2+X_L^2}=\sqrt{8^2+6^2}=10\ （\Omega）$$

再求相电流，即

$$U_{相}=1/\sqrt{3}\times U_{线}$$
$$U_{相}=1/\sqrt{3}\times380=220\ （V）$$
$$I_{相}=\frac{U_{相}}{Z_X}=\frac{220}{10}=22\ （A）$$
$$I_{线}=I_{相}=22\ （A）$$

答：负荷的相电流与线电流均为 22A。

Lb2D3066 凝汽器中蒸汽的绝对压力为 0.004MPa，用气压表测得大气压为 760mmHg，求真空值。

解：760mmHg$=760\times1.33\times10^{-4}=0.101\ 08\ （MPa）$

真空值$=$大气压力$-$绝对压力

$$=0.101\ 08-0.004=0.097\ 08\ （MPa）$$
$$=97.08\ （kPa）$$

答：真空值为 97.08kPa。

Lb2D3067 有一条 ϕ500mm（内径）的钢管，输送着 1413t/h 的水，请计算此钢管内水流速度是多少？

已知：D=500mm=0.5m，Q=1413t/h=$\dfrac{1413}{3600}$ t/s，水的密度 ρ=1t/m³。

解：
$$Q=Fv$$

所以
$$v=\frac{Q}{F}=\frac{1413}{3600\times\frac{\pi}{4}D^2}=\frac{1413}{900\times3.14\times0.5^2}$$
$$=2\ (\text{m/s})$$

答： 此钢管内水的流速为 2m/s。

Lb2D3068 有三个各 100W、220V 的白炽灯泡，分别接于三相四线制的线电压为 380V 的系统中，求各相的电流和中线电流。

解：（1）求灯泡电阻，即
$$R=\frac{U^2}{N}=\frac{220^2}{100}=484\ (\Omega)$$

（2）求相电压，即
$$U_{相}=\frac{U_{线}}{\sqrt{3}}=\frac{380}{\sqrt{3}}=220\ (\text{V})$$

（3）求相电流，即
$$I_{相}=\frac{U_{相}}{R}=\frac{220}{480}=0.455\ (\text{A})$$

（4）因为负载平衡，故中线电流为零。

答： 各相电流均为 0.455A，中线电流为零。

Lb2D3069 已知离心泵真空表连接处的管径 D_1=250mm，真空表压力读数 $p_{真}$=0.04MPa，泵出口压力表处管径 D_2=200mm，压力表读数 $p_{压}$=0.33MPa，真空表连接处较压力表取压点低 0.3m，求水泵的流量 Q=140L/s 时，水泵的扬程为多少？

已知：D_1=250mm=0.25m，D_2=200mm=0.2m，$p_{真}$=0.04MPa，$p_{压}$=0.33MPa，Δh=0.3m，Q=0.14m³/s。

解：

$$v_1 = \frac{4Q}{\pi D_1^2} = \frac{4 \times 0.14}{3.14 \times 0.25^2} = 2.85 \text{（m/s）}$$

$$v_2 = \frac{4Q}{\pi D_2^2} = \frac{4 \times 0.14}{3.14 \times 0.2^2} = 4.45 \text{（m/s）}$$

$$H = \frac{p_压}{\rho g} + \frac{p_真}{\rho g} + \frac{v_2^2 - v_1^2}{2g} + \Delta h$$

$$= 0.33 \times 100 + 0.04 \times 100 + \frac{4.45^2 - 2.85^2}{2 \times 9.81} + 0.3$$

$$= 37.9 \text{（m）}$$

答：水泵的扬程为 37.9m。

Lb2D3070　一个400Ω、1W的电阻，使用时电流和电压不得超过多大？

解：$I = \sqrt{\dfrac{P}{R}} = \sqrt{\dfrac{1}{400}} = 0.05 \text{（A）}$

$U = \sqrt{P \cdot R} = \sqrt{400} = 20 \text{（V）}$

答：使用时电流不得超过0.05A，电压不得超过20V。

Lb2D3071　用逻辑代数定理来证明等式：
$$A + BC = (A + B)(A + C)$$

证明：

$$右式 = (A + B)(A + C)$$
$$= AA + AC + AB + BC$$
$$= A + AC + AB + BC$$
$$= A(1 + C + B) + BC$$
$$= A + BC$$
$$左式 = 右式$$

因此，原等式成立。

La21D3072　通过推导说明浮球液位计是如何测量界面

的，其条件是什么？

解：设浮球自重为G，体积为V，浮球在介质中的体积分别为V_1、V_2，两介质的密度分别为ρ_1、ρ_2。

根据浮球液位计测量原理，浮球的重量G等于浮球在两界面上两种介质内浮力的总和，即$G=V_1\rho_1+V_2\rho_2$

则$V_2=(G-V_1\rho_1)/\rho_2=[G-(V-V_2)\rho_1]/\rho_2=(G-V\rho_1)/(\rho_1-\rho_2)$

由公式可以看出，如果ρ_1、ρ_2、V、G不变，则V_2也不变。当界面变化时，浮球将随界面发生同步变化而带动液位计指示出容器的实际液位、其条件是浮球自重G，体积V，两介质重度ρ_1、ρ_2都不能变化。

Lb2D3073　某功率为 2kW 的电动机，5h 能作多少千焦耳的功？能转换多少千卡的热量？

解：5h 能做的功=5×3600×2=36 000（kJ）

因为　　　　　　　　　　1kcal=4.186 8kJ

所以　　　　　$Q=\dfrac{36\,000}{4.186\,8}=8598$（kcal）

答：5h 能做 36 000kJ 的功，能转换 8598kcal 的热量。

Lb2D3074　1kg 空气，当压力不变时，在空气预热器中由 25℃ 加热到 300℃，吸收的热量是多少？（已知空气比热$c_p=1.010\,6$kJ/kg℃）

解：$Q=c_p(t_2-t_1)$

　　　　$=1.010\,6(300-25)=277.9$（kJ）

答：吸收的热量是 277.9kJ。

Lb2D3075　图 D-10 是什么电路？请写出它的运算规律。

解：图为比例加法电路，运算规律是

$$u_0=-\left(u_{i1}\frac{R_2}{R_{11}}+u_{i2}\frac{R_2}{R_{12}}+u_{i3}\frac{R_2}{R_{13}}\right)$$

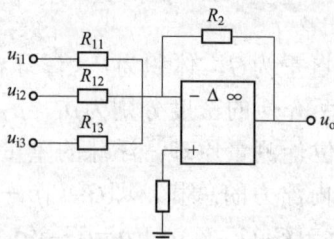

图 D-10

如果 $R_{11}=R_{12}=R_{13}$，并令 $\dfrac{R_2}{R_{11}}=\dfrac{R_2}{R_{12}}=\dfrac{R_2}{R_{13}}=K$，则

$$u_0=-K(u_{i1}+u_{i2}+u_{i3})$$

Lb2D4076　欲测量60mV电压，要求测量误差不大于0.4%。现有两块电压表，一块量程为0～75mV，0.2级毫伏表，一块量程为0～300mV，0.1级毫伏表。问应选用哪一块毫伏表，并说明理由。

解：量程为0～75mV，0.2级毫伏表的允许误差

$$\Delta_1=75\times0.2\%=0.15（mV）$$

量程为0～300mV，0.1级毫伏表的允许误差

$$\Delta_2=300\times0.1\%=0.3（mV）$$

而根据题意测量60mV电压的误差要求不大于

$$\Delta=60\times0.4\%=0.24（mV）$$

答：应选用75mV，0.2级毫伏表。

Lb2D3077　1kg 水在锅炉中吸收的液体热为 506.8kJ/kg，汽化热为 1317.3kJ/kg，过热热为 775.4kJ/kg，问 1kg 水在锅炉中加热成过热蒸汽吸入多少热量？

解：在锅炉内共吸热

$$q=q_{液}+q_{汽}+q_{过}$$
$$=(506.8+1317.3+775.4)\times1=2599.5（kJ）$$

答：在锅炉内共吸热 2599.5kJ。

Lb2D3078 某锅炉锅壁热阻为 $3.44 \times 10^{-4} \mathrm{m}^2 {}^{\circ}\mathrm{C}/\mathrm{W}$，黏附在锅壁内表面的水垢层热阻为 $1.72 \times 10^{-3} \mathrm{m}^2 {}^{\circ}\mathrm{C}/\mathrm{W}$，并且知道外表面温度 $t_1=250{}^{\circ}\mathrm{C}$，水垢表面温度 $t_3=200{}^{\circ}\mathrm{C}$，试求其热流量。

解：热流量为

$$q = \frac{t_1 - t_3}{R_1 + R_2} = \frac{250 - 200}{3.44 \times 10^{-4} + 1.72 \times 10^{-3}} = \frac{50}{2.064 \times 10^{-3}}$$
$$= 2.42 \times 10^4 \ (\mathrm{W/m}^2)$$

答：热流量为 $2.42 \times 10^4 \mathrm{W/m}^2$。

Lb2D3079 已知锅炉减温水流量孔板孔径 $d=59.14\mathrm{mm}$，孔板前后差压 $\Delta p=5.884 \times 10^4 \mathrm{Pa}$ 最大流量为 $63\mathrm{t/h}$，流量系数 $\alpha=0.650\,4$，介质密度 $\rho_1=819.36\mathrm{kg/m}^3$，流束膨胀系数 $\varepsilon=1$，试验算此孔板孔径是否正确。

解：流体质量流量

$$q_{\mathrm{m}} = 0.003\,999\,\alpha\varepsilon d^2\sqrt{\rho_1\Delta p}$$
$$= 0.003\,999 \times 0.650\,4 \times 1 \times 59.14^2$$
$$\times \sqrt{819.36 \times 5.884 \times 10^4}$$
$$= 63.163 \times 10^3 \ (\mathrm{kg/h}) = 63.163 \ (\mathrm{t/h})$$

答：验算结果与实际流量基本符合，此孔板孔径正确。

Lb2D3080 用 K 分度热电偶测温时，热端温度为 $t{}^{\circ}\mathrm{C}$ 时，测得热电势 $E=(t, t_0)=16.395\mathrm{mV}$，同时测得冷端环境温度 $50{}^{\circ}\mathrm{C}$，求热端的实际温度。已知 K 分度热电偶在 $50{}^{\circ}\mathrm{C}$ 时的热电势值为 $2.022\mathrm{mV}$；热电势值为 $16.395\mathrm{mV}$ 时 $400{}^{\circ}\mathrm{C}$；热电势值为 $18.513\mathrm{mV}$ 时 $450{}^{\circ}\mathrm{C}$；$18.417\mathrm{mV}$ 时 $448.7{}^{\circ}\mathrm{C}$。

解：$E(t, 0{}^{\circ}\mathrm{C}) = E(t, t_0) + E(t_0, 0{}^{\circ}\mathrm{C})$
$$= 16.395 + 2.022$$
$$= 18.417 \ (\mathrm{mV})$$

答：热端实际温度为 $448.7{}^{\circ}\mathrm{C}$。

Lb2D5081 过热器管道下方 38.5m 处安装一只过热蒸汽压力表,其指示值为 13.5MPa,问过热蒸汽的绝对压力为多少?(1 个大气压力=98.066 5kPa)

解: $p_{绝}=p_{表}-\rho gh+p_{amb}$

$\qquad$ =13.5−1×9.806 65×38.5×10^{-3}+0.098 066 5

$\qquad$ =13.221(MPa)

答: 该过热蒸汽的绝对压力为 13.221MPa。

Lb1D3082 用 K 型热电偶测得炉膛内温度,电位差计显示 45.1mV,当时冷端温度为 40℃,试求炉膛内温度值。已知 40℃时的热电势为 1.61mV,1143℃时的热电势为 46.71mV。

解: $E(t,\ 0)=(t,\ 40)+E(40,\ 0)$

$\qquad$ =45.1+1.61

$\qquad$ =46.71(mV)

查表得,对应 46.71mV 的温度值为 1143℃。

答: 炉膛内温度值为 1143℃。

Lb1D4083 如图 D-11 所示为测量除氧器水位的安装尺寸图。用单室容器测量。变送器校检量程为 0~3000mmH$_2$O,4~20mA,校验水温为 20℃。设除氧器设计额定压力为 588kPa,

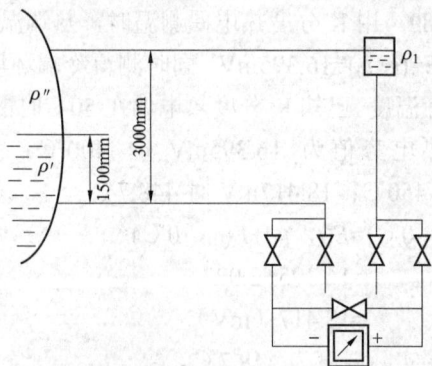

图 D-11

环境温度 20℃，试计算在额定工况，水位为 1500mmH₂O 时，变送器应输入的差压值。已知在额定工况下蒸汽密度 ρ'' =112kg/m³、除氧水密度 ρ' =909.1kg/m³、容器中水的密度=998.50kg/m³。

解：在额定工况时的正、负管差压为

$$\Delta p = 3g\rho_1 - 1.5g\rho' - (3-1.5)g\rho''$$
$$= 3 \times 9.8 \times 998.5 - 1.5 \times 9.8 \times 909.1$$
$$- (3-1.5) \times 9.8 \times 3.112$$
$$= 15\ 946\ （Pa）$$

答：除氧器在额定工况时，变送器应输入的差压值为 15 946Pa。

Lb1D4084 有一台分度号为 K，测量范围为 0～1100℃的动圈式温度仪表。其检定结果为，当 E=20.650mV 时，$E_{正}$ = 20.820mV，$E_{反}$=20.74mV，计算绝对误差、变差。

解：正向基本误差 $\Delta E_{正} = E - E_{正} = 20.650 - 20.82$
$$= -0.170\ （mV）$$

反向基本误差
$$\Delta E_{反} = E - E_{反} = 20.650 - 20.74 = -0.090\ （mV）$$

变差
$$\Delta E = |E_{正} - E_{反}| = 20.820 - 20.740 = 0.08\ （mV）$$

答：此温度仪表的正反向基本误差为 -0.170mV、-0.09mV，变差为 0.08mV。

Lc4D1085 攻制 M5×0.8 螺纹，问底孔应钻多大？

解：根据公式，攻丝螺纹底直径 D 为

$$D = d - t$$

式中 d——螺纹外径；

t——螺纹螺矩。

所以 $D = 5 - 0.8 = 4.2\ （mm）$

答：攻制 M5×0.8 螺纹底孔直径为 4.2mm。

Je4D3086 某热力发电厂的循环水由江边水泵房供水，如果循环水量为 13 740m³/h，当循环水流速分别选择 1.5、2m/s 时，试确定循环水管直径各为多大？

解：根据连续性方程

$$q_v = vF = v \times \frac{\pi(d)^2}{4}$$

所以

$$d = 2\sqrt{\frac{q_v}{v \times \pi}}$$

$$q_v = 1340\text{m}^3/\text{h} = \frac{13\ 740}{3600}\text{m}^3/\text{s} = 3.82\ (\text{m}^3/\text{s})$$

所以

$$d_1 = 2\sqrt{\frac{3.82}{1.5 \times 3.14}} = 1.80\ (\text{m})$$

$$d_2 = 2\sqrt{\frac{3.82}{2 \times 3.14}} = 1.56\ (\text{m})$$

答：循环水管直径各为 1.80m、1.56m。

Je4D3087 有一条内径为 500mm 的钢管，输送着 1413t/h 自来水，计算该钢管内水流速度是多少？

解：$C = \dfrac{Dv}{900\pi d_n^2} = \dfrac{Dv}{900 \times 3.14 \times (0.5)^2} = 2\ (\text{m/s})$

答：该钢管内的水流速是 2m/s。

Je4D3088 有一个水压机，如图 D-12 所示，小活塞面积为 0.1m²，大活塞面积为 2m²，当给小活塞施加 100N 力，计算在大活塞上能产生多大总压力？

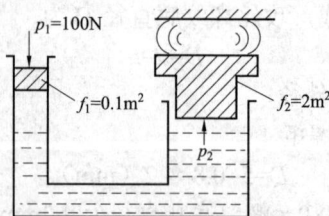

图 D-12

解：$\dfrac{p_2}{p_1}=\dfrac{F_1}{F_2}$

$$p_2=\dfrac{F_1}{F_1}\times p_1=\dfrac{2}{0.1}\times100=2000\text{（N）}$$

答：在大活塞上产生 2000N 总压力。

Je4D3089 用 U 形管压力计测风压,结果通大气侧水柱下降到零下 200mm, 通介质侧上升到零上 200mm, 问被测介质实际压力是多少? 已知：U 形管内灌注液体为水, 其密度为 $\rho=1000\text{kg/m}^3$。

解：被测介质压力等于 U 形管液柱差压值

$p=\rho g(h_2-h_1)=1000\times9.81\times(-0.2-0.2)$

$=-3.92\times10^3\text{（Pa）}$

答：被测介质实际压力为-3.92×10^3Pa。

Je2D2090 一只准确度为 1 级的弹簧管式一般压力真空表, 其测量范围为真空部分是$-0.1\sim-0.25$MPa, 试求该表的允许误差的绝对值。

解：该表允许基本误差的绝对值应为$[0.25-(-0.1)]\times\dfrac{1}{100}=0.003\,5\text{（MPa）}$

答：绝对值为 0.003 5MPa。

Je2D3091 有一 U 形管压力计, 两液柱之间距离 S 等于 50mm, 液柱对于垂直方向倾斜角 ϕ 为 2°, 求位置误差Δh（$\text{tg}2°=0.035$）。

解：$\Delta h=S-S\times\cos\phi$

$=50-50\times\cos^2\phi$

$=50-49.97$

$=0.03\text{（mm）}$

答：读数位置误差为 0.03mm。

Je2D3092 现在要安装温度计，已知主管道规格为 $\phi273\times26$，温度计长度 $L=150mm$，要求插入深度为 $1/3\sim1/4$ 管内径，试计算插座的高度 h。

解：（1）设插入深度为 $1/3$ 时，则

$$h = L - \left[\frac{1}{3}\times\phi_{内} + 26\right]$$

$$= 150 - \left[\frac{1}{3}\times(273 - 2\times26) + 26\right]$$

$$= 50（mm）$$

（2）设插入深度为 $1/4$ 时，则

$$h = L - \left[\frac{1}{4}\times\phi_{内} + 26\right]$$

$$= 150 - \left[\frac{1}{4}\times(273 - 2\times26) + 26\right]$$

$$= 69（mm）$$

答：选取插座高度应在 $h=50\sim69mm$ 之间。

Je2D3093 一块压力表，测量上限为 6MPa，精确度为 1.5 级，求检定此压力表需用的标准压力表的量程和精确度等级。

解：标准表的测量上限=被校表的测量上限$\times\frac{4}{3}=6\times\frac{4}{3}=8$（MPa）

根据仪表系列选用量程为 0～10MPa，则

标准表的精确度$\leqslant\frac{1}{3}$被检表精确度$\times$（被检表上限/标准表上限）$=\frac{1}{3}\times1.5\times\frac{6}{10}=0.3$

答：选用精确度为 0.25 级的标准表。

Je2D4094 一块 1151 型差压变送器上限值为 80kPa，流量上限值为 320t/h，求变送器输出电流为 13.6mA 时差压是多少？

相应的流量为多少？

解：根据流量与差压的平方根成正比，而差压与输出电流成正比，则

$$\frac{p}{p_{max}} = \frac{I_{出} - I_{min}}{I_{max} - I_{min}}$$

$$p = \frac{I_{出} - I_{min}}{I_{max} - I_{min}} \times I_{max}$$

$$= (13.6-4) \times 80 / (20-4) = 48 \text{（kPa）}$$

$$Q / Q_m = \sqrt{p / p_m}$$

$$Q = Q_m \times \sqrt{p / p_m} = 320 \times \sqrt{48/80}$$

$$= 247.9 \text{（t/h）}$$

答：差压变送器输出为 13.6mA 时，差压为 48kPa，流量为 247.9t/h。

Jd5D1095　在仪表中需绕制一个 $R=30\Omega$ 的电阻，用长度 $L=15m$ 的锰铜线，试计算所需导线的横截面 S（锰铜线的电阻率 $\rho = 0.42 \times 10^{-6}\Omega \cdot m$）。

解：由公式 $R = \rho \dfrac{L}{S}$，得

$$S = \frac{\rho L}{R} = \frac{0.42 \times 10^{-6} \times 15}{30} = 0.21 \text{（mm}^2\text{）}$$

答：所需导线的横截面为 0.21mm^2。

Jd5D2096　攻 M24×2 螺纹，所需螺纹深度为 40mm，试确定其钻孔深度。

解：钻孔深度=所需螺孔深度+0.7d（d 为螺纹外径）

$$= 40 + 0.7 \times 24 = 56.8 \text{（mm）}$$

答：钻孔深度为 56.8mm。

Jd5D2097　在直径为 80mm 的圆周上作 10 等分。

解：$\chi = \dfrac{360°}{10} = 36°$

$L = D \times \sin \dfrac{\chi}{2} = 80 \times \sin \dfrac{36°}{2} = 80 \times 0.309 = 24.7$（mm）

答：用圆规量取尺寸 24.72mm，在圆周上截取就可对圆周作 10 等分。

Jd5D3098 用公式计算下列螺纹套螺纹前的圆杆直径尺寸。（1）M24；（2）M30。

解：（1）$D \approx d - 0.13t$（d 为螺纹外径、t 为螺距）

$= 24 - 0.13 \times 3$

$= 23.61$（mm）

（2）$D = d - 0.13t$

$= 30 - 0.13 \times 3.5$

$= 29.54$（mm）

答：直径分别为 23.61mm、29.54mm。

Jb3D3099 欲测量0.5MPa的压力，要求测量误差不大于3%。现有两块压力表，一块为量程0～0.6MPa，准确度为2.5级；一块为量程0～6MPa，准确度为1.0级。问应选用哪一块压力表，并说明理由。

解：量程0～0.6MPa、2.5级压力表的允许误差$\Delta_1 = \pm 0.6 \times 0.025 = \pm 0.015$MPa。

量程0～6MPa、1.0级压力表的允许误差$\Delta_2 = \pm 6 \times 0.01 = \pm 0.06$MPa。

而需要测量压力的误差要求不大于$\Delta = \pm 0.5 \times 0.03 = \pm 0.015$MPa。

答：应选用量程0～0.6MPa、2.5级压力表。

Jd4D2100 要锉一个边长 S=22mm 六方孔，问锉削前可钻

最大孔的直径 d 为多少？

解：如图 D-13 所示，得到

$$r = \sqrt{OM^2 - NM^2}$$
$$= \sqrt{22^2 - 11^2}$$
$$= 19.05 \text{（mm）}$$

所以　　$d = 2r = 19.05 \times 2 = 38.1$（mm）

答：直径 d 为 38.1mm。

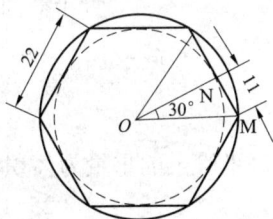

图 D-13

Jd4D3101　用 $\phi 6$ 圆钢弯成外径为 200mm 的圆环，求圆钢的落料长度。

解：以圆环成品中心直径计算下料长度，即

$$L = (200-6) \times 3.14 = 194 \times 3.14 = 609.16 \text{（mm）}$$

答：圆钢的落料长度为 609.16mm。

Jd4D3102　欲制作一圆管，外径为 100mm，高为 50mm，用 5mm 厚的钢板弯焊而成，试计算其落料尺寸。

解：以弯焊成品后管壁中心处计算用料。

$$L = (100-5) \times 3.14 = 298.3 \text{（mm）}$$

答：落料尺寸为宽 50mm，长 298.3mm。

Jd2D1103　一根 $\phi 273 \times 10$ 的钢管，求其每米的重量为多少千克？（已知钢密度 $\rho = 7800 \text{kg/m}^3$）

解：先求出钢管每米的金属体积，再乘以密度即可。

管子金属体积＝管子截面积×长度

管子截面积＝管外径面积－管内径面积

$$\text{管外径面积} = \left\{ \frac{D}{2} \right\}^2 \pi = \frac{0.237^2}{4} \times \pi = 58.50 \times 10^{-3} \text{（m}^2\text{）}$$

$$\text{管内径面积} = \left\{ \frac{D-2\delta}{2} \right\}^2 = \frac{(0.273-2\times0.01)^2}{4} \times \pi$$
$$= 50.25 \times 10^{-3} \text{（m}^2\text{）}$$

$$管子截面积=58.5\times10^{-3}-50.25\times10^{-3}$$
$$=8.25\times10^{-3}（m^2）$$
$$管子金属体积=8.25\times10^{-3}\times1$$
$$=8.25\times10^{-3}（m^3）$$

每米管子的重量为体积×密度（$V\times\rho$），即
$$8.25\times10^{-3}\times7800=64.35（kg）$$

答：$\phi273\times10$ 的钢管，每米质量为 64.35kg。

Jd3D2104 测量最大压力值不超过 15MPa，压力最小值不低于 14.5MPa，要求保证最小值相对误差不超过 1%，计算该表的量程和精度等级。

解：选用压力表测量上限值=3/2×测量压力值=3/2×15MPa=22.5MPa，因此选用压力表的量程为 0～25MPa。

选用压力表的精度等级≤（14.5×1%）/25×100%=0.58%。

选用压力表的精度等级为 0.5 级。

Jd3D3105 凝汽器水银真空表的读数为 710mmHg，大气压力计读数为 750mmHg，求凝汽器内绝对压力和真空度各为多少？

解：$P_V=P_{atm}-P_a=750-710=40（mmHg）=0.005\ 1（MPa）$

$$真空度=\frac{P_V}{P_{atm}}\times100\%=\frac{710}{750}\times100\%=94.6\%$$

Jd3D3106 一工业压力表，测量上限为 6MPa，精度为 1.5 级，求检定此压力表用的标准表的量程和精度等级。

解：标准表的测量上限=被校表的测量上限×4/3=6×4/3=8MPa，因此选用标准表的量程为 0～10MPa。

标准表的精度等级≤1/3×被校表的精度×（被校表上限/标准表上限）=1/3×1.5×6/10=0.3

选用标准表的精度为 0.25 级。

La2D3107 同一条件下，7 次测得某点温度为 100.3、100.0、100.1、100.5、100.7、100.4、100.1℃，试求平均值和标准差。

解：平均值 $\overline{X} = \dfrac{1}{7}$（100.3+100.0+100.1+100.5+100.7+100.4+

100.1）=100.3（℃）

$$\text{标准差 } S = \sqrt{\sum_{i=1}^{7} (\overline{x_i} - x)^2 /(7-1)}$$
$$= \sqrt{(0 + 0.3^2 + 0.2^2 + 0.2^2 0.4^2 0.1^2 0.2^2)/6}$$
$$\approx 0.25 \text{（℃）}$$

答：平均值和标准差分别为 100.3℃和 0.25℃。

Je32D3108 已知某测点压力值约为 6MPa，当测量平稳变化压力时，应选取多大测量范围的弹簧管压力表？若要求测压误差不超过 ±0.6MPa，应选多大的精确度等级？

解：设测量范围为 P_p，仪表引用误差为 γ

根据题意，有 $\begin{cases} P_p < 3P_X = 3 \times 6 = 18 \text{（MPa）} \\ P_p > \dfrac{3}{2} P_X = \dfrac{3}{2} \times 6 = 9 \text{（MPa）} \end{cases}$

根据压力表系列，应选 0～10MPa 或 0～16MPa 的压力表。
对于 0～10MPa 压力表

$\gamma = \pm 0.6/10 = \pm 0.6\%$，故应取 4 级精确度。

对于 0～16MPa 压力表，$\gamma = \pm 0.6/16 = \pm 3.75\%$，故应取 2.5 级精确度。

答：应取 2.5 级精确度的弹簧管压力表。

Lb5D2109 有一支镍铬—镍硅（镍铝）热电偶，在冷端温度为 35℃时，测得的热电动势为 17.537mV。试求热电偶所测的热端温度。

解：查分度表在 $E_k(35,0)=1.407$mV，
由中间温度定律得

$E(t,0)=E(r,35)+E(35,0)=17.537+1.407=18.944\text{mV}$

反查 K 分度表得 t=460.0℃，即为所求温度。

Je32D2110 一块 1151 型差压变送器差压上限值为 80kPa，流量上限值为 320t/h，求变送器输出电流为 13.6mA 时差压是多少？相应的流量为多少？

解：根据流量与差压的平方成正比，而差压与输出电流成正比，则

$\Delta p \Delta p_{\mathrm{m}}=I_{\mathrm{o}}/I_{\mathrm{m}}$

$\Delta p=(I_{\mathrm{o}}\times\Delta p_{\mathrm{m}})/I_{\mathrm{m}}=(13.6-4)\times80/16=48$（kPa）

$Q/Q_{\mathrm{m}}=\sqrt{\Delta p/\Delta p_{\mathrm{m}}}$

$Q=Q_{\mathrm{m}}\times\sqrt{\Delta p/\Delta p_{\mathrm{m}}}=320\times\sqrt{48/80}=247.9$（t/h）

答：差压变送器输出为 13.6mA 时，差压为 48kPa，流量为 247.9t/h。

Jd3D3111 如图 D-14 所示，一个 220V 的回路中要临时装一个接触器，该接触器的额定电压和电流分别为 380V 和 100mA，若在回路中串入一个电容器就能使接触器启动。请计算该电容器的容抗 X_{C}（线圈电阻可忽略不计）。

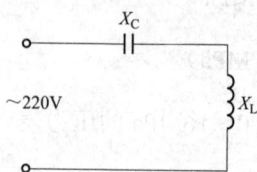

图 D-14

解：$X_L=\dfrac{U_L}{I_L}=\dfrac{380}{100\times10^{-3}}=3.8\times10^3$（Ω）

$X_{\mathrm{C}}=X_L-X=3.8\times10^3-2.2\times10^3=1.6\times10^3$（Ω）=1.6（kΩ）

答：串入电容器的容抗为 1.6kΩ。

Je5D4112 有一 S 型热电偶测温系统如图 D-15 所示，其中 t=1100℃。t_0=60℃，t_1=20℃，$E(1100，0)$=10.168mV，$E(60，0)$=0.365mV，$E(20，0)$=0.113mV，$E(1000，0)$=9.587mV。

试问：若其中补偿导线正负极反接，则显示表指示的温度为多少？

图 D-15

解：设指示温度为 t_3，则有

$$E(t,t_0)-(t_0,t_1)=E(t_3,t_1)$$

$$E(1100,60)-E(60,20)=E(t_3,20)$$

$$E(t_3,0)=10.168-0.365+2\times0.113$$

$$=9.644（mV）$$

$$t_3=1000℃+\frac{E(t_3,1000)}{E(1100,1000)}\times100=1007（℃）$$

答：显示表指示的温度为 1007℃。

Lb21D4113 分析差压式流量计在量程 1/3 以下时，为什么测量精度很低？

解：差压式流量计，其测量流量同差压的平方根成正比，即

$Q\propto\sqrt{\Delta p}$ 因此 $Q^2\propto\Delta p$

当 $Q=\dfrac{1}{3}Q_{max}$ 时

$$\Delta p=\frac{1}{9}\Delta p_{max}$$

当 $Q=\dfrac{1}{10}Q_{max}$ 时

$$\Delta p=\frac{1}{100}\Delta p_{max}$$

可见，当 $Q=\dfrac{1}{10}Q_{max}$ 时，p 只是 Δp_{max} 的 $\dfrac{1}{100}$，而工业仪

表的综合测量精度只有 1%左右，因此在 $Q = \frac{1}{10}Q_{max}$ 时，变送器可能反映不出来流量的变化。即使 $Q > \frac{1}{10}Q_{max}$ 时，但 $Q < \frac{1}{3}Q_{max}$，仪表的灵敏度也是非常低的。在记录类仪表中，1/3 量程以下刻度线非常密，读不准的。因此说不要让差压式流量计运行在量程的 1/3 以下。

Lb21D4114 有一拐臂长度为 250mm 的电动执行器，与一调节门相连，已知调节门全关到全开为 60°，求调节门拐臂长度（连接点至阀门芯距离）。

解： $\sqrt{250 \times 250 + 250 \times 250} \approx 354$ （mm）

答： 因为调节门的全行程为 60°，实际上可视为等边三角形，所以调节门拐臂长度为 354mm。在其前后的 50mm 处再各钻一孔，以利调整。

La21D4115 已知某一变送器的可靠性概率是 0.95，试问当将三个该类变送器串联和并联时，系统的总可靠性概率。

解： 串联时系统的可靠性=0.95×0.95×0.95=0.857

并联时系统的可靠性=$1-(1-0.95)^3$=0.999 8

答： 串联时系统的可靠性为 0.857，并联时系统的可靠性为 0.999 8。

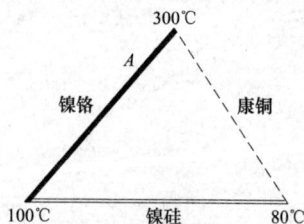

图 D-16

Lb21D5116 应用热电偶定律，试求如图 D-16 所示的三种热电极组成回路的总热电动势值，并指出其电流方向。

解： 根据均质导体定律，可令镍铬电极上任意一点 A 的温度为 80℃，于是回路热电动势可由镍铬–

镍硅（K分度）与镍铬–康铜（E分度）两种热电偶对接而成，并假设回路电动势计算方向为顺时针方向，则有

$$\Sigma e = E_K(100,0) - E_E(300,0) + E_E(80,0) - E_K(80,0)$$
$$= 4.095 - 21.033 + 4.983 - 3.266 = -15.22（mv）$$

因 Σe 是负值，说明电流方向为逆时针方向。

Lb21D4117　如图 D-17 所示的（a）和（b）的测压系统中，脉冲水密度 ρ=988kg/m^3，高度差 H=10m，仪表指示压力 P_d=40bar，其修正值为 Δ=5bar，大气压力为 P_{atm}=1atm，试求图（a）（b）中容器内介质绝对压力各为多少兆帕？

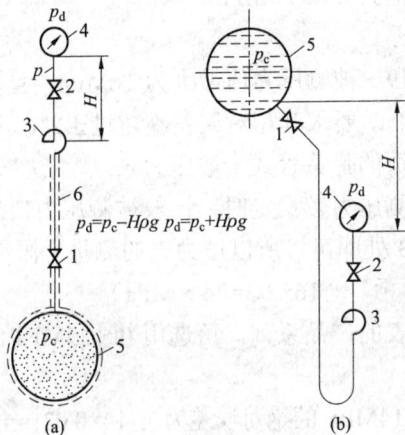

图 D-17

解： 高度差压头 $H\rho g$=10×988×9.806 65=96 889.7Pa

对于图 D-17 中的（a），得

$$p_{abs} = p_d + H\rho g + p_{atm} + \Delta$$
$$= 40×10^5 + 96\ 889.7 + 101\ 325 + 5×10^5$$
$$= 4.698（MPa）≈ 4.7（MPa）$$

对于图（b），得

$$p_{abs} = p_d - H\rho g + p_{atm} + \Delta$$

$$=40 \times 10^5 - 96\,889.7 + 101\,325 + 5 \times 10^5$$

$$=4.50 \text{（MPa）}$$

答：绝对压力各为 4.7MPa 和 4.50MPa。

Lb32D3118 一只准确度为 1 级的弹簧管式一般压力真空表，其测量范围是：真空部分为 0～–0.1MPa。压力部分为 0～0.25MPa，试求该表的允许基本误差的绝对值。

解：该表的允许基本误差的绝对值应为

$$[0.25 - (-0.1)] \times \frac{1}{100} = 0.003\,5 \text{（MPa）}$$

答：绝对值为 0.003 5MPa。

Lb32D4119 被测压力值最大为 16MPa，且较稳定，当被测压力为 14MPa，要求其相对误差不超过 ±2%，试选用一只量程和准确度合适的弹簧管式一般压力表。

解：当被测压力较稳定时，一般被测压力值处于压力表测量上限值的 2/3 处即可，所以压力表的测量上限应为

$$16 \times 2/3 = 24 \text{（MPa）}$$

根据压力表的产品系列，可选用 0～25MPa 的弹簧管式一般压力表。

被测压力 14MPa 的绝对误差为 ±(14×0.02)=±0.28MPa，而压力表的允许绝对误差=±25×a%MPa，因此，只要 25×a%MPa＜0.28，即可求出所需准确度等级。

求得 a＜1.12（级）。

答：可以选用准确度为 1 级的弹簧管式一般压力表。

4.1.5 绘图题

La5E1001 如图 E-1 所示，补画三视图。

答：如图 E-1′所示。

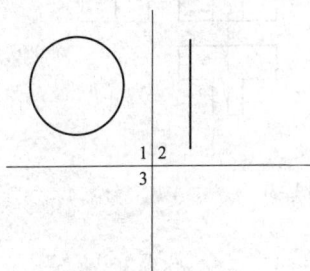

图 E-1   图 E-1′

La5E1002 如图 E-2 所示，补画三视图。

答：如图 E-2′所示。

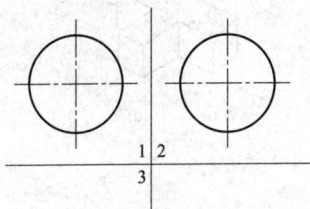 

图 E-2   图 E-2′

La5E2003 如图 E-3 所示，由三视图找出对应的立体图，在括号内注出对应的字母，并在立体图的箭头上找出主视图观察方向，写上"主视"二字。

答：如图 E-3′所示。

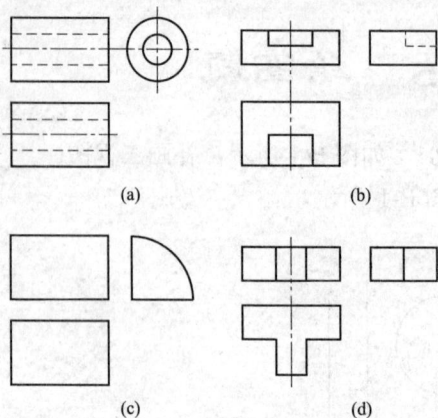

(a)　　　　　　　　(b)

(c)　　　　　　　　(d)

图 E-3

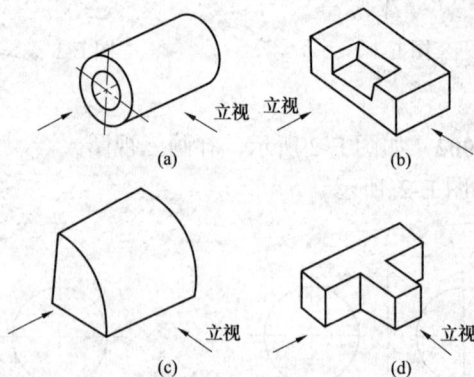

(a)　　　　　　　　(b)

(c)　　　　　　　　(d)

图 E-3′

Lb3E3004 如图 E-4 所示，根据三面投影图，补画漏掉的画线。

答： 如图 E-4′所示。

La5E3005 写出下列剖面图 E-5 的符号分别表示什么材料？

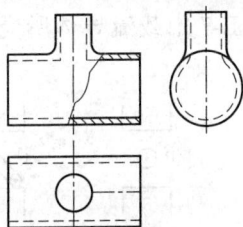 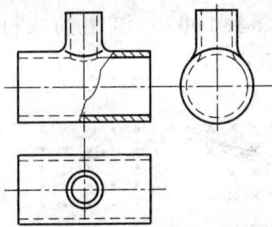

图 E-4   图 E-4′

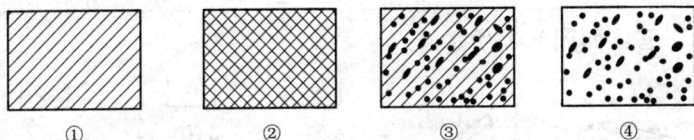

①   ②   ③   ④

图 E-5

答： ① 金属材料；② 非金属材料；③ 钢筋混凝土材料；④ 素混凝土材料。

La4E1006 如图 E-6 所示，在图中标出电流产生的磁场方向或电源正负极性。

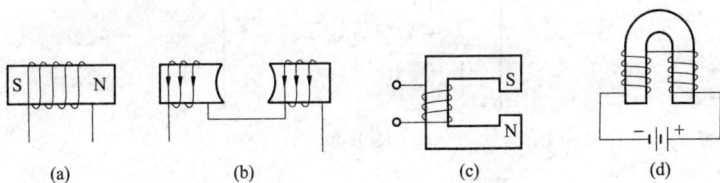

(a)   (b)   (c)   (d)

图 E-6

答： 如图 E-6′所示。

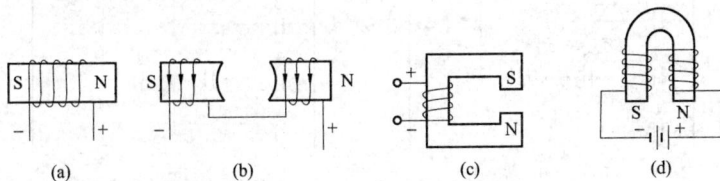

(a)   (b)   (c)   (d)

图 E-6′

La4E1007 试用箭头标画出图 E-7 中载流导体所受电磁力的方向。

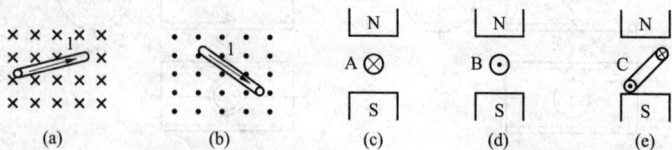

(a)　　　　(b)　　　　(c)　　　　(d)　　　　(e)

图 E-7

答： 如图 E-7′ 所示。

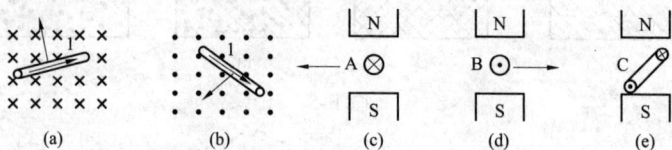

(a)　　　　(b)　　　　(c)　　　　(d)　　　　(e)

图 E-7′

Je1E5008 在图 E-9 中与图 E-8 梯形图等效的梯形图是什么？

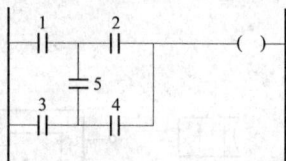

图 E-8

答： 在图 E-9 中与图 E-8 梯形图等效的梯形图是（a）。

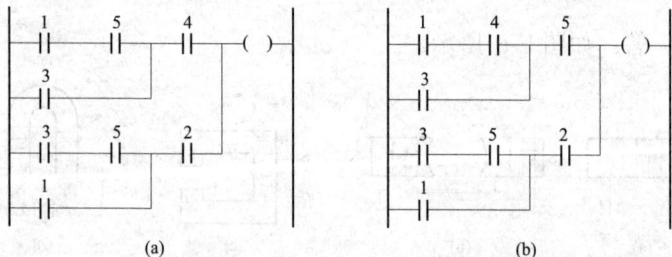

(a)　　　　　　　　　　　(b)

图 E-9

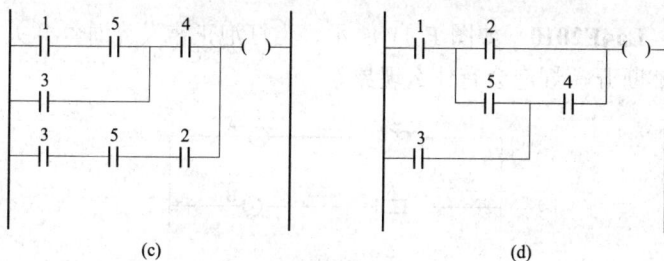

(c)　　　　　　　　　　　(d)

图 E-9（续）

La4E2009　画出图 E-10 中（a）、（b）、（c）所示各电路输出电压波形，并标出输出电压最大值（假设二极管的正向压降为 0.7V，反向电流忽略不计）。

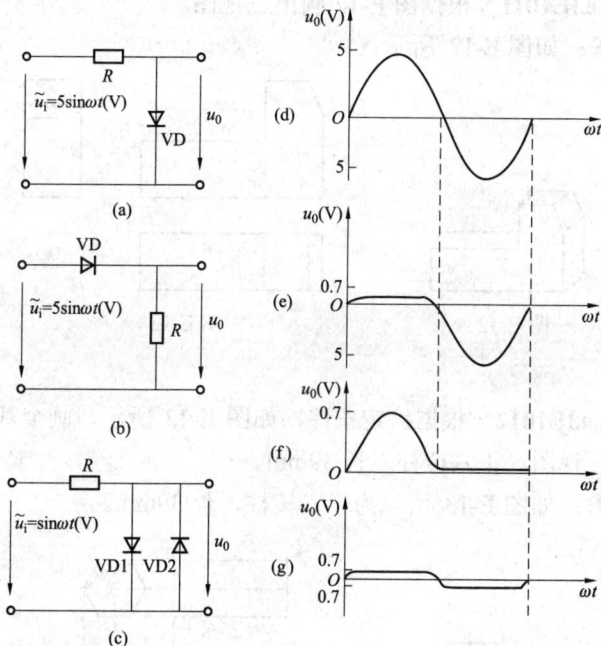

图 E-10

答：图 E-10 中（e）、（f）、（g）分别示出图（a）、（b）、（c）各电路输出电压波形，且标出了输出电压的最大值。

La4E2010 如图 E-11 所示,当灯泡正常发光时,开关 K 突然断开,灯泡会有什么现象?

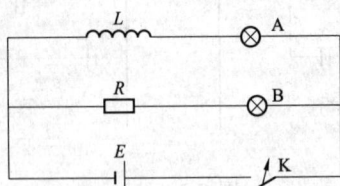

图 E-11

答:灯泡会慢慢熄灭。

La3E1011 根据图 E-12 画出三视图。
答:如图 E-12′所示。

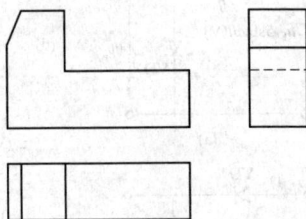

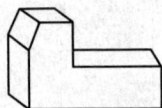

图 E-12   图 E-12′

La3E1012 根据给定条件,如图 E-13 所示,画全基本几何体三视图。正六棱柱,长 39mm。
答:如图 E-13′所示为正六棱柱,长 39mm。

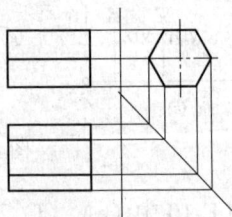

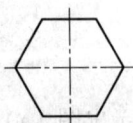

图 E-13   图 E-13′

La3E1013 如图 E-14 所示，画出下列机件的局部剖视图。

答：如图 E-14′所示。

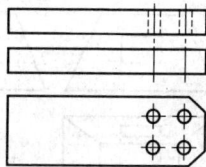 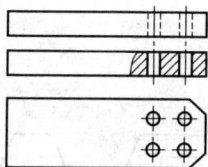

图 E-14　　　　　　　　　　　图 E-14′

La3E2014 如图 E-15 所示，画出下列机件的局部剖视图。

答：如图 E-15′所示。

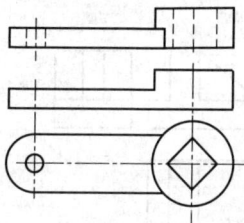 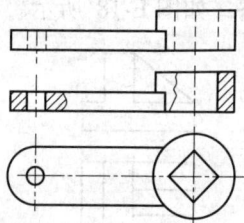

图 E-15　　　　　　　　　　　图 E-15′

La3E2015 将视图 E-16 改画成半剖视图。

答：如图 E-16′所示。

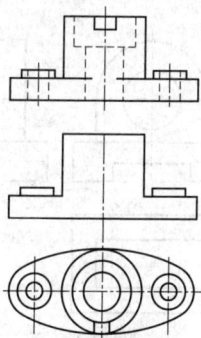 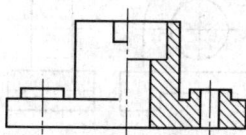

图 E-16　　　　　　　　　　　图 E-16′

La3E2016　如图 E-17 所示，补画俯视图。

答：如图 E-17′所示。

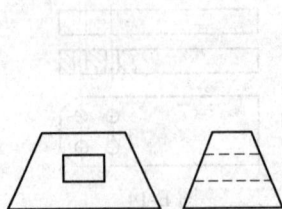

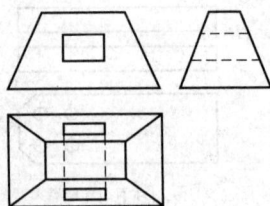

图 E-17　　　　　　　　　　　　　　图 E-17′

La3E2017　看懂两面视图 E-18，补画第三面视图。

答：如图 E-18′所示。

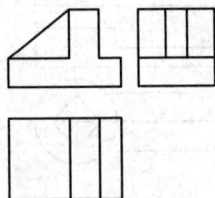

图 E-18　　　　　　　　　　　　　图 E-18′

La3E2018　看懂两面视图 E-19，补画第三面视图。

答：如图 E-19′所示。

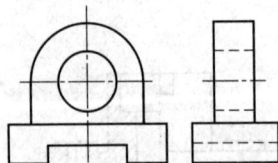

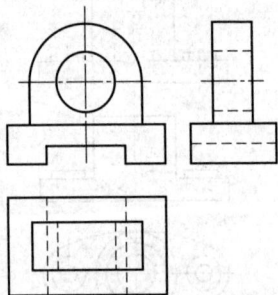

图 E-19　　　　　　　　　　　　图 E-19′

La3E2019 参看轴测图 E-20，补全视图中的缺线。

答：如图 E-20′所示。

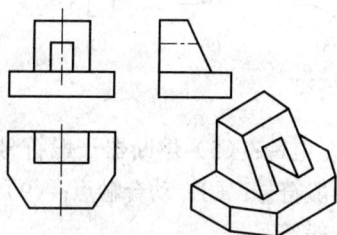 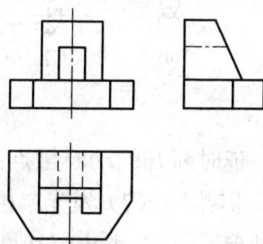

图 E-20   图 E-20′

La3E2020 如图 E-21 所示，将视图改画成半剖视图。

答：如图 E-21′所示。

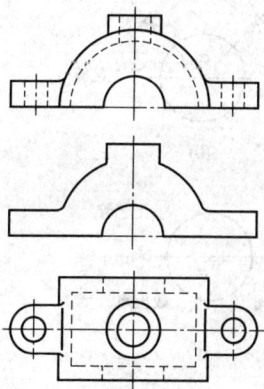 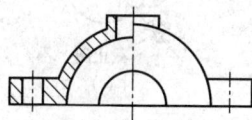

图 E-21   图 E-21′

La3E3021 指出下列各图形符号的名称（如图 E-22 所示）。

答：（1）延时闭合的动断触点；（2）延时断开的动合触点；

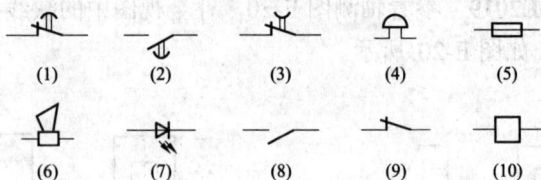

图 E-22

（3）延时断开的动断触点；（4）电铃；（5）熔断器一般符号；
（6）电喇叭；（7）发光二极管一般符号；（8）动合触点；（9）动
断触点；（10）继电器线圈的一般符号。

Jd32E3022 如图 E-23 所示，设管道中的介质为气体，则
如图 E-23 所示中取压口位置示意图正确的是？

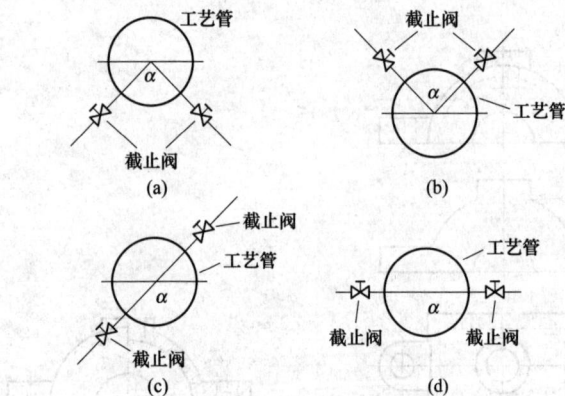

图 E-23

答：取压口位置示意图正确的是 B。

La3E4023 画出电子皮带秤的原理框图。
答：如图 E-24 所示。

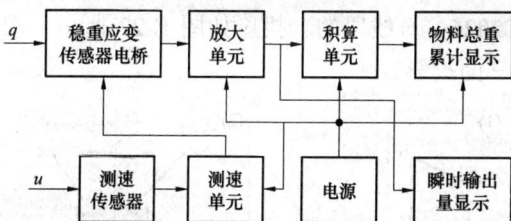

图 E-24

La2E2024 如图 E-25 所示，补画第二视图。

答： 如图 E-25′所示。

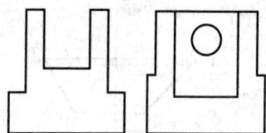

(1)　　　　(2)

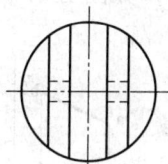

(3)

图 E-25　　　　　　　　　　图 E-25′

La2E2025 改正下列视图 E-26 中的错误。

答： 如图 E-26′所示。

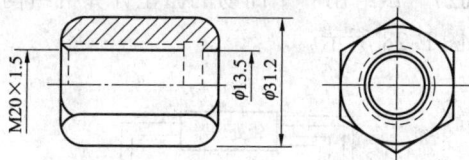

图 E-26

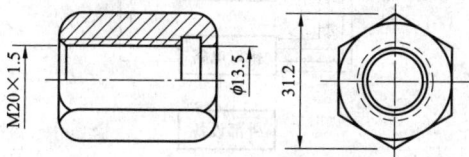

图 E-26′

La2E2026　直线段的一投影如图 E-27 所示，求作已知直线段的第三面投影。

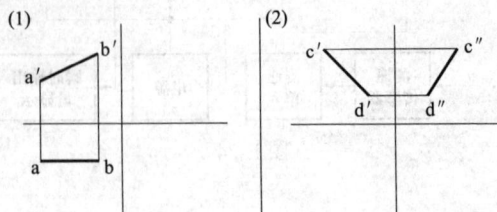

(1)

(2)

图 E-27

答：如图 E-27′所示。

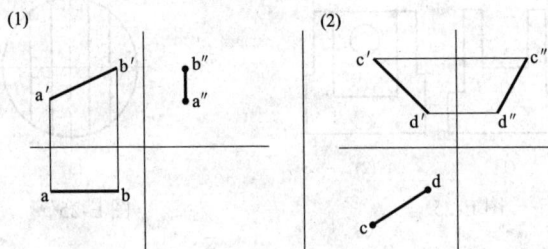

(1)

(2)

图 E-27′

La2E2027　试绘出一个简易的微型计算机结构图。
答：如图 E-28 所示。

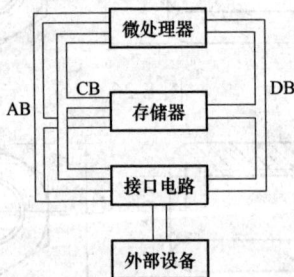

微处理器

存储器

接口电路

外部设备

AB　CB　DB

图 E-28

La2E3028　试画出由与非门构成的微分型单稳态触发器的逻辑图。

答：如图 E-29 所示。

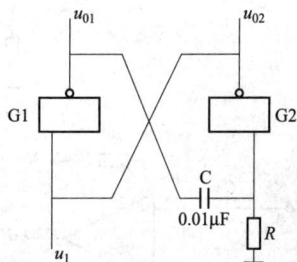

图 E-29

La2E3029　在图 E-30 中，当开关 K 突然闭合时，试说明输出电势 E_c 的变化趋势，并画出趋势变化图。

答：图 E-30′的输出电势 E_c 的变化趋势是：E_i 通过电阻 R 向电容 C 充电，使 E_c 电压逐渐上升，最后达到 $E_c = E_i$，也就是一个积分电路。

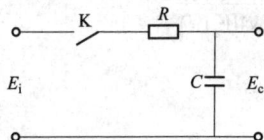

图 E-30

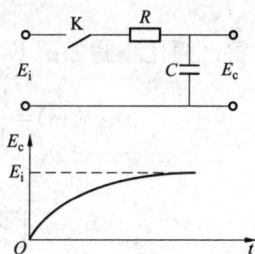

图 E-30′

La2E3030　下列各图 E-31 是组装仪表常用的几种电路，试说明它们各自能实现什么运算？

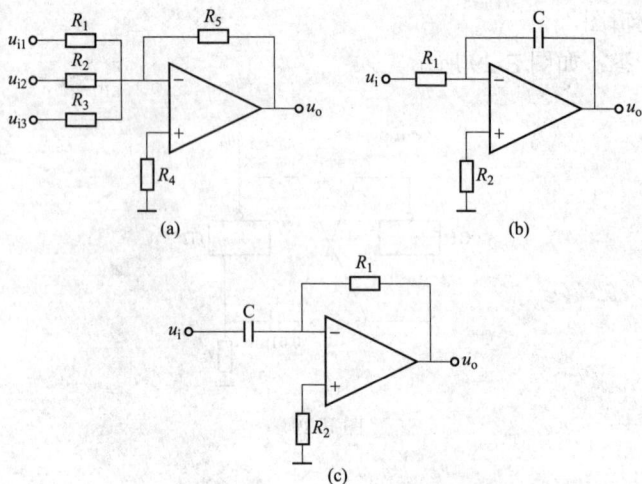

图 E-31

答：（a）为实现加法运行功能；（b）为实现积分运行功能；（c）为实现微分运行功能。

La2E5031 简化如图 E-32 所示反馈系统框图，并写出传递函数。

答：简化步骤如图 E-32′所示，其传递函数为

$$W(s) = \frac{W_4(s)[W_1(s)+W_3(s)]}{1+W_2(s)W_3(s)W_4(s)}$$

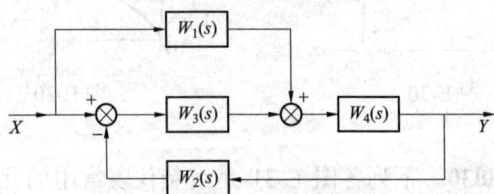

图 E-32

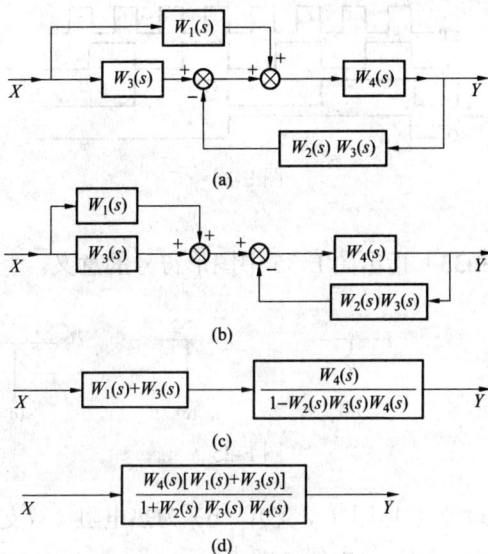

(a)

(b)

$$X \longrightarrow \boxed{W_1(s)+W_3(s)} \longrightarrow \boxed{\dfrac{W_4(s)}{1-W_2(s)W_3(s)W_4(s)}} \longrightarrow Y$$

(c)

$$X \longrightarrow \boxed{\dfrac{W_4(s)[W_1(s)+W_3(s)]}{1+W_2(s)\,W_3(s)\,W_4(s)}} \longrightarrow Y$$

(d)

图 E-32′

La1E4032 如图 E-33 所示，由 D 触发器组成的电路，设 Q_1、Q_2、Q_3 初态为 0，试分析电路的组成情况并画出 CP、Q_1、Q_2、Q_3 相应的波形图。

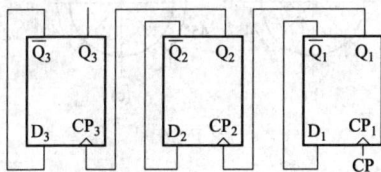

图 E-33

答：这个逻辑图中每个触发器 D 状态与 $\overline{Q}$ 端是相同的，CP2 与 Q_1、CP3 与 Q_2 均因导线相连而状态相同，每个触发器均接受正脉冲触发，波形如图 E-34 所示。

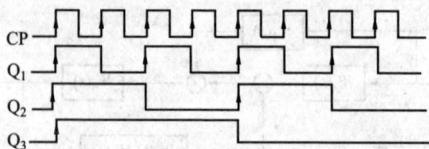

图 E-34

Lb5E3033 指出图 E-35 中图形符号的意义。

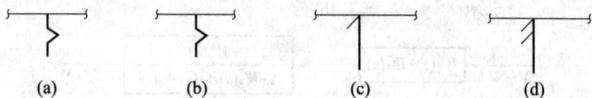

图 E-35

答：（a）为热电阻（单支）；（b）为热电阻（双支）；（c）热电偶（单支）；（d）热电偶（双支）。

Lb5E3034 在图 E-36 中，指出流体分别为气体、液体、蒸汽时，管道上压力测点应选择的安装方位。

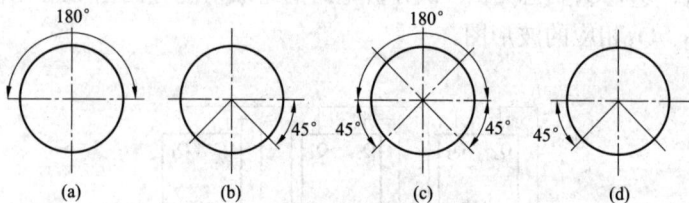

图 E-36

答：（a）为气体时选用；（b）、（d）为液体时选用；（c）为蒸汽时选用。

Lb5E3035 图 E-37 为中间再热系统示意图，试指出所标设备名称。

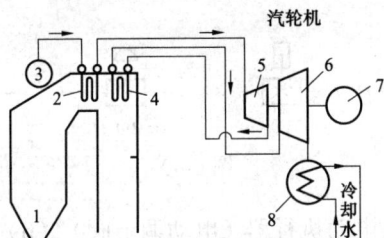

图 E-37

答：1 为锅炉；2 为过热器；3 为汽包；4 为再热器；5 为高压缸；6 为中低压缸；7 为发电机；8 为凝汽器。

Lb5E3036　指出图 E-38 中图形符号的意义。

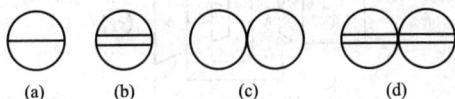

图 E-38

答：（a）为控制盘、台面安装的仪表；（b）为就地盘面安装的仪表；（c）就地安装的双笔或双针仪表；（d）就地盘面安装的双笔或双针仪表。

Lb5E5037　指出图 E-39 中图形符号的意义。

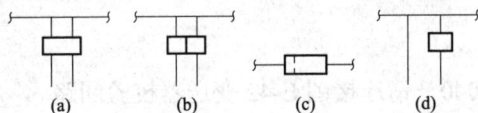

图 E-39

答：（a）为双室平衡容器；（b）为冷凝器；（c）为孔板；（d）为单室平衡容器。

Lb5E5038　指出图 E-40 中图形符号的意义。

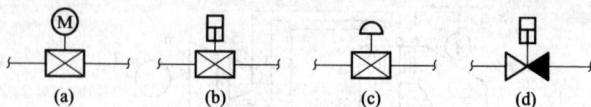

图 E-40

答：（a）为电动执行器（电动调节阀）；（b）为气动执行器（气动调节阀）；（c）薄膜调节阀；（d）气动止回阀。

Lb4E2039 画出再热循环设备系统示意图并列出各设备名称。

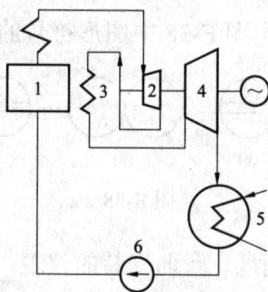

图 E-41

答：图 E-41 为再热循环设备系统示意图，其中，1 为锅炉；2、4 为汽轮机高、低压缸；3 为再热器；5 为凝汽器；6 为给水泵。

Jd2E3040 请连接图 E-42 变送器校验回路。

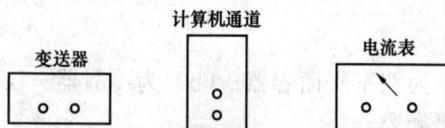

图 E-42

答：校验回路连接图见图 E-42′。

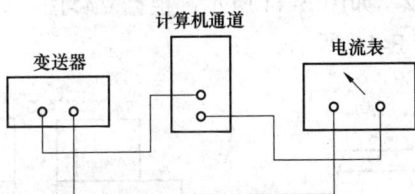

图 E-42′

Lb4E4041 如图 E-43 所示，根据三视图，补画漏掉的图线。

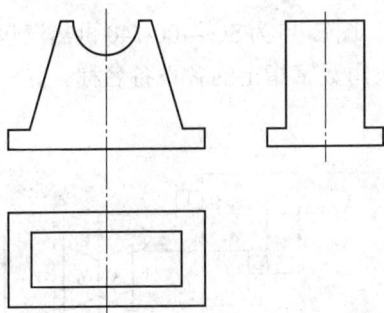

图 E-43

答： 如图 E-43′所示。

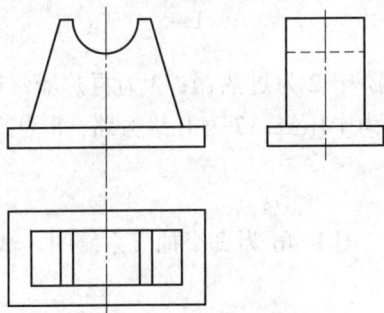

图 E-43′

Lb4E4042 如图 E-44 所示，根据立体图，画出三视图。

答：如图 E-44′ 所示。

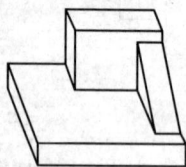

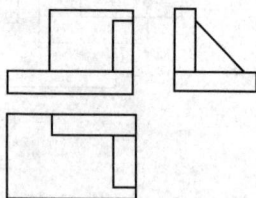

图 E-44　　　　　　　　　图 E-44′

Lb3E2043 图 E-45 为 SG–400/140 再热汽包锅炉的启动旁路系统，试标出用数字指定的各设备名称。

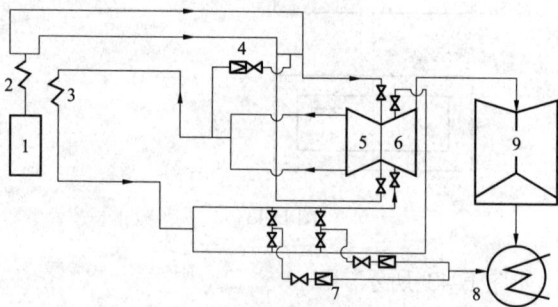

图 E-45

答：1 为锅炉；2 为过热器；3 为再热器；4 为Ⅰ级旁路；5 为高压缸；6 为中压缸；7 为Ⅱ级旁路；8 为冷凝器；9 为低压缸。

Lb3E3044 图 E-46 为真空抽气系统图，试指出指定的设备名称。

答：1 为高压加热器；2 为轴封加热器；3 为凝汽器；4 为凝结水泵；5 为射水泵；6 为射水抽气器；7 为低压加热器。

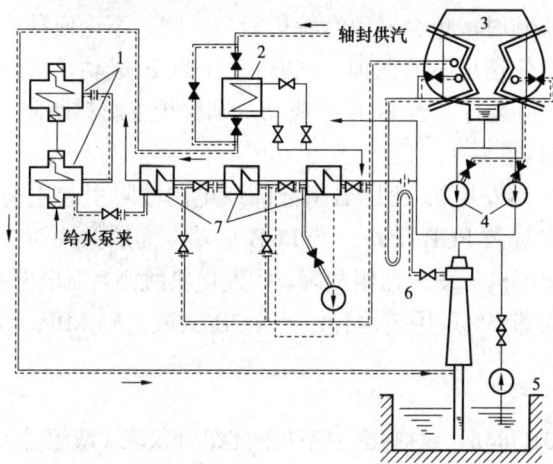

图 E-46

Je1E5045 图 E-47 是机组大连锁保护系统的原则性框图。
试说明其保动作的逻辑关系。

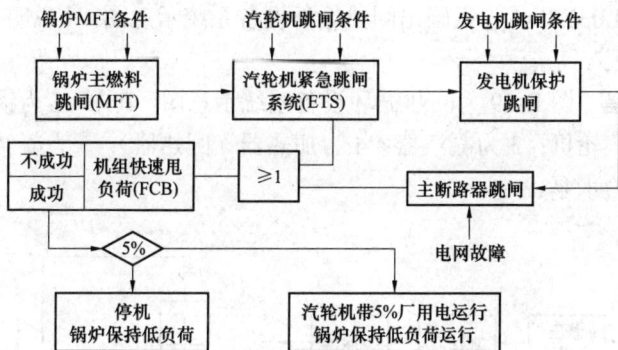

图 E-47

答：炉、机、电大连锁保护系统的动作如下：

（1）当锅炉故障而产生锅炉 MFT 跳闸条件时，延时连锁
汽轮机跳闸、发电机跳闸，以保护锅炉的泄压和充分利用蓄热。

（2）汽轮机和发电机互为连锁，即汽轮机跳闸条件满足而
紧急跳闸系统动作时，将引起发电机跳闸；当发电机跳闸条件

满足而跳闸时，也会导致汽轮机紧急跳闸。不论何种情况都将产生机组快速甩负荷保护（FCB）。若 FCB 成功，则锅炉保持 30%低负荷运行；若 FCB 不成功，则锅炉主燃料跳闸（MFT）紧急停机。

（3）当发电机-变压器组故障或电网故障引起主断路器跳闸时，将导致 FCB 动作。若 FCB 成功，锅炉保持 30%低负荷运行。发电机—变压器组故障，则发电机跳闸。而电网故障时，发电机可带 5%厂用电运行。若 FCB 失败，则 MFT 动作，紧急停炉。

Lb3E3046 试画出由电动单元组合仪表（或组件）组成的具有压力校正的水位测量系统框图。

答：电气式带压力校正的水位测量系统框图，如图 E-48 所示。

Lb3E3047 试画出回热循环设备系统示意图，并说明各设备名称。

答：图 E-49 为回热循环设备系统示意图，其中，1 为锅炉；2 为汽轮机；3 为凝汽器；4 为加热器（回热器）；5 为凝结泵；6 为给水泵。

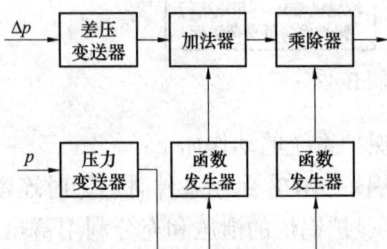

图 E-48

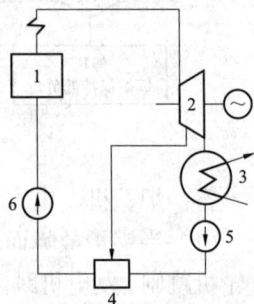

图 E-49

Lb3E4048 试画出数字显示转速表原理方框图。

答：图 E-50 为数字显示转速表方框图。

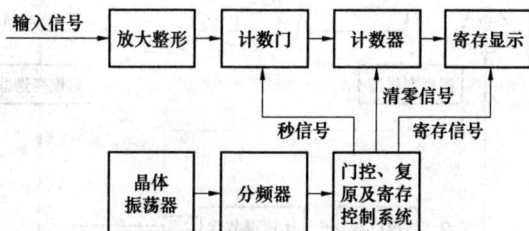

图 E-50

Lb3E4049 图 E-51 为 31–25–7 型汽轮机简化热力系统图，试指出各设备名称。

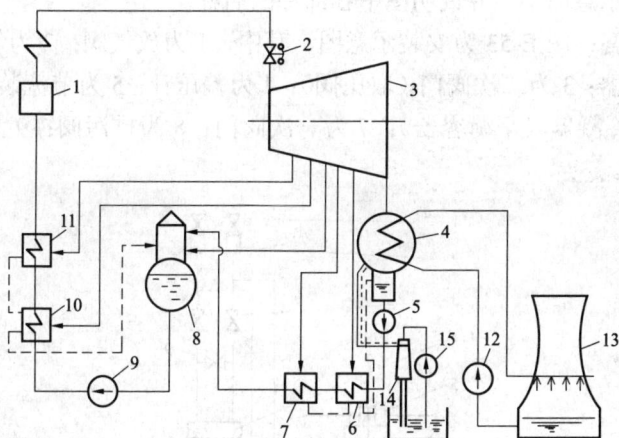

图 E-51

答：1 为锅炉；2 为调节阀；3 为汽轮机；4 为凝汽器；5 为凝结水泵；6、7 为低压加热器；8 为除氧器；9 为给水泵；10、11 为高压加热器；12 为循环水泵；13 为冷水塔；14 为抽气器；15 为射水泵。

Lb3E4050 画出采用单元仪表组成的汽温串级调节系统。

答：图 E-52 为汽温串级调节系统。

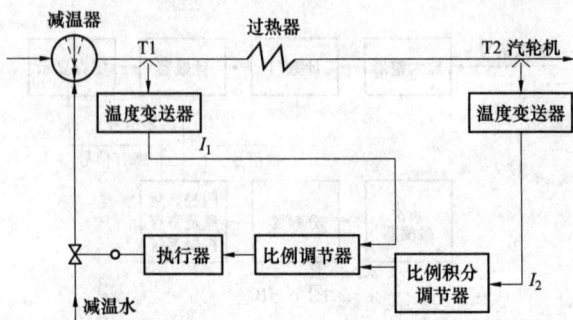

图 E-52

Lb3E4051 画出测量蒸汽时差压流量计高于节流装置的安装示意简图，并说明图中各部件的名称。

答：图 E-53 为安装示意图，其中，1 为放气阀；2 为气体收集器；3 为二次阀门（取压阀）；4 为差压计；5 为节流装置；6 为冷凝器（平衡容器）；7 为一次阀门；8 为排污阀；9 为平衡阀。

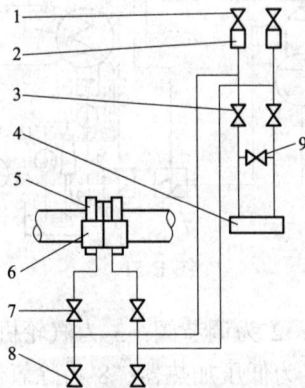

图 E-53

Lb3E5052 画出用单元设备组成的单级三冲量给水调节系统。

答：图 E-54 为给水调节系统。

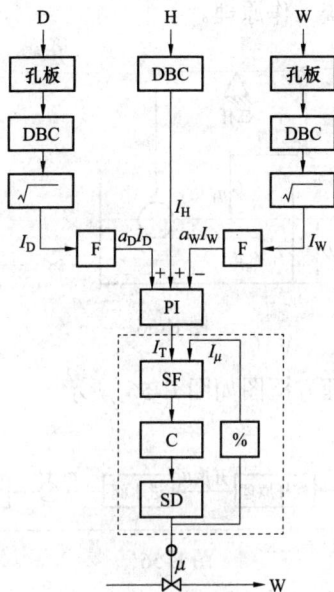

图 E-54

Lb2E1053 在热控单元原理接线图 E-55 中，下列图例各表示什么元件？

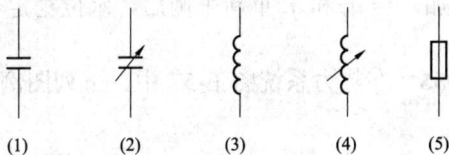

(1)　　(2)　　(3)　　(4)　　(5)

图 E-55

答：（1）为电容；（2）为可变电容；（3）为电感；（4）为可变电感；（5）为熔断器。

Lb2E2054 水位自动调节系统图如图 E-56 所示，运行中希望维持水面高度 H 不变，要求：

（1）画出系统原理方框图，并指出被调量和扰动。

（2）简述系统工作原理。

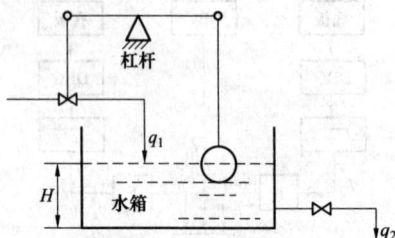

图 E-56

答：（1）原理方框图如图 E-56′所示。

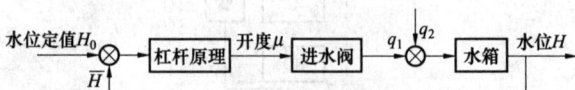

图 E-56′

被调量是水箱水位 H，扰动是进水量 q_1 和出水量 q_2。

（2）当水箱流入量 q_1 和流出量 q_2 保持平衡时，水面高度 H 等于希望值 H。若 q_2 突然增加，则水位 H 下降，浮子下降，杠杆逆时针旋转，杠杆左端上移，进水阀开大（开度 μ 增加），进水量 q_1 增加，当 q_1 和 q_2 重新平衡后，水位稳定不变。

Lb2E2055 在热力系统图 E-57 中，下列图例各表示什么阀门？

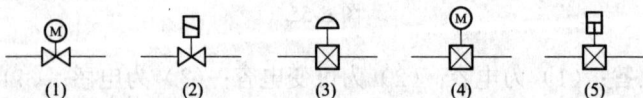

图 E-57

答：（1）为电动阀门；（2）为电磁阀；（3）为薄膜调节阀；（4）为电动调节阀；（5）为气动调节阀。

Lb2E4056 对于高压机组滑参数启动过程中的压力，温度变化范围较大，为保证差压式蒸汽流量计测量的准确度，一般采取压力，温度补偿的措施，试画出其方框图。

答：其方框图如图 E-58 所示。

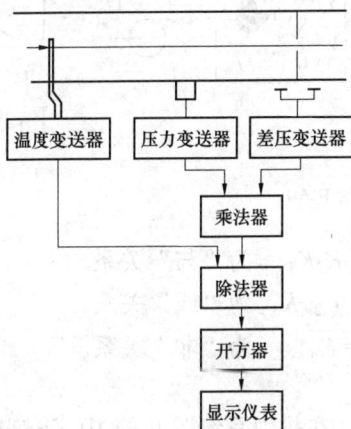

图 E-58

Lb2E4057 图 E-59 为球磨机储仓式制粉系统图，试指出所标注的各设备名称。

答：1 为原煤仓；2 为自动磅秤；3 为给煤机；4 为磨煤机；5 为粗粉分离器；6 为旋风分离器；7 为切换挡板；8 为螺旋输粉机；9 为煤粉机；10 为给粉机；11 为排粉机；12 为一次风箱；13 为二次风箱；14 为燃烧器；15 为锅炉；16 为空气预热器；17 为送风器；18 为锁气器；19 为热风管道；20 为吸潮管；21 为一次风机；22 为三次风喷口。

Lb2E4058 图 E-60 为三种基本逻辑电路，试分别写出 K₁

与 K_2、K_3 关系的逻辑表达式。

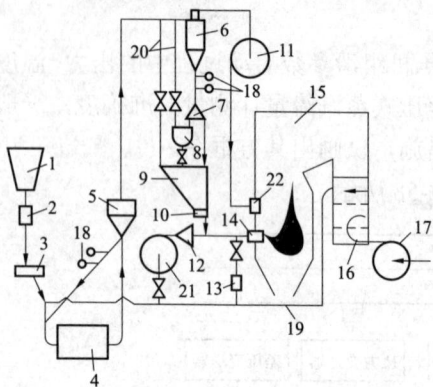

图 E-59

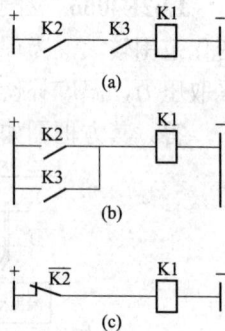

图 E-60

答：（a）$K_1 = K_2 K_3$　为"与"关系。

（b）$K_1 = K_2 + K_3$　为"或"关系。

（c）$K_1 = \overline{K_2}$　为"非"关系。

Lb21E2059　在热力系统图 E-61 中,下列图例各表示什么阀门?

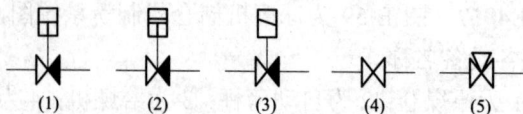

图 E-61

答：（1）为气动止回阀；（2）为液动止回阀；（3）为电磁止回阀；（4）为截止阀；（5）为三通阀。

Lb1E3060　试画出函数 $Y = A \cdot B + \overline{A} \cdot \overline{B}$ 逻辑图。

解：逻辑图如图 E-62 所示。

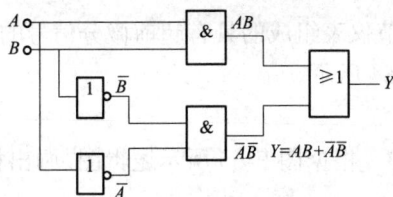

图 E-62

Lb1E4061 在热控系统图中，图 E-63 所示的图形符号各表示什么取源测量元件？

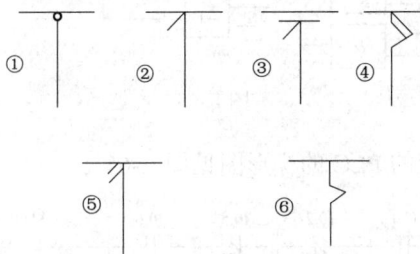

图 E-63

答：① 为测量点；② 为热电偶（单支）；③ 为热电偶（表面）；④ 为热电阻（双支）；⑤ 为热电偶（双支）；⑥ 为热电阻（单支）。

Lb1E5062 请画出具有超前微分信号的双冲量汽温调节系统。

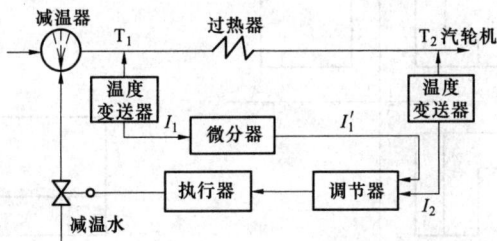

图 E-64 具有超前微分信号的双冲量汽温调节系统

答：用调节仪表组成的具有超前微分信号的双冲量汽温调节系统如图 E-64 所示。

Je21E4063　根据图 E-65 所示逻辑图，画出相应的 PLC 的梯形图。

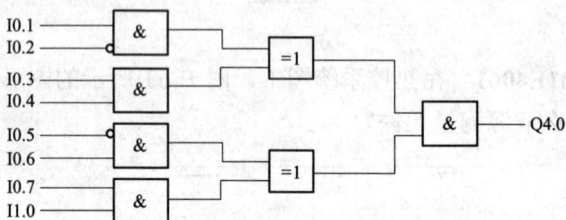

图 E-65

答：相应的 PLC 的梯形图见图 E-65′。

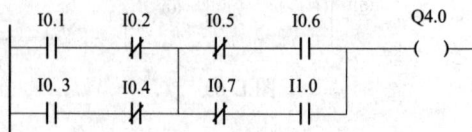

图 E-65′

Jd4E2064　由给定的三视图如图 E-66 所示，补画三视图中漏掉的线。

答：如图 E-66′所示。

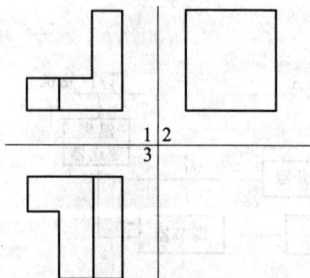

图 E-66

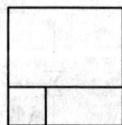

图 E-66′

Jd4E3065　标注如图 E-67 所示的单孔双管卡制作图尺寸（用 A、B、C 等字母标注）。

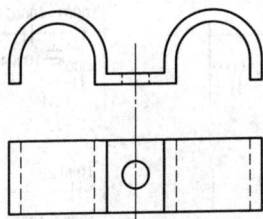

图 E-67

答：如图 E-67′所示。

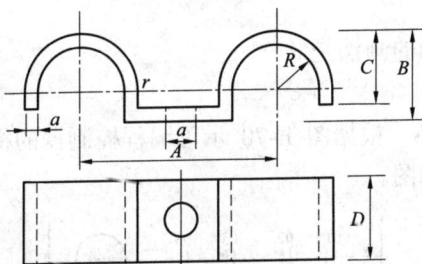

图 E-67′

Jd4E4066　画出在现场校验气动执行机构的管路连接图。

答：如图 E-68 所示。

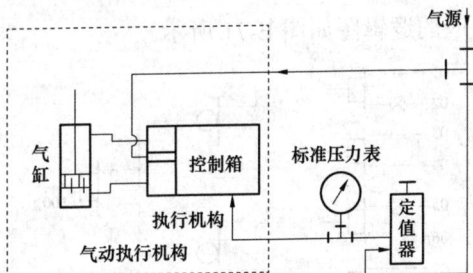

图 E-68

211

Jd2E3067 如图 E-69 所示，PLC 梯形图，正确的画法是哪个？

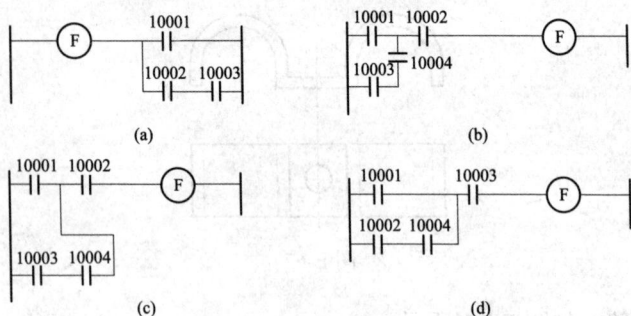

(a)　　　　　　　　(b)

(c)　　　　　　　　(d)

图 E-69

答：正确的画法是 d。

Jd1E4068 根据图 E-70 示可编程控制器的梯形图，画出其对应的逻辑图。

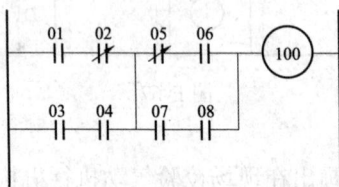

图 E-70

答：对应的逻辑图如图 E-71 所示。

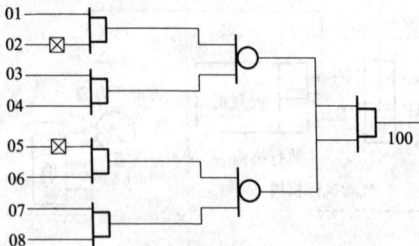

图 E-71

Jd4E5069 图 E-72 为 DKJ 型执行器原理接线图，试把图中的错误改正。

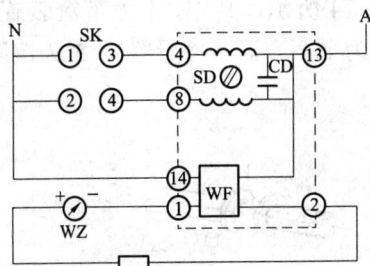

图 E-72

答：如图 E-72′所示。

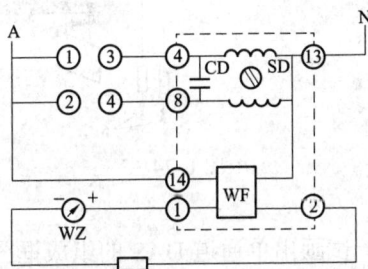

图 E-72′

Je32E4070 用开关 K1、K2、K3 控制一个楼梯灯 D，当有 2 个或 3 个开关合上时，D 亮，否则 D 不亮，试写出其逻辑表达式并画出其继电器电路图。

答：如图 E-73 所示，逻辑表达式为 D=K1K2+K2K3+K1K3。

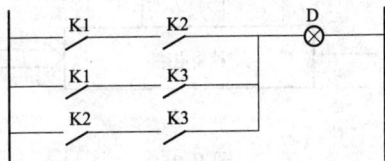

图 E-73

Je2E2071 试画出差压计安装在管道下方测量水蒸气流量的差压式流量计的导压管敷设示意图。

答：如图 E-74 所示，其中，1 为节流装置；2 为一次阀；3 为二次阀；4 为平衡容器（冷凝器）；5 为沉降器；6 为排污阀；7 为平衡阀。

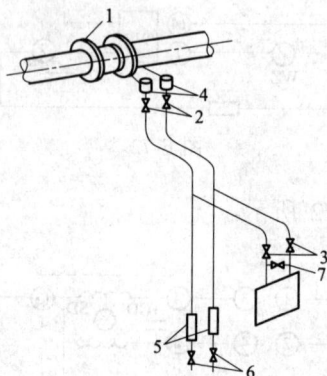

图 E-74

Lb1E4072 试画出单通道 DAS 的组成框图。

答：DAS 的组成框图见图 E-75。

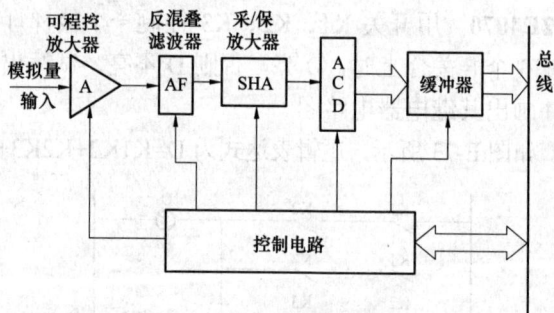

图 E-75

Lb1E3073 图 E-76 为电涡流传感器配接前置放大器测量位移的原理框图，请填写图 E-76 中空白处。

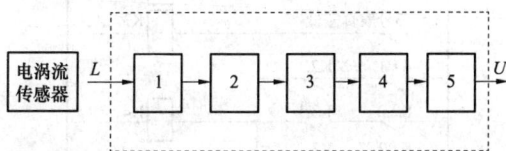

图 E-76

答：1 为石英晶体振荡器；2 为跟随器；3 为放大器；4 为检波器；5 为滤波器。

Lc2E3074 根据图 E-77，画出相应的逻辑图。

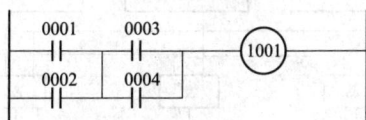

图 E-77

答：如图 E-77′所示。

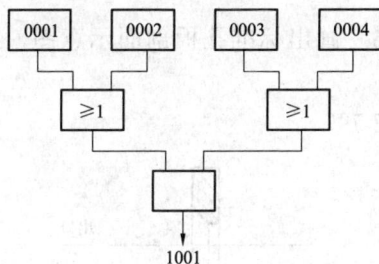

图 E-77′

Jb1E4075 图 E-78 为某汽轮机低真空保护电气原理图，试画出其对应的逻辑框图。

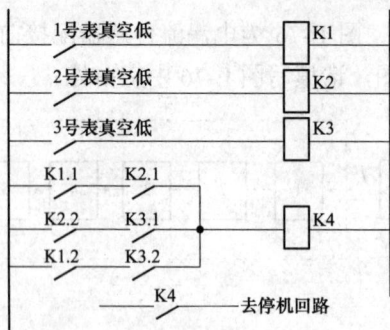

图 E-78

答：如图 E-78′所示。

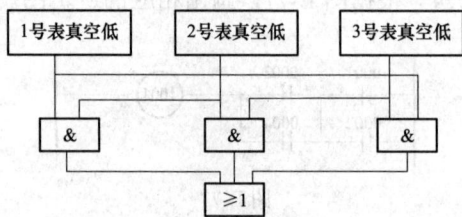

图 E-78′

Jb32E3076 画出标准孔板剖面示意图，并标明进出口方向。

答：见图 E-79。

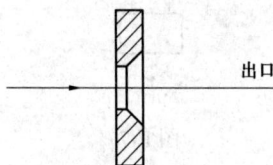

出口

图 E-79

La32E3077 试画出函数 $Y = AB + \overline{AB}$ 逻辑图。

答： 如图 E-80 所示。

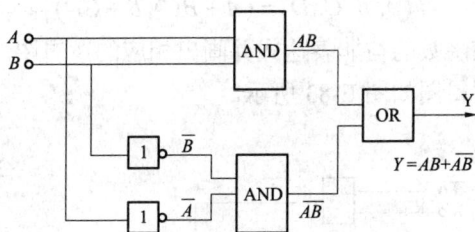

图 E-80

Lb21E4078 试画出 3/4 表决逻辑图。

答： 如图 E-81 所示。

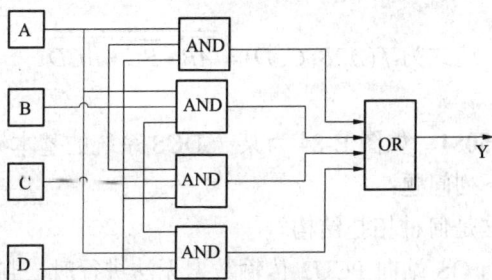

图 E-81

Lb21E4079 请画出调节系统的动态误差和静态误差示意图。

答： 见图 E-82。A 为动态误差；C 为静态误差。

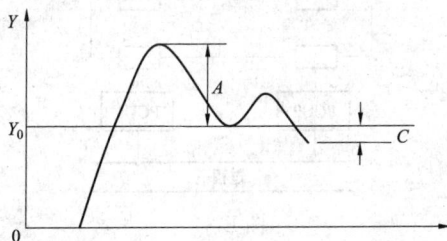

图 E-82

鉴定试题库 绘图题

Lb21E4080 已知 4 变量逻辑函数为

$$f(A, B, C, D) = (\overline{A} + BC)(B + CD)$$

试求该函数的与非表达式并画出相应的逻辑图。

答：逻辑图如图 E-83 所示。

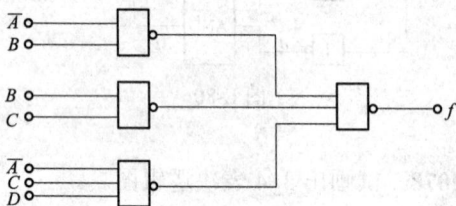

图 E-83

与非表达式为 $f(A, B, C, D) = \overline{\overline{\overline{AB} \cdot \overline{BC} \cdot \overline{ACD}}}$ 。

Je21E5081 如图 E-84 为某一 DCS 系统的基本结构。根据图示回答下列问题：

（1）这是何种拓扑结构？

（2）当 OS 站向 PCU2 传输数据无法进行时，判断网络的传输方向。

（3）如何保证网络数据传输的通畅（不考虑网络线故障）。

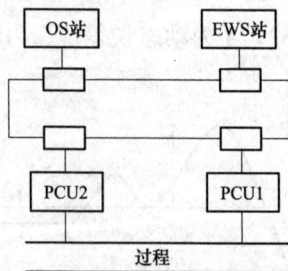

图 E-84

218

答：（1）为环形网络拓扑结构。

（2）由于环形网络数据沿单向逐点传输，当 OS 站向 PCU2 无法传输数据时，在不考虑网络线故障的前提下，表明 EWS 或 PCU1 出故障，由此判断出网络数据传输方向为顺时针。

（3）可采用冗余双向网络或在各站点上加设旁路通道来保证网络数据传输的通畅。

Je21E4082 图 E-85 为 DCS 的最基本结构组成，说明图中各未说明部分的名称，并说明各组成部分的主要作用。

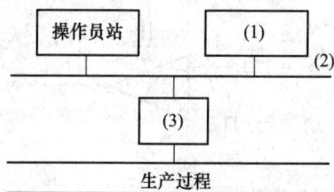

图 E-85

答："（1）"为工程师站（或 EWS）；"（2）"为 DCS 网络；"（3）"为现场过程控制站（或 PCU、DPU）。

操作员站：是运行人员操作和监视过程的界面。

工程师站：是过程控制工程师的软件开发平台，可完成过程控制软件的组态和下装。

现场过程控制站：主要完成过程控制回路的闭环控制及其他控制任务。

DCS 系统网络：连接 DCS 各组成部分，完成数据的传输。

Lc21E4083 分别说明图 E-86 中各运放电路实现什么运算？

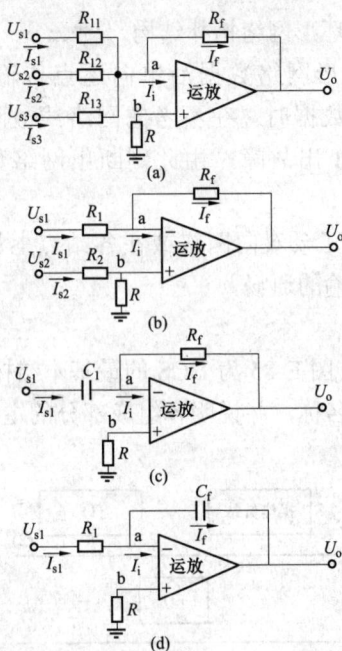

图 E-86

答：（a）加法电路；（b）减法电路；（c）积分电路；（d）微分电路。

La21E3084　RL 电路如图所示，其数学关系为

$$\frac{U_i(s) - U_o(s)}{R} = I(s) \qquad I(s) \cdot LS = U(s)$$

试根据以上关系，画出整个系统的方框图。

答：符合关系的方框图见图 E-87。

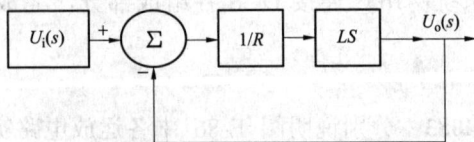

图 E-87

Je32E3085 画出在控制盘内端子排布置高度及间距的示意图。

答：见图 E-88。

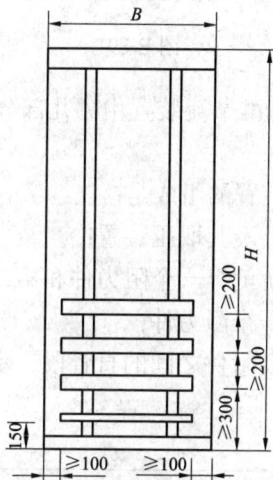

图 E-88

Lb2E4086 根据下列逻辑图 E-89 画出 PLC 梯形图，梯形图中用 ┤├ 表示接点，用（ ）表示线圈，将输出线圈写在最右边。

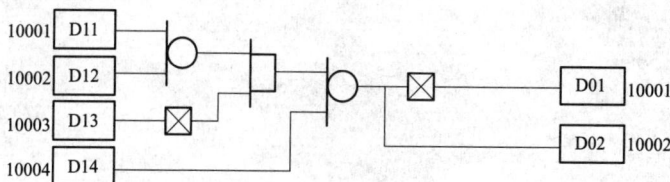

图 E-89

答：梯形图见图 E-89′。

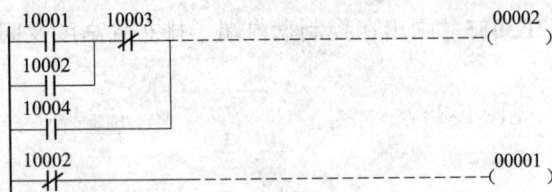

图 E-89′

Lb21E3087 标准节流装置由哪几部分组成？并画出整套节流装置的示意图。

答：标准节流装置的组成是：

（1）标准节流件及其取压装置；

（2）节流件上游侧第一个阻力件和第二个阻力件；

（3）下游侧第一个阻力件；

（4）所有主件及附件之间的直管段。示意图如图 E-90 所示。

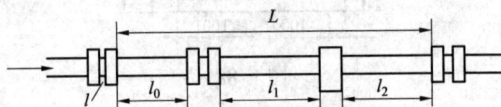

图 E-90

4.1.6 论述题

La5F3001 试述欧姆定律的内容，并写出它的代数表达式。

答：流过导体的电流强度与这段导体两端的电压成正比，与这段导体的电阻成反比。

$$R = \frac{U}{I} \qquad \text{或} \qquad I = \frac{U}{R}$$

La5F3002 试述什么叫电流和电流强度。

答：电流是指在电场作用下，自由电子或离子所发生的有规则的运动。电流强度是指单位时间内通过导体某一截面电荷量的代数和，它是衡量电流强弱的物理量。可用公式 $I = Q/t$ 表示，式中：I 为电流强度 A；Q 为电荷量 C；t 为电流通过的时间 s。

La2F3003 施工技术交底一般包括哪些内容？

答：包括下列内容：

（1）工地（队）交底中的有关内容；

（2）施工范围、工程量、工作量和施工进度要求；

（3）施工图纸的解说；

（4）施工方案措施；

（5）操作工艺和保证质量安全的措施；

（6）工艺质量标准和评定办法；

（7）技术检验和检查验收要求；

（8）增产节约指标和措施；

（9）技术记录内容和要求；

（10）其他施工注意事项。

La2F4004 试述推行全面质量管理的要领。

答：（1）思想：全面质量管理是一种思想，它体现了与现代科学技术和现代施工发展相适应的现代管理思想。

（2）目标：全面质量管理是为一定的质量目标服务的。这个质量目标就是保证和提高工程质量。

（3）体制（体系）：全面质量管理要具体化为一种管理体制（或体系）。一种系统地、有效地提高工程质量的管理组织和管理体制。

（4）技术：全面质量管理还是一整套能够控制质量和提高质量的管理技术。

La2F4005　试述图纸会审的重点内容是什么？

答：图纸会审的重点是：

（1）图纸及说明是否齐全、清楚、明确，有无矛盾；

（2）施工图与设备和基础的设计是否一致；

（3）设计与施工主要技术方案是否相适应，是否符合施工现场的实际条件；

（4）图纸表达深度能否满足施工需要；

（5）各专业设计之间是否协调，如设备外形尺寸与基础尺寸、建筑物预留孔洞及埋件与安装图纸要求、设备与系统连接部位、管线之间的相互关系等；

（6）实现设计采用的新结构、新材料、新设备、新工艺、新技术的技术可能性和必要性，在施工技术、机具和物资供应上有无困难。

La2F5006　试述班组技术员的主要职责。

答：班组技术员，在班长领导下，负责处理本班组的施工技术问题，主要职责有：

（1）组织施工图纸及技术资料的学习，参加施工图纸会审，编制施工技术措施，负责技术交底。

（2）编制施工组织专业计划，编制施工预算。

（3）处理设计变更材料代用问题。

（4）深入现场指导施工，及时发现问题和解决施工技术问题。

（5）编制班组安全技术措施，参加事故调查分析，提出防止事故的技术措施。

（6）制定本班组或单项工程的施工方法和施工工艺，推广先进经验，组织技术革新活动。

（7）协助班长签发施工任务单，做好工程量、日期、材料、消耗、劳动工时等资料的积累工作。

（8）主持本班组质量管理和质量验收工作，整理施工技术记录，提出竣工移交技术资料及竣工图。

（9）协助班组长编制月、旬工作计划。

La1F3007　试简述我国当前电压质量标准。

答： 我国供电规则规定：供电电压的偏差在±10%之内，35kV 及以上供电和供电质量有特殊要求的用户，允许电压偏差为额定电压的±5%；10kV 及以上高压和低压电力用户为额定电压的±7%；低压照明用户为额定电压的+5%或-10%。

La1F3008　试简述"质量控制"的概念。

答： 质量控制是指企业内部为了保证产品质量，利用科学的方法，采取必要措施预防不合格产品的产生，使产品达到规定的质量标准的过程。它是质量保证的基础。

La1F3009　简述火电厂建设的程序。

答： 规划选厂、电力系统设计、工程选厂、计划任务书、初步设计、施工图设计、施工、竣工验收。

La1F4010　试述全面质量管理的基本概念。

答： 全面质量管理就是企业职工及有关部门同心协力，把专业技术、经营管理、数理统计和思想教育结合起来，建立起从工程准备、施工、投运使用、回访服务等活动全过程的质量保证体系，从而用最经济的手段建立用户满意的工程。这个概念包括四个含义：① 参加对象，全体职工及有关部门；② 运用方法，专业技术、经营管理、数理统计和思想教育；③ 活动范围，施工准备、施工、投运使用、工程回访服务等活动全过程；④ 追求目标，用最经济的手段建设用户满意工程。其核心是强调充分发挥质量职能作用以提高人的工作质量来保证施工准备质量、施工质量和工程投运后回访服务质量，从而保证工程质量。其基本特点是从过去的检验把关为主，转变为预防、改进为主，从管理结果变为管理因素，运用科学管理的理论、程序和方法，使施工全过程处于受控状态。

Lb5F3011 试述测量气体的导管取压方式。

答：测量气体的导管应从取压装置处先向上引出，向上高度不宜小于 600mm，其连接头的孔径不应小于导管内径。

Lb5F3012 试述电缆敷设后应在哪些点用电缆卡进行固定。

答：（1）垂直敷设时，在每一个支架上；

（2）水平敷设时，在直线段的首末两端；

（3）电缆拐弯处；

（4）穿越保护管的两端；

（5）电缆进入表盘前 300～400mm 处；

（6）引入接线盒及端子排前 150～300mm 处。

Lb5F3013 试述导管的外套螺母连接的安装步骤。

答：其安装步骤如下（以亚麻丝作密封为例）：

（1）在两导管的螺纹上涂油缠麻（方法同连管节连接）。

（2）将一对连管节分别用管钳拧入导管上。

（3）用低压石棉垫制成密封垫圈，在密封垫圈与外套螺帽的丝扣上涂机油黑铅粉或机油红丹混合物，垫入密封垫圈，密封垫圈与导管的中心线必须吻合。拧上外套螺帽，用扳手拧紧。

Lb5F3014 导线保护导管在穿线前，应先清扫管路，试述其方法。

答：方法是用压力约 0.25MPa 的压缩空气，吹入已敷设好的管中，以便除去残留的灰土和水分。如无压缩空气，则可在钢丝上绑以擦布，来回拉数次，将管内杂物和水分擦净。

Lb5F4015 简述仪表的准确度是如何表示的。

答：仪表的准确度是表示测量结果与被测真值之间的综合接近程度。通常用准确度等级来表示，准确度等级可根据仪表允许误差得到，即去掉允许误差的正、负号就是准确度等级。国家准确度等级按系列排列，0.1、0.2、0.4、0.5、1.0、1.5、2.5、4.0，级数越小，准确度越高。

Lb5F4016 试述弹簧管压力表的工作原理。

答：被测压力导入圆弧形的弹簧管内，使其密封自由端产生弹性位移（受大于大气压的压力作用时向外扩张，受小于大气压的真空作用时向内收缩），然后再经拉杆传递给放大机构，经扇形齿轮、中心齿轮，带动指针偏转，指示出压力的大小。

Lb5F4017 试述使用隔离液的原则。

答：（1）与被测介质不相互混合或溶解。

（2）密度与被测介质密度相差较大，且有良好的流动性。

（3）与被测介质不起化学反应。

（4）被测介质处于正常工作条件时，隔离液不挥发、不蒸发。

Lb5F4018 试述使用压垫式管接头进行导管与导管或导管与仪表设备连接时的进行步骤。

答：可按下列步骤进行：

（1）把接头芯子穿入锁母孔中，芯子在孔中应呈自由状态。

（2）将带有接管嘴的锁母拧入接头座中（或仪表、设备上的螺纹部分），接管嘴与接头座间应留有密封垫的间隙，然后将接管嘴与导管对口、找正，用火焊对称点焊数点。

（3）再次找正后，卸下接头，进行焊接。切忌在不卸下接头的情况下，在仪表设备上直接施焊，以避免因焊接高温传导而损坏仪表设备的内部元件。

（4）正式安装接头时，结合平面内应加厚度为 2～3mm 的密封垫圈，其表面应光滑（齿形垫除外），内径应比接头内径大 0.5mm 左右，外径则应比接头外径小 0.5mm。

（5）在接头的螺纹上涂以机油黑铅粉混合物，并把密封垫圈自由地放入锁母中，然后拧入接头，用扳手拧紧。接至仪表设备时，接头必须对准，不应产生机械应力。

Lb5F5019 试述插入式热电偶和热电阻的套管插入被测介质的有效深度应符合哪些要求。

答：（1）当高温高压蒸汽管道的公称通径等于或小于 250mm 时，插入深度宜为 70mm；当公称通径大于 250mm 时，插入深度宜为 100mm。

（2）当一般流体介质管道的外径等于或小于 500mm 时，插入深度宜为管道外径的 1/2；当外径大于 500mm 时，插入深度宜为 300mm。

（3）烟、风及风粉混合物介质管道，插入深度宜为管道外径的 1/3～1/2。

（4）回油管道上测量元件的测量端，必须全部浸入被测介质中。

Lb4F3020　试述底座安装前对基础应做哪些工作。

答：底座安装前，应清理基础地面或基础沟，将预埋的铁板、钢筋头等铁件找出来，并将突出不平的地点大致剔平。然后根据图纸，找出盘的安装中心线（顺便检查预留电缆桥架、导管孔等是否适用），确定底座的安装位置。

Lb3F3021　试述风压管路严密性试验的标准。

答：用 0.1～0.15MPa（表压）压缩空气试压无渗漏，然后降至 6000Pa 压力进行试验，5min 内压力降低值不应大于 50Pa。

Lb3F3022　试述热工仪表及控制装置的安装验收时，应进行的操作。

答：应进行下列工作：

（1）进行安装工程和设备的盘点。

（2）检查各项装置的安装是否符合设计和本规范的规定。

（3）移交竣工验收资料、设备附件、生产试验仪器和专用工具。

Lb3F3023　简述孔板检查的基本内容。

答：孔板开孔上游侧直角入口边缘、孔板下游侧出口边缘和孔板开孔圆筒形下游侧出口边缘应无毛刺，划痕和可见损伤。

Lb3F3024　试述盘底座找平及就位固定过程。

答：在适当的位置放置水平仪，以二次抹面的标高为准初找地面，以检查有无过高之处，并估算垫铁高度。控制室内各排盘的标高应一致。如无水平仪，可用胶皮管水平仪代替，即用 $\phi 10 \sim \phi 12$ 的胶皮管两端各插入一根 0.5m 长的玻璃管，充以带色的水，根据两端水位的对地距离，进行比较。但应保证管内无气泡，管子无泄漏，否则将有误差，无法使用。将底座就位，根据盘中心线找正，再用水平仪找平，以预先准备好的、

229

不同厚度的垫铁垫在底座下进行调整。找平后，再校对其中心线，合适后用电焊将底座、垫铁和埋件等焊牢，对留有基础沟的，应在沟内浇灌混凝土，使之固定。在控制室内的各排底座应有良好的接地。

Lb3F3025　试述桥型电缆支架的制作及固定方法。

答：桥型支架一般用∠40×4 角钢为主架，用 30×4 扁钢为支架，支架间距为 400～500mm，桥身度一般不大于 1200mm，主架本身则用∠40×4 或∠50×5 角钢分段悬挂在建筑物或钢构架上。桥架可分为几层，并根据需要连成片（层间距一般为 200mm）。

Lb3F3026　电缆桥架安装中，支架安装是一项重要内容，试述其安装方法及要求。

答：立柱有单立柱和双立柱，可一侧或两侧安装支架。立柱长度的选择决定于支架安装层数（一般层间距离为 300mm）。水平敷设的电缆托架，其立柱可在楼板下吊装、梁下吊装、侧壁上（室内外混凝土壁、隧道壁、柱壁、金属结构壁等）安装以及露天立柱或支架上安装。吊装时，立柱顶部可直接焊在预埋钢板上，亦可通过角连片 V 焊接在预埋钢板上或用膨胀螺栓固定在混凝土结构上。当支架为三层及以上时，双立柱的固定应增加斜撑。立柱之间的最大距离大于 2000mm。

Lb3F3027　试述抑制干扰的原则是什么？

答：抑制干扰的原则是：

（1）消除或抑制干扰源，如电力线与信号线隔离或远离。

（2）破坏干扰途径，对于以"路"的形式侵入的干扰，从仪表本身采取措施，如采用隔离变压器，用光电耦合器等切断某些途径，对于以"场"的形式侵入的干扰，通常采用屏蔽措施。

（3）削弱接受电路（被干扰对象）对干扰的敏感性，如高输入阻抗的电路比低输入阻抗的电路易受干扰，模拟电路比数字电路的抗干扰能力差。

Lb3F3028 简述喷嘴外观检查的基本内容。

答：喷嘴从上游侧端面的入口平面到圆筒形喉部的全部流表面应平滑，不得有任何可见或可检验出的边棱或凹凸不平，圆筒形喉部的出口边缘应锐利，无毛刺和可见损伤，并且无明显倒角。

Je32F3029 蒸汽流量测量为什么要进行密度自动补偿？

答：因为测量蒸汽流量的节流装置是根据额定工况下的介质参数设计的，只有在额定工况下，才可将密度等参数作为常数看待，流量和差压才有确定的对立关系，即 $M=\alpha\Sigma A\times\sqrt{2\rho\Delta P}$，这时差压式流量计测量才能准确。而在实际生产过程中，蒸汽参数（压力、温度）是经常波动的，造成密度 ρ 等参数的变化，引起流量测量误差，其中以 ρ 变化影响最大。所以为了减少蒸汽流量在非额定工况下的测量误差必须对密度进行自动补偿。

Lb3F4030 试写出流过节流件所产生的压差与流量的关系式，并说明各符号意义。

答：$q_\mathrm{m}=\alpha\varepsilon\dfrac{\pi}{4}d^2\sqrt{2\rho\Delta p}$

式中　q_m——流体的质量流量，kg/s；

　　　d ——工作状态下节流件的孔径，m；

　　　Δp ——节流件前、后差压，Pa；

　　　ρ ——工作状态下流体的密度，kg/m³；

　　　ε ——流体的膨胀校正系数；

　　　α ——流量系数。

Lb3F4031　试综述爆炸危险场所穿线管的敷设方法。

答：钢管一般使用镀金钢管。钢管之间、钢管与钢管附件、钢管与电器设备引入装置的连接，应采用螺纹连接，其有效啮合扣数应不小于 6 扣，1 区及 11 区范围内应用防松螺母牢固地拧紧。为防止因腐蚀性气体、粉尘或潮气的侵入而致锈蚀，在螺纹部分应涂以不干性防锈油。钢管通过与其他场所相邻的分隔壁时，应在两段钢管间装设隔离密封盒，盒内填充非燃性密封混合物填料，以隔绝这两段钢管，且应将管道穿过的孔洞堵塞严密。

当钢管与电器设备直接连接有困难或在电机的进线口处，应装设防爆挠性连接软管。

Lb3F4032　试述热工仪表及控制装置验收时，应具备的资料。

答：应具备的资料有：

（1）热工仪表（主要参数的）及控制装置的校验记录；

（2）制造厂提供的技术资料；

（3）高温高压管子管件及阀门等的材质及焊条的检验报告；

（4）现场试验记录（热工保护试验记录、管路严密性试验签证书等）或试验报告；

（5）线路电阻测量及配置记录；

（6）隐蔽工程安装检查记录；

（7）电缆敷设记录；

（8）节流装置设计书及安装记录；

（9）竣工图；

（10）设计变更通知书，设备、材料代用单和合理化建议；

（11）仪表设备交接清单；

（12）未完工程项目明细表。

Jd1F3033　试简述我国当前对电网频率的质量要求。

答：我国当前对频率的要求是：频率应经常保持 50Hz。对于 300 万 kW 及以上的电网，其偏差不得超过±0.2Hz，对于不足 300 万 kW 的电网其偏差不得超过±0.5Hz。

Lb2F4034　简述什么是 DCS。

答：采用计算机、通信和屏幕显示技术，实现对生产过程的数据采集、控制和保护等功能，利用通信技术实现数据共享的多计算机监控系统，其主要特点是功能分散、操作显示集中、数据共享、可靠性高。根据具体情况也可以是硬件布置上的分散。

Je21F5035　对 DCS 操作系统检查有哪些内容？

答：（1）通电启动各计算机，启动显示画面及自检过程应无出错信息提示。

（2）通常操作系统上电启过程应无异常或出错信息提示；若出现提示错误并自动修复，应重新正常停机后再次启动操作系统一次，检查错误应完全修复，否则应考虑备份或重新安装。

（3）启动操作系统后，宜关闭所有应用文件，启动磁盘检测和修复程序，对磁盘错误进行检测修复。

（4）检查并校正系统日期和时间。

（5）搜索并删除系统中的临时文件，清空回收站；对于不具备数据文件自动清除功能的各计算机站，应对无用的数据文件进行手工清理。

（6）检查各用户权限、账号口令、审核委托关系、域和组等设置应正确，符合系统要求；检查各设备和/或文件、文件夹的共享或存取权限设置应正确，符合系统要求。

（7）检查硬盘剩余空间大小，应留有一定的空余容量；宜启动磁盘碎片整理程序，优化硬盘。

Je21F4036 试述 DCS 巡检的内容与要求。

答：（1）查看运行日志，摘录控制系统发生的问题。

（2）检查 SOE 及其他实时打印机的状态、打印内容和时间，应与实际相符；检查打印纸备余情况。发现卡纸、缺纸等应及时处理。

（3）检查计算机控制系统和其他各系统（如 DEH）的时钟，均应与主时钟同步。

（4）查看显示器报警画面，报警打印记录、声音报警及事件顺序记录（SOE），正常运行时应无报警显示。

（5）检查电源系统和各个模件指示灯，应处于正常运行状态，发现问题及时处理。

（6）检查计算机控制系统控制柜的环境温度和湿度，应符合制造厂要求。

（7）带有散热风扇的控制柜，风扇应正常工作，异常的风扇应立即更换或采取必要的措施。

（8）检查网络出错记录和网络工作状态应无异常、无频繁切换记录等现象。

（9）检查系统自诊断功能画面，应无异常报警，各冗余设备应处于热备状态。

（10）检查系统各操作员站、工程师站、服务站和各控制站的运行状态应无异常。

Je21F5037 DCS 正常停用应注意的事项有哪些？

答：正常停用 DCS 时应注意以下事项：

（1）DCS 应连续通电运行，局部检修宜停运相应的设备电源。

（2）停用 DCS 前，应确认有关的生产过程已全部退出运行，或已做好了相关的隔离措施，否则禁止停运整个 DCS。

（3）所有需检查、处理和信息保存的工作均已结束。

（4）与停电相关的所有子系统，经确认均已退出运行并允许该系统停电。

（5）系统经确认无人工作，停电所需手续齐全。

Je21C5038　在 DCS 中，为了减少网络中的数据量，常采用例外报告技术，试述例外报告技术的主要内容。

答：所谓例外报告技术是指当一数据要发送到网络上时，必须是该数据在一定时间间隔内发生了显著变化，这样才能够通过网络进行传输。这个显著变化称为"例外死区"，它由用户在 DCS 组态时完成，采用例外报告技术的 DCS，要处理两种特殊数据情况：

（1）对于长时间不超过例外死区的数据，传输一次要间隔一最大时间 t_{max}。

（2）对于频繁超出例外死区的数据，要设置一最小时间 t_{max}，以限制数据向网络的传输次数。

Je21F5039　如何进行 DCS 组态和在线下载功能试验？

答：对 DCS 组态和在线下载功能试验注意以下三点：

（1）检查工程师站权限，其设置应正确，以工程师级别登录工程师站。

（2）打开工程师站中的系统组态软件，按照组态手册离线建立一个组态，在条件许可情况下进行编译生成，检查确认组态软件功能应正常。

（3）计算机控制系统通电启动后，通过工程师站组态工具，将控制站中任一主控制器或功能模件的组态回读到工程师站中；然后再将此组态（或修改组态并确认正确后）下载到原主控制器或功能模件中，当新的组态数据被确认下载后，系统原组态数据应自动刷新；确认整个操作过程中控制系统应无出错或死机等现象发生。

Lb2F4040　试述热工仪表在正式投入运行前应检查哪些

项目？

答：热工仪表在正式投入前应进行如下检查：

（1）各热工仪表的标牌、编号应正确、清楚、齐全。

（2）各熔断器的熔丝容量应符合仪表或设备的要求，并检查其通断情况；各电源开关应在"断开"位置。

（3）仪表的电气接线正确，具有线路调整电阻的测量系统应按规定装配完。

（4）热工仪表在送电前，应检查线路及其设备的绝缘，一般应不小于 $1M\Omega$。用绝缘电阻表检查绝缘时，应将晶体管元件设备上的端子拆下。

（5）当双回路供电时，并列前应查对电的相序是否正确。

（6）投入各种电源后，检查其电源，应符合各使用设备的要求。

（7）仪表、阀门、管件和管路接头处的垫圈应合适无损，接头牢固。有隔离容器的应加好隔离液。所有的一、二次门均处于关闭位置（差压仪表的中间平衡门应处于开启位置）。

Lb3F5041 试述电动执行机构的安装有什么要求。

答：（1）执行机构一般安装在调节机构的附近，不得有碍通行和调节机构检修，并应便于操作和维护。

（2）连杆不宜过长，否则，应加大连杆连接管的直径。

（3）执行机构和调节机构的转臂应在同一平面内动作。一般在 1/2 开度时，转臂应与连杆近似垂直。

（4）执行机构与调节机构用连杆连接后，应使执行机构的操作手轮顺时针转动时调节机构关小，逆时针转动时调节机构开大。如果与此不相符，就应在执行机构上标明开关的手轮方向。

（5）当调节机构随主设备产生热态位移时，执行机构的安装应保证其与调节机构的相对位置不变。

Lb2F4042 简述氧化锆氧分析器的工作原理。

答：氧化锆是一种金属氧化物的陶瓷，在高温下具有传导氧离子的特性。在氧化锆内渗入一定量的氧化钇或氧化钙杂质，使其内部形成"氧空穴"，成为传导氧离子的"通道"。锆管封闭端两侧涂有多孔型铂电极，在高温状态下（$t>600℃$），当锆管两侧氧浓度不同时，高浓度侧的氧分子夺取铂电极上的自由电子，以离子的形式通过"氧空穴"到达低浓度侧，经铂电极（阳极）释出多余的电子、氧离子流，使两电极形成电荷积聚产生氧浓差电势。此电势与含氧量有一定的函数关系，与显示表配合指示出被测介质含氧量。

Lb2F4043 简述转速传感器的种类、结构原理。

答：常用的转速传感器有光电式和磁电式两种。光电式传感器一般用在试验室或携带式仪表，而磁电式转速传感器多用于现场安装。光电式传感器由光源、光敏器件和转盘组成，转盘转动时使透射或反射的光线产生有无或强弱变化，从而使光敏器产生与转速成正比的脉冲信号，磁电式转速传感器由磁电探头和带有齿的转盘组成，转盘一般有 60 个齿，并由导磁钢铁材料加工而成，磁电式探头内有永久磁铁，其外面绕有线圈。当转盘转动时，由于磁通发生变化，感应出脉冲电势，经放大整形后送计数器计数测量出转速。

Je21F4044 选择电缆敷设路径有哪些要求？

答：选择电缆敷设路径有以下要求：

（1）电缆应根据现场走向情况沿最短的路径敷设，以节省电缆；

（2）应尽量集中敷设，排列整齐；

（3）电缆敷设应避开人孔、设备起吊孔、防爆门孔、窥视孔等，敷设在主设备及油管道附近的电缆，不应影响设备和管道的拆装；

（4）敷设电缆应尽量避免交叉、压叠；

（5）电缆与热表面平行敷设之间的距离不应小于 500mm，交叉时不小于 200mm，以防烧坏电缆或发生火灾事故；

（6）温度高于 65℃的区域，不得敷设电缆，否则必须采取隔热措施，以防高温烧坏绝缘；

（7）在易积粉尘和易燃场所，应采用电缆托盘和保护管，以加强保护；

（8）当导管与电缆作上下层平行敷设时，电缆应在导管之上，两者之间的距离保证在 200mm 以上，以免导管发生泄漏损坏电缆；

（9）控制电缆与动力电缆应分层敷设，控制电缆在动力电缆之下。

Lb1F4045 图 F-1 为 51-50-3 型汽轮机回热加热系统图，试述其工作流程。

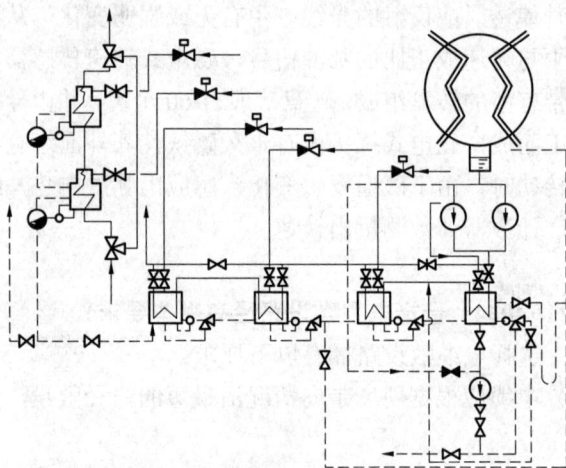

图 F-1

答： 主凝结水由两台水泵（一台备用、一台运行）供给，依次经过一号、二号、三号和四号低压加热器后进入除氧器。

由给水泵来的给水先后进入五号、六号高压加热器，两加热器共用一根旁路。汽轮机的 1、2 段抽汽经自动止回阀后，分别进入五号、六号高压加热器，第 4、5、6、7 段抽汽分别供四号、三号、二号、一号低压加热器。除 7 段外，其他各段抽气管上均有自动止回阀，当自动主汽门关闭时发出信号，引起自动止回阀关闭，以避免加热器内的水或蒸汽倒流入汽轮机而发生事故。当有水或蒸汽从抽气管倒流入汽轮机时，自动止回阀亦能关闭。六号高压加热器疏水至五号高压加热器，五号高压加热器疏水至除氧器。当除氧器停止运行或汽轮机启、停时，疏水至四号低压加热器。低压加热器疏水采用逐级回流，即按四号、三号、二号、一号顺序流水，一号低压加热器疏水是用疏水泵升压后，经过疏水器控制阀门流入主凝结水中。为了防止疏水泵故障时，不致造成加热器满水，在一号低压加热器上装有事故疏水管。当疏水水位升高时，可由此管将疏水自动排入凝汽器内。

Jb1F3046　仪用气源的质量标准是什么？

答：仪用气源质量应满足 GB 4830 的规定，其中：

（1）露点：在线压力下的气源露点应比环境温度下限值至少低 10℃。

（2）含尘粒径：气源中含尘粒径不应大于 3μm。

（3）含油量：气源中油粉含量不应大于 $10mg/m^3$。

（4）污染物：气源中应无明显的有害气体或蒸汽。

Ld21F2047　热工仪表校验对标准仪器选用有何规定？

答：标准仪器选用规定：

（1）标准仪器必须具有有效期合格证书。

（2）标准仪器测量上限应为被校表测量上限的 1.2～1.6 倍，特殊情况下，其测量上限也不应低于被校表的测量上限。

（3）标准仪器的允许误差绝对值应小于或等于被校表允

许误差绝对值的 1/3。

Jd5F3048　试述组合分度规使用中应注意哪些事项。

答：（1）组合分度规是一种很精细的量具，使用时应充分注意到这一点。

（2）分度规用完后，应立即拆开，用棉纱擦净，在规面上轻涂一层机油膜，放在专用的盒内，单独存放。

Jd5F3049　试述锯条在锯削过程中折断的主要原因。

答：① 锯条装得过紧或过松；② 工件抖动或松动；③ 锯缝歪斜；④ 锯缝歪斜后强力校正；⑤ 锯削时压力太大；⑥ 锯条被锯缝咬住；⑦ 锯条折断后，新锯条从原缝锯入。

Jd5F4050　使用千斤顶应注意哪些事项？

答：（1）使用千斤顶支持、调整工件时，首先考虑工件应支持的位置，按支撑点具体情况大致调好千斤顶的高度。

（2）调整千斤顶时要注意千斤顶是否支撑平稳，保持支撑平稳后才能进行调整工作。

（3）使用千斤顶时必须了解丝杆的长度、丝杆的最大伸出长度，应在顶座内保持不低于丝杆直径的长度。

（4）用千斤顶支撑工件时，在工件与平台之间应衬放木板。

Jd4F3051　钳工必须掌握的基本操作技能有哪些？

答：钳工应掌握的基本操作技能包括划线、錾削、锉削、锯削、钻孔、扩孔、铰孔、攻螺纹、套螺纹、矫正、弯形、铆接、刮削、研磨以及测量和简单的热处理。

Jd4F4052　试述使用弯管机的基本步骤。

答：（1）将导管放在手台上调直。

（2）选用弯管机合适胎具。

240

（3）根据施工图或实样，在导管上划出起弧点。

（4）将已划线的导管放入弯管机，使导管的起弧点对准弯管机的起弧点，然后拧紧夹具。

（5）启动电动机或扳动手柄弯制导管，当弯曲角度大于所需角度 1°～2° 时停止（按经验判断）。

（6）将弯管机退回至起点，用样板测量导管弯曲度。合格后松开夹具，取出导管。

Jd3F3053　试述用机械方法开孔的步骤。

答：（1）用冲头在开孔部位的测孔中心位置上打一冲头印。

（2）用与插座内径相符的钻头（误差不超过±0.5mm）进行开孔，开孔时钻头中心线应保持与本体表面垂直。

（3）孔刚钻透，即移开钻头，将孔壁上牵挂着的圆形铁片取出。

（4）用圆锉或半圆锉修去测孔四周的毛刺。

Lb3F5054　试述金属表面涂漆应符合哪些要求？

答：金属表面涂漆应符合以下要求：

（1）涂漆前应清除金属表面的油垢、灰尘、铁锈、焊渣、毛刺等污物。

（2）涂漆施工环境温度应为 5～40℃。

（3）金属表面应先涂防锈，再涂调和漆。

（4）仪表管路面漆的涂刷，应在管路系统压力试验合格后进行。

（5）多层涂刷时，应在漆膜完全干燥后才能涂刷下一层。

（6）漆的涂层应均匀，无漏涂，漆膜附着应牢固。

（7）埋入地下的管道应涂沥青防腐漆。

Je21F5055　以聚氧乙烯绝缘钢带铠装控制电缆（KVV20）为例，叙述电缆终端头制作的工艺过程。

答：以聚氯乙烯绝缘钢带铠装控制电缆（KVV20）为例，电缆终端的制作工艺如下：

（1）削切外护层。在削切电缆外护层前，应在选定的钢铠位置上打上一道卡子，以防钢铠松散。打卡子前，若钢铠松散，应先扭紧，并做临时绑扎。用喷灯预热钢铠打卡子处，并用汽油棉纱或破布将此处的沥青擦干净。卡子可用电缆本身削下的钢带制成，钢带外的沥青可用喷灯烧净，同时也就退火了。卡子内径必须与电缆钢铠外径相符，卡子长度可按电缆外径周长加 15～20mm 切取，套在电缆上后，用钳子折卷咬紧，并轻轻打平咬口处。使之紧箍在电缆钢铠上，打卡子时，钢带咬口的方向应与电缆钢带缠绕方向一致，以免松弛。

打好卡子后，在卡子外缘 1～2mm 处的钢铠上，用锯弓或专用的电缆刀锯，锯出一个环形深痕，深度为钢铠厚度的 $\frac{2}{3}$，千万不要因锯透而伤及内护套。锯完后，用螺丝刀在锯痕尖角处将钢带挑起，用钳子夹住，逆原缠绕方向把钢带撤下后，再用同样方法剥去第二层钢带。两层钢带撤下后，再用锉刀修饰钢带切口，使其圆滑无毛刺。

（2）削切内护套。在露出的内护套离钢铠卡子边缘 20～25mm 处，用电工切一环形深痕，其深度不超出内护套厚度的 1/3，以免伤及芯线绝缘；然后沿电缆纵向用电工刀在内护套上割一直线深痕，深度不过内护套的 1/2；用螺丝刀将内护套切口挑起，轻轻地把内护套撤下来，切口应修正，使之圆滑无毛刺。

（3）分芯和作头。内护套切除后，即露出带绝缘的芯线。芯线是绞合在一起的，一般分为一层或两层。此时，可将芯线两端顺序编号，以便于接线。这样可简化校线工作，芯线每层设有红色、蓝色绝缘各一芯，即可"红1，蓝2"的顺序，依次用电工刀削切塑料绝缘作号，以一小口为"1"，两个小口为"2"，一长口为"5"，组合成所需的数号。电缆两侧芯线旋转顺序方向却相反，一根电缆的两侧宜由一人负责刻号。刻号之前线芯不应散开。有如控制电缆芯线已经散开，绝缘层颜色不清或设有中间接头时，就不能用此方法代替胶线。有的电缆芯线有1、2、3、4等标号，就不必另削号。

刻号完毕后，散开线芯；然后用钳子将线芯一根根拉直，拉直线芯时用力不得过猛，以免使机械强度减低，截面变小。

分芯后，可用塑料带包扎线芯根部和护层一小段，约35～45mm，使成橄榄形、花平形等，既美观又增加电缆头根部的机械度和绝缘强度，在成形的电缆头上，可加上用碳素墨水书写的电缆编写、规范、去向的小白纸片，外包透明塑料带固定，这样既可代替电缆牌，又可用塑料带包缠2～3层，套上控制电缆终端套，该终端套是聚氧乙烯制品，终端套套上后，其上口线芯接合处可在用塑料带包缠3～4层。终端套的上下颈部可用尼龙绳扎紧。在同一盘台内扎形式应一致，颜色应一致，使之美观。

Je3F3056　试述盘底座上胶皮垫的放置方法。

答：胶皮垫可在盘搬上底盘但未拧上地脚螺丝前，撬起表盘，分段塞入。胶皮垫在地脚螺丝的位置应相应开孔，或在内侧切割缺口。胶皮垫间连接处应裁成楔形，在控制盘找正、找平完毕后,应用快刀紧挨着盘面用力裁齐盘与底座间的胶皮垫。

Je3F4057　试述使用氧乙炔焰切割开测量孔的步骤。

答：使用氧乙炔焰切割开孔的步骤是：

（1）用划规按插座内径在选择好的开孔部位上划圆。

（2）在圆周线上打一圈冲头印。

（3）用氧乙炔焰沿冲头印边内割出测孔，为了防止割下的铁块掉入本体内，可先用火焊条点焊在要割下的铁块上，以便于取出割下的铁块。

（4）用扁铲剔去熔渣，用圆锉或半圆锉修正测孔。

Je3F5058 试综述插座与本体的固定及密封采用电焊时的要求事项。

答：（1）插座应有焊接坡口（按有关规定），焊接前应把坡口及测孔的周围用锉或砂布擦亮，并清除掉测孔内边的毛刺。

（2）插座的安装步骤为找正、点焊、复查垂直度，焊接过程中禁止摇动焊件。

（3）合金钢焊件点焊后，必须先经预热才允许焊接。焊接后的焊口必须进行热处理。预热和热处理的温度，根据钢号的不同按相关规定进行。常用的、简单的热处理方法是在焊口加热后用石棉布缠包作自然冷却。

（4）焊接用的焊条应根据钢号的不同按有关内容选择。

（5）插座焊接或热处理后，必须检查其内部，不应有焊瘤存在；测温元件插座焊接时应有防止焊渣落入丝扣的措施（如用石棉布覆盖），带螺纹的插座焊接后应用适合的丝锥重修一遍。

（6）低压的测温元件插座和压力取出装置应有足够的长度使其端部能露出在保温外面（如果长度不够，就可用适当大小的钢管接长后再焊）。

（7）插座焊接后采取临时措施将插座孔封闭，以防异物掉入孔内（例如，对测温元件插座可拧上临时丝堵等）。

Lb3F4059 试述执行机构底座或支架安装时的固定方法。

答：执行机构的底座应安装牢固、端正。安装底座或支架时，可按下列方法固定：

（1）底座安装在钢结构的平台上或有预埋铁的混凝土结构上时，可用电焊固定。如果混凝土上未留钢筋，就可剔眼找出钢筋。

（2）底座安装在没有预埋铁的混凝土楼板上时，可按图F-2（a）的方式，采用穿墙螺栓固定。此时，楼板下的螺母上必须加套 100mm×100mm×10mm 的方形垫板。当楼板强度不够时，应在楼板下用两条长约 500～800mm 的 10 号槽钢代替垫板来固定。楼板的孔洞直径不宜过大，安装后孔洞填补水泥砂浆。

（3）在较厚的混凝土基础上安装时，可按图 F-2（b）所示，埋入 J 形或 Y 形地脚螺栓。埋入处的混凝土厚度不应小于250mm，也可采用膨胀螺栓固定。

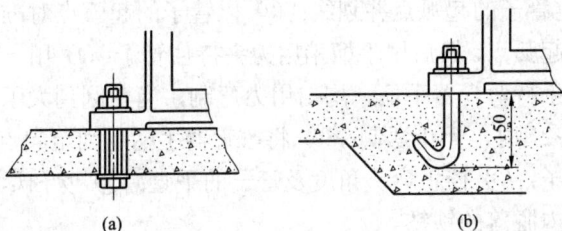

图 F-2

（4）力矩较小的执行机构安装在零米地面上时，如果混凝土地面未做，就可用型钢作一底盘，在四周土地上打入几根700mm 左右的型钢，并与底盘焊牢。待浇灌混凝土在上面后，即能进一步将底盘固定住。力矩较大的执行机构则应安装在钢筋混凝土基础上。

Je34F3060　差压变压器在测量不同介质的差压时，应注意哪些问题？

答：（1）测量蒸汽流量时，一般应装冷凝器，以保证导压管中充满凝结水并具有恒定和相等的液柱高度。

（2）测量水流量时，一般可不装冷凝器。但当水温超过150℃且差压变送器内敏感元件位移量较大时，为减小差压变化时正、负压管内因水温不同造成的附加误差，仍应装设冷凝器。

（3）测量黏性或具有腐蚀性的介质流量时，应在一次门后加装隔离容器。

（4）测量带隔离容器、介质和煤气系统的流量时，不应装投排污门。

Je2F3061　简述使用手动弯管器弯制管子的步骤及注意事项。

答：① 将需弯制弯头的管子校正平直，并吹扫管内锈垢；② 确定管子的起弧点并划线；③ 以管子的起弧点对准弯管子器上的起弧点，然后用手柄稍用力夹持住管子；④ 用一手扶持管子一手持弯管器手柄，均匀用力弯制，当弯制到大于所需角度 1°～2° 时，停止弯制；⑤ 将弯管器手柄退回至起点位置，取出管子；⑥ 校正弯头角度及管子的平直；⑦ 吹扫尽管子弯制时管内脱落的铁锈。

Je2F3062　试述盘内对导线束的配线要求。

答：盘内同一路线的导线可排列成长方形（一般用于单股硬铜线）或圆形（一般用于多股软铜线）的导线束。应统一下料，一次排成，不要逐根增设。配线的走向力求简捷、明显，尽量减少交叉。如遇特殊情况也可以交叉，但应将其做成使前面部分（或上层）看不到交叉。导线束在转弯时或分支时仍应保持横平竖直，转角弧度一致，导线相互紧靠。转角弧度要求一次弯成，以免损伤绝缘及芯线。弯曲半径一般应不小于导线束直径的三倍。

Jd21F3063　对就地接线箱的安装有哪些质量要求？

答：端子箱的安装质量要求如下：

（1）端子箱周围的温度应不大于 45℃，否则另选地点重装；

（2）端子箱的位置到各测点的距离要适中，安装高度便于接线和检查，又不影响通行和主设备维修；

（3）端子箱应密封，所有进出接线应具有明显而不退色的编号，其外壳上应具有写上编号、名称和用途的标志牌；

（4）热电偶测量系统的冷端补偿器，一般应装在端子箱内，使热电偶的冷端和补偿器处在相同的环境温度中。

Jf3F3064 试述使用时梯子应符合哪些规定。

答：（1）搁置稳固，与地面的夹角以 60° 为宜。梯脚有可靠的防滑措施，顶端与构筑物靠牢。在松软的地面上使用时，有防陷、防侧倾的措施。

（2）上下梯子时应面部朝内，严禁手拿工具或器材上下；在梯子上工作应备工具袋。

（3）严禁两人站在同一个梯子上工作，梯子的最高两档不得站人。

（4）梯子不得接长或垫高使用。如必须接长时，就应用铁卡子或绳索切实卡住或绑牢并加设支撑。

（5）严禁在悬挂式吊架上搁置梯子。

（6）梯子不能稳固搁置时，应设专人扶持或用绳索将梯子下端与固定物绑牢，并做好防止落物打伤梯下人员的安全措施。

（7）在通道上使用时，应设专人监护或设置临时围栏。

（8）梯子放在门前使用时，应有防止门被突然开启的措施。

（9）梯子上有人时，严禁移动梯子。

（10）在转动机械附近使用时，应采取隔离防护措施。

（11）严禁搁置在木箱等不稳固或易滑动的物体上使用。梯子靠在管子上使用时，其上端有持钩或用绳索绑牢。

Je21F3065 热力设备各辅助系统在其压力试验前，热控应完成哪些工作？

答：（1）安装完成与压力试验有关的压力、流量、液位、分析等取源部件和取源阀门，并将取源阀门到仪表阀门检的仪表导管安装连接好，一起参与辅助系统压力试验，作好压力试验记录。

（2）安装完与压力试验有关的测温元件。

Je21F4066　汽轮机扣盖过程中，热控应完成哪些工作？

答：（1）高压内缸速度级测温元件安装固定引出外缸；

（2）高压内、外缸夹层挡板前测温元件安装固定引出外缸；

（3）高压内缸上、下半部的内、外壁温测温元件安装固定并引出外缸；

（4）高压内缸上、下半部的法兰内、中、外壁温测温元件安装固定并引出外缸；

（5）中压内缸一级上、下壁温测温元件安装固定并引出外缸。

Lc21F5067　气动仪表对压缩空气品质有何要求？

答：（1）压力：一般气动仪表的额定供气压力为 0.14MPa，气动活塞式执行机构的额定供气压力为 0.4～0.5MPa。因此，气源送至用气点时，一般不应低于 0.4MPa。

（2）纯度：① 固体杂质来源于大气灰尘和管道中的锈垢，其颗粒直径对于一般气动仪表不应大于 20μm；② 油来源于空气压缩机，气源的含油量不得大于 15mg/m³；③ 腐蚀性气体，气源中不得含有二氧化硫、硫化氢、氯化氢、氨气、氯气等腐蚀性气体；④ 水分、气源湿度必须严格控制，以防在供气管道、仪表内结冰或结露，以致腐蚀仪表，一般认为，将气源的露点湿度控制在比环境温度低 15°～20° 就能满足要求。

Je21F4068　汽轮机本体安装时，热控应完成哪些工作？

答：（1）汽轮机推力瓦、支持轴承瓦、氢冷发电机密封瓦安装时，应配合安装金属壁热电阻并将引线敷设好，在扣瓦盖前复查热电阻有无损坏，引线是否脱落；

（2）汽轮机扣前箱、中箱及轴瓦盖前，应完成汽轮机的轴向位移、相对膨胀、轴振动和汽轮机转速等测量元件以及电磁阀、位置开关等电气元件的安装和接线工作；

（3）发电机穿转子、扣端盖前，应检查测试发电机绕组和铁芯的测温元件是否损坏，绝缘是否良好，并安装好冷、热风温的测温元件及引出线；

（4）水冷发电机扣端盖前，应检查高阻检漏仪的电极绝缘电阻并安装好引出线。

Je21F4069　整套试运阶段应完成哪些试运工作？

答：整套试运阶段应完成以下试运工作：

（1）空负荷试运。按启动曲线开机，机组轴系振动监测；调节保安系统有关参数的调试和整定；电气试验；并网带初负荷；超速试验。

（2）带负荷试运。机组分阶段带负荷直到带满负荷。制粉和燃烧系统初调整；汽水品质调试；相应的投入和试验各种保护及自动装置；厂用电切换试验；启停试验；主气门严密性试验；真空严密性试验；协调控制系统负荷变动试验；汽轮机旁路试验；甩负荷试验。

（3）满负荷试运。满足以下条件，才能进入满负荷试运。发电机保持铭牌额定功率；燃煤锅炉断油；投高加；投电除尘；汽水品质合格；按《验标》要求投热控自动装置；调节品质基本达到设计要求。

（4）试生产阶段：进一步考验设备，消除缺陷；完成基建未完项目；继续完成未完的调试项目。

Je21F4070　在机组单机分部试运前，热控安装应完成哪些工作？

答：热控安装应完成以下工作：

（1）配合锅炉专业与热工实验室一起，完成锅炉汽水系统、烟风系统、制粉系统、吹灰系统、排污系统、灰渣系统、燃油系统的电动阀门、电动执行机构、气动执行机构所连接的风门、挡板和调节门的通电调整传动试验。

（2）配合汽轮机专业与热工实验室一起，完成汽轮机水系统、再热器系统、凝结水系统、真空系统、循环水系统、抽汽系统、疏放水系统、润滑油系统、抗燃油系统、顶轴油系统、发电机水冷系统、发电机氢冷系统、发电机密封油系统、除氧给水系统、凝结水精处理系统的电动阀门、电动执行机构所连接的电动调节阀门、电磁阀门的通电调整传动试验。

（3）配合机务（锅炉、汽轮机、管道）专业，在单机分部试运吹洗管道后，与机务专业一起及时安装好所属系统的节流件。

Je21F4071 机组分系统试运期间，配合调试单位完成哪些工作？

答：机组分系统试运期间，配合调试单位完成下列工作：

（1）分系统试运期间，对该系统所属的压力、差压、流量、液位、分析系统的导管进行冲洗，并配合热工试验室启动投入以上仪表。对分系统试运中出现的缺陷应及时予以消除。保证分系统试运的正常进行。

（2）分系统试运期间，对该系统所属的电动阀门、电动执行机构连接的调节阀门、风门、挡板及电磁阀门，会同机务专业、热工实验室一起配合调试所完成确定工作。

（3）分系统试运期间，对模拟量、开关量仪表配合热工实验室、调试所完成综合校验，并由热工实验室出具综合校验报告。

Je21F4072 在锅炉首次点火吹管前，应完成哪些工作？

答：在锅炉首次点火吹管前，热控安装会同热工仪表试验室完成下列工作：

（1）配合调试所完成锅炉烟风系统、燃油系统、汽水系统、排污系统的阀门、调节门、风门、挡板的最终确认工作。发现缺陷应及时予以处理。

（2）配合调试单位完成汽轮机的超速试验，除氧给水系统，润滑油系统，循环水系统，凝结水系统，辅汽系统的阀门、调节门的最终确认工作。发现缺陷应及时予以处理。

（3）配合锅炉首次点火会同调试单位一起，投入锅炉烟风系统、燃油系统、汽水系统、排污系统；汽轮机除氧给水系统、润滑油系统、凝结水系统、循环水系统、辅汽系统的压力、差压、流量、液位、温度、工艺信号、保护装置、火焰监视等仪表。

Je21F4073　机组空负荷试运，热控安装应完成哪些工作？

答：空负荷试运，热控安装会同热工实验室应完成下列工作：

（1）配合调试单位完成汽轮机主蒸汽系统、再热蒸汽系统、除氧给水系统、真空系统、凝结水系统、润滑油系统、抗燃油系统、循环水系统、轴封供汽系统、发电机水冷系统、发电机氢冷系统、发电机密封油系统、辅汽系统、旁路系统的电动阀门、气动阀门及调节门的最终确认工作。

（2）配合调试单位一起投入锅炉烟风、汽水、排污、燃油系统的压力、差压、液位、流量、分析、温度、工艺信号、火焰监视、锅炉保护等仪表和装置，并对其系统和仪表及装置发生的缺陷应予以检修。

（3）配合调试单位一起投入汽轮机的主汽、再热汽、凝结水、真空、循环水、轴封供汽、润滑油、抗燃油、发电机水冷、发电机氢冷、发电机密封油、除氧给水、旁路辅汽等系统的压力、差压、流量、液位、温度、轴向位移、轴震动、相对膨胀、转速、工艺信号、汽轮机保护、仪表和装置，并对其系统和仪表及装置发生的缺陷予以检修。

Je21F4074 机组带负荷试运，热控安装应完成哪些工作？

答：带负荷试运，热控安装会同热工实验室应完成下列工作：

（1）配合热工实验室一起，与调试单位完成制粉系统、燃烧系统、除灰系统、除渣系统的电动阀门、电动调节门、风门及挡板的最终确认工作。

（2）配合热工实验室一起，与调试单位投入和试验（锅炉、汽轮机、除氧给水）各种保护及自动装置。

（3）配合热工实验室一起，与调试单位完成汽轮机：启停试验，主汽门严密性试验，真空严密性试验，协调控制系统负荷变动试验，汽轮机旁路试验，甩负荷试验。

（4）配合热工实验室一起，投入制粉系统、燃烧系统、除灰系统、除渣系统、凝结水精处理系统、胶球清洗系统、吹灰系统、定排系统、连排系统、磨煤机及给煤机等程控装置和压力、差压、流量、物位、液位、氧量分析、氢分析等仪表。

Jd21F2075 《安全生产工作规定》中对临时工管理是如何规定的？

答：《安全生产工作规定》中规定：

（1）临时工上岗前，必须经过安全生产知识和安全生产规程的培训，考试合格后，持证或佩戴标志上岗。

（2）临时工分散到车间、班组参加电力生产工作时，由所在的车间、班组负责人领导。

（3）临时工从事有危险的工作时，必须在有经验的职工带领和监护下进行，并做好安全措施。临时工进入高压带电场所作业时，还必须在工作场所设立围栏和明显的警告标志。开工前监护人应将带电区域和部位、警告标志的含义向临时工交代清楚并要求临时工复述，复述正确方可开工。禁止在没有监护条件下指派临时工单独从事有危险的工作。

（4）临时工的安全管理、事故统计、考核与固定职工同等对待。临时工从事生产工作所需的安全防护用品的发放与固定职工相同。

Jd21F2076 《电业安全工作规程》对生产厂房内外工作场所的井、坑、孔、洞或沟道有何规定？对工作场所的常用照明有何规定？

答：《电业安全工作规定》规定：生产厂房内外工作场所的井、坑、孔、洞或沟道，必须覆以与地面齐平的坚固的盖板。在检修工作中如需将盖板取下，必须设临时围栏。临时打的孔、洞，施工结束后，必须恢复原状。

生产厂房内外工作场所的常用照明，应保证足够的亮度。在装有水位计、压力表、温度表、各种记录仪表等的仪表盘、楼梯、通道以及所有靠近机器的转动部分和高温表面等的狭窄地方的照明，尤其应光亮充足。在操作盘、重要表计（如水位计等）、主要楼梯、通道等地点，还必须设有事故照明。此外，还应在工作地点备有相当数量的完整的手电筒，以便必要时使用。

Jd21F2077 《电业安全工作规程》对所有工作人员应学会哪些急救常识有何规定？

答：《电业安全工作规程》规定：所有工作人员都应学会触电、窒息急救法、心肺复苏法［详见《电业安全工作规程》（发电厂和变电所电气部分）附录七］，并熟悉有关烧伤、烫伤、外伤、气体中毒等急救常识。使用可燃物品（如乙炔、氢气、油类、瓦斯等）人员，必须熟悉这些材料的特性及防火、防爆规则。

Jd21F2078 《电业安全工作规程》中规定发现有人触电怎么办？遇到电气设备着火怎么办？

答：《电业安全工作规程》规定：发现有人触电，应立即切断电源，使触电人脱离电源，并进行急救。如在高空工作，抢救时必须注意防止高空坠落。

遇有电气设备着火时，应立即将有关设备的电源切断，然后进行救火。对可能带电的电气设备以及发电机、电动机等，应使用干式灭火器、二氧化碳灭火器或 1211 灭火器灭火；对油断路器、变压器（已隔绝电源）可使用干式灭火器、1211 灭火器等灭火，不能扑灭时再用泡沫式灭火器灭火，不得已时可用干砂灭火；地面上的绝缘油着火，应用干砂灭火。

扑救可能产生有毒气体的火灾（如电缆着火等）时，扑救人员应使用正压式消防空气呼吸器。

Jd21F2079　《电业安全工作规程》中使用电气工器具时有何规定？

答：《电业安全工作规程》中规定：使用电气工具时，不准提着电气工具的导线或转动部分。在梯子上使用电气工具，应做好防止感电坠落的安全措施。在使用电气工具工作中，因故离开工作场所或暂时停止工作以及遇到临时停电时，须立即切断电源。使用电钻等电气工具时须戴绝缘手套。

不熟悉电气工具和用具使用方法的工作人员不准擅自使用电气工具和用具。

Je21F4080　防止电缆火灾事故的重点要求有哪些？

答：防止电缆火灾事故有如下重点要求：

（1）新、扩建工程中的电缆选择与敷设应按有关规程进行设计。严格按照设计要求完成各项电缆防火措施，并与主体工程同时投产。

（2）主厂房内架空电缆与热体管道应保持足够距离，控制电缆不小于 0.5m，动力电缆的不小于 1m。

（3）在密集敷设电缆的主控制室下电缆夹层和电缆沟内，不是布置热力管道、油气管以及其他可能引起着火的管道和设备。

（4）对于新、扩建的火力发电厂机组的主厂房、输煤、燃油及其他易燃易爆场所，宜选用阻燃电缆。

（5）严格按正确的设计图施工，做到布线整齐，各类电缆按规定分层布置，电缆的弯曲半径应符合要求，避免任意交叉并留出足够的人行通道。

（6）控制室、开关室、计算机室等通往电缆夹层、隧道、穿越楼板、墙壁、柜、盘等处的所有电缆孔洞和盘面之间的缝隙，必须采用合格的不燃或阻燃材料封堵。

（7）扩建工程敷设电缆时，应加强与运行单位密切配合，对贯穿在役机组产生的电缆孔洞和损伤的阻火墙，应及时恢复封堵。

（8）电缆竖井和电缆沟应分段做防火隔离，对敷设在隧道和厂房内构架上的电缆要采取分段阻燃措施。

（9）靠近高温管道、阀门等热体的电缆应有隔热措施，靠近带油设备的电缆沟盖板应密封。

（10）应尽量减少中间接头的数量。如需要，应按工艺要求安装电缆头，经质量验收合格后，再用耐火防爆槽盒将其封闭。

（11）建立健全电缆维护、检查及防火、报警等各项规章制度。坚持定期巡视检查，对电缆中间接头定期测温，按规定进行预防性试验。

（12）电缆沟应保持清洁，不积粉尘、不积水，安全电压的照明充足，禁止堆放杂物。锅炉、燃煤储运车间内架空电缆上的粉尘应定期清扫。

Je21F5081　防止锅炉汽包满水和缺水事故中对汽包水位计安装的重点要求有哪些？

答：防止锅炉汽包满水和缺水事故中对汽包水位计的安装有如下重点要求：

（1）取样管应穿过内壁隔层，管口应尽量避开汽包内水汽工况不稳定，若不能避开时，应在汽包内取样管口加装稳流装置。

（2）汽水位计水侧取样孔位置应低于锅炉汽包水位停炉保护动作值，一般应有足够的裕量。

（3）水位计、水位平衡容器或变送器与汽包连接的取样管，一般应有 1:100 的斜度，汽侧取样管应向上向汽包方向倾斜，水侧取样管应向下向汽包方向倾斜。

（4）新安装的机组必须核实汽包水位取样孔的位置、结构及水位计平衡容器安装尺寸，均符合要求。

（5）差压式水位计严禁采用将汽水取样管引导一个连通容器（平衡容器），再在平衡器中段引出差压水位计的汽水侧取样的方法。

Lb21F5082　防止分散控制系统失灵事故中对分散控制系统配置的重点要求有哪些？

答：防止分散控制系统失灵事故中对分散控制系统配置有如下重点要求：

（1）DCS 应能满足机组任何工况下的监控要求（包括紧急故障处理），CPU 负荷率应控制在设计指标内并留有适当裕度。

（2）主要控制器要采用冗余配置，重要 I/O 点应考虑采用非同一板件的冗余配置。

（3）系统电源应设计有可靠的后备手段（如采用 UPS 电源），备用电源的切换时间应小于 5ms（应保证控制器不能初始化）。系统电源故障应在控制室内设有独立于 DCS 之外的声光报警。

（4）主系统及与主系统连接的所有相关系统的通信负荷率设计必须控制在合理的范围之内，其接口设备应稳定可靠。

（5）DCS 的系统接地必须严格遵守技术要求，所有进入DCS 的控制信号的电缆必须采用质量合格的屏蔽电缆，具有良好的单端接地。

（6）操作员站及少数重要操作按钮的配置应能满足机组各种工况下的操作要求，特别是紧急故障情况下的要求。紧急停机停炉按钮配置，应采用与 DCS 分开的单独操作回路。

Lc21F4083 防止人身伤亡事故的重点要求有哪些？

答：防止人身伤亡事故有如下重点要求：

（1）工作场所的各项安全措施必须符合《电业安全工作规程》和《电业建设安全工作规程》的有关要求。

（2）领导干部应重视人身安全，认真履行自己的安全职责。认真掌握各种安全作业的安全措施和要求，并模范地遵守安全规程制度。做到敢抓敢管，严格要求工作人员认真执行安全规程制度，严格劳动纪律，并经常深入现场检查，发现问题及时整改。

（3）定期对人员进行安全技术培训，提高安全技术防护水平。

（4）加强对各种承包工程的安全管理，反对工程项目层层转包，明确安全责任，做到严格管理，安全措施完善，并根据有关规定严格考核。

（5）在防止触电、高处坠落、机器伤害、灼烫伤等类事故方面，应认真贯彻安全组织措施和技术措施，并配备经国家或省、部级质检机构检测合格的、可靠性高的安全工器具和防护用品。完善设备的安全防护设施，从措施上、装备上为安全作业创造可靠的条件。淘汰不合格的安全工器具和防护用品，以提高作业的安全水平。

（6）提高人在安全活动中的可靠性是减少人身事故的重要方面，违章是人的可靠性降低的表现，要通过对每次事故的具体分析，找出规律，从中积累经验，采取针对性措施提高人在安全活动中的可靠性，防止伤亡事故的发生。

Lc21F2084　什么是静电屏蔽？

答：导体在外界电场的作用下，会产生静电感应现象，如果用一个金属罩把导体罩住，则导体便不会产生静电感应现象。这种隔断静电感应的作用，叫做静电屏蔽。

利用静电屏蔽，可使某些电子仪器免受外电场的干扰。另外，利用静电屏蔽的原理制成的均压服，能够使人在超高的电场中安全地进行带电作业。

Lc21F3085　汽轮机的盘车装置起什么作用？

答：汽轮机冲动转子或停机后，进入或积存在汽缸内的蒸汽使上缸温度比下缸高，从而使转子不均匀受热或冷却，产生弯曲变形。因而在冲转前和停机后，必须使转子以一定的速度连续转动，以保证其均匀受热或冷却。换句话说，冲转前和停机后盘车可以消除转子热弯曲。同时还有减小上下汽缸的温差和减少冲转矩的功用，还可在启动前检查汽轮机动静之间是否有摩擦及润滑系统工作是否正常。

Lc21F4086　什么是汽轮机调节汽门的重叠度？为什么必须有重叠度？

答：采用喷嘴调节的汽轮机，一般都有几个调节汽门。当前一个调节汽门尚未完全开时，就让后一个调节汽门开启，即称调节汽门具有一定的重叠度。调节汽门的重叠度通常为10%左右，也就是说，前一个调节汽门开启到阀后压力为阀前压力的90%左右时，后一个调节汽门随即开启。

如果调节汽门没有重叠度，执行机的特性曲线就有波折，这时调节系统的静态持性也就不是一根平滑的曲线，这样的调节系统就不能平稳地工作，所以调节汽门必须要有重叠度。

Lc21F4087　自动主汽门的作用是什么？为什么通常主汽门都是油压开启，而以弹簧力来关闭？

答：自动主汽门的作用是在汽轮机保护装置动作后，迅速切断汽源并使汽轮机停止运行。因此，它是保护装置的执行元件。

在任何事故情况下，包括在油源断绝时，自动主汽门仍应能迅速关闭，所以一般主汽门都是设计成以弹簧力来关闭的。为了可靠起见，一般还采用双弹簧结构。

为了有足够大的关闭力及关闭快速，一般在主汽门全关时，弹簧对主汽门还有 $5000\sim8000kN$ 的压缩力。

Lc21F3088　汽轮机为什么装设超速保护装置？

答：汽轮机是高速转动设备，转动部件的离心力与转速的平方成正比，即转速增高时，离心应力将迅速增加。当汽轮机转速超过额定转速20%时，离心应力接近于额定转速下应力的1.5倍，此时不仅转动部件中按紧力配合的部套会发生松动，而且离心应力将超过材料所允许的强度使部件损坏。为汽轮机均设置超速保护装置，它能在超过额定转速8%～12%时动作，迅速切断进汽，使汽轮机停止转动。

Jd21F3089　热工仪表校验点数如何确定？

答：热工仪表校验点确定：

（1）0.5级以下至2.5级以上的仪表及变送器的校验点（包括上、下限及常用点）应不少于5点，流量测量仪表应不少于7点。

（2）0.5级及2.5级以下的仪表及变送器的校验点应不少于3点。

Jd21F3090　热工仪表安装工艺质量有什么要求？

答：热工仪表安装工艺质量要求做到以下几个方面：

（1）灵活，传动结构灵活。

（2）可靠，设备固定可靠，管路连接可靠，电气回路连接可靠。

（3）整齐，设备布置整齐，电缆敷设整齐。

（4）准确，位置准确，接线准确，指示准确。

（5）不漏，不发生渗漏、泄漏现象。

热工仪表及控制装置的安装，应注意避免振动、高温、低温、灰尘、潮湿、爆炸等。

Jd21F3091 热工仪表校验前应做哪些检查？

答：热工仪表校验前应做下列检查：

（1）仪表的外观应完整无损，铭牌、端子、接头、附件等应齐全完整。

（2）电气部分绝缘应符合检修质量要求。

（3）校验的连接线路、管路应正确可靠。

（4）电源和气源应满足被校表的要求。

（5）差压仪表的受压部分应进行 1.25 倍工作压力的严密性试验，应无渗漏现象。

Jd21F3092 热工仪表校验后应达到哪些基本要求？

答：热工仪表校验后，应达到下列要求，否则应进行调整：

（1）基本误差不应超过该仪表的允许误差；

（2）变差不应超过该仪表的精确度等级值的 1/2；

（3）应保证始点正确，偏移值不超过基本误差的 1/2；

（4）指针在整个行程中应无抖动、摩擦、跳跃等现象；

（5）电位器或调节螺丝等可调装置，在调校后应留有余地；

（6）仪表附有电气接点装置时，其控制接点动作应正确，仪表校验后应加封印。

Je21F4093　热工仪表和热工测点安装的基本要求有哪些？

答：热工仪表和热工测点安装的基本要求有：

（1）测点（包括检测元件，以下类同）和就地仪表，不应安装在有喷汽危险的入孔、看火孔和防爆门附近，以及有严重振动和晃动的地方或设备上。

（2）测点和就地仪表，应安装在便于检修人员作现场校验、维护方便的地方；便于值勤班人员监视和操作，不妨碍通行，并符合安全规程规定的要求。

（3）测点和管道焊缝之间，以及两个测点之间的距离，一般应大于管道直径值，不小于 200mm。

（4）测点和就地仪表，应安装在便于导压管（取样管）、电缆和导线敷设的地方，并尽可能使线路最短。

（5）就地仪表，应安装在周围清洁和没有腐蚀性介质的地方，环境温度在 5～50℃ 范围内，相对湿度不大于 80%（有特殊要求的除外）。

（6）微弱信号的仪表，不应安装在电磁场影响较大的地方。

（7）禁止将无防爆措施的电气装置安装在有爆炸性危险的车间或地区，如氢冷发电机真空净油装置附近、氢气发生站内等。

Lb21F3094　压力表式温度计的误差来源主要有哪些方面？

答：压力表式温度计的误差有下列几个方面：

（1）感受部分浸入深度的影响：各种压力表式温度计在测温时，通过毛细管或外壳会对外散失热量，热量的散失会减小所测得的温度值。感受部分浸入深度与温度测量有直接的关系。

（2）环境温度的影响：在液体压力表式温度计中，如果填充液和毛细管材料、弹簧管材料的膨胀系数不同，则环境温度变化会产生测量误差。

（3）液柱高度的影响：在液体压力表式温度计安装时，感受部分和压力表的相对位置高低不同，毛细管中的液柱高度，对压力表将施加一个正或负的压力，产生测量误差。

Lb21F4095　热电阻元件有几种校验的方法？

答：热电阻元件一般有两种校验方法：

（1）分度校验法，即不同温度点上材料电阻值，看其与温度的关系是否符合规定。

（2）纯度校验法，即在 0℃ 和 100℃时，测量电阻值 R_0 和 R_{100}，求出 R_{100} 和 R_0 的比值 R_{100}/R_0，看是否符合规定。

Lb21F3096　热电偶按结构形式分为哪几类？

答：热电偶按结构形式可分为以下几类：

（1）普通型工业用热电偶；

（2）铠装热电偶；

（3）多点式热电偶；

（4）小惯性热电偶；

（5）表面热电偶。

Lb21F4097　热电偶测温的误差来源主要有哪些方面？

答：热电偶测温的误差来源主要有：

（1）分度误差。由于热电偶材料不符合要求和材料均匀性差等原因，使热电偶的热电性质与统一的分度表之间存在分度误差。

（2）补偿导线所致误差。由于补偿导线和热电偶材料在 100℃ 以下的热电性质不同将产生误差。

（3）参比端温度变化引起的误差。在利用补偿电桥法进行参比端温度补偿时，由于不能完全补偿而产生的误差。

（4）由于热电偶变质使热电性质变化而产生的误差。

Lb21F4098　热电偶测温为什么常采用补偿线？

答：使用热电偶测温时，要求热电偶的冷端温度必须保持恒定。由于热电偶一般做得比较短，以节约贵金属材料费用。这样，热电偶的冷端就处在环境温度较高的地方，而且温度波动也比较大，对测量精度产生较大影响。补偿导线在 100℃以下有同所配热电偶相同的热电特性，且热电偶的冷端一般处在 100℃以下的范围内，这样就可以使用补偿导线将热电偶的冷端从高温处移到低温处，同时节约大量较贵的贵金属材料，也便于安装和敷设，用较粗直径和导电系数大的补偿线代替热电极，可以减少热电偶测温回路的电阻，以利于动圈式显示仪表的正常工作和自动控制温度。所以热电偶测温时通常都要连接补偿导线。

Je21F3099　热电偶测温使用补偿线应注意什么？

答：热电偶测温使用补偿线时，必须注意以下几点：

（1）补偿导线必须与相应型号的热电偶配用；

（2）补偿导线在与热电偶、仪表连接时，正、负极不能接错，两对连接点要处于相同的温度；

（3）补偿导线和热电偶连接点温度不得超过规定使用的温度范围；

（4）要根据所配仪表的不同要求选用补偿导线的线径。

Jf21F4100　简述取样一次门安装应符合哪些要求。

答：取样一次门安装应符合以下要求：

（1）安装前要按规程要求进行水压试验，合金阀门还要进行光谱分析。

（2）按阀门上标志方向安装，并要求其门杆处在阀门通道水平线以上。

（3）阀门应安装在便于维修和操作的地方。

（4）焊接门直接焊在加强型插座上时，不必加支架；否则，必须加装支架予以固定。

（5）低压丝扣阀门两端安装丝扣长度要适当，丝扣管上应涂密封材料。

（6）法兰门安装时，应在法兰门间垫入适于压力、温度的垫片，拧紧后两法兰的平面应处于平行。

（7）针型阀安装时，应在活接头与阀门平面间垫入适当的密封垫片。

Je21F3101 热电偶检定前的外观检查有哪些内容？

答： 热电偶检定前一般检查下列几项内容：

（1）测量端是否焊接牢固，表面是否光滑，有无气孔等缺陷；

（2）贵金属热电偶是否有热电极脆弱缺陷，清洗后有无严重的色斑或发黑现象；

（3）贱金属热电偶是否有严重的腐蚀或热电极脆弱等缺陷。

Je21F4102 热电偶测温元件的安装要求有哪些？

答： 热电偶测温元件的安装要求如下：

（1）热电偶的安装地点要选择在便于施工维护，而且不易受到外界损伤的位置。

（2）热电偶的安装位置应尽可能保持垂直，以防止高温变形；热电偶的热端应处于管道中心线上，且与介质的流体方向相对。

（3）承受压力的热电偶，其密封面必须密封良好。

（4）热电偶的插入深度可按实际情况决定，但浸入被测介质中的长度应大于保护套管外径的 8～10 倍。

（5）热电偶露在外面的部分要尽量短并应加保温层，以减少热量损失和测量误差。

（6）热电偶安装在负压管道或容器上时，安装处要密封良好。

（7）热电偶接线盒的盖子应尽量向上，防止被水浸入。

（8）热电偶装在具体颗粒和流速很高的介质中时，为防止长期受冲刷而损坏，可在其前加装保护板。

（9）热电偶保护套管的材料要与管道材料一致。

Je21F4103　安装测温一次元件套管应注意什么？

答：安装测温一次元件套管应注意以下事项：

（1）焊前应把插座尾部的焊接坡口及测孔周围打磨干净；

（2）插座安装时应先找正、点焊，然后施焊；

（3）合金钢焊件点焊后，应按规定预热，焊件后的焊口必须热处理；

（4）焊完应检查，插座内部不应有焊瘤，温度插座焊件时，应有防止焊渣落入丝扣的措施，焊完后应该用合适的丝锥重修一遍；

（5）低压温度插座的压力取样，其长度应使端部露出保温层外；

（6）插座焊完应采取封闭措施。

Je21F3104　如何根据被测对象正确地选用压力表？

答：压力表的选用应根据生产过程对压力测量的要求、被测介质的性质、现场环境条件等元素来选择。对压力表的型式、精度、测量范围等都必须从实际出发，本着节育的原则，合理选用。为了保证弹性元件能在弹性变形的安全范围内可靠工作，一般在被测压力较稳定的情况下，最大压力值应不超过量程的3/4。在被测压力波动较大的情况下，最大压力值应不超过量程的 2/3。为了保证测量精度，被测压力最小值应不低于满量程的1/3。

Je21F4105　现场安装弹簧管压力表（真空表）应注意哪

些方面？

答：现场安装弹簧管压力表（真空表）应注意：

（1）取压管口应与被测介质的流动方向垂直，与设备（管道）内壁平齐，不应有突出物和毛刺，以保证正确测量被测介质的静压。

（2）防止仪表的敏感元件与高温或腐蚀性介质直接接触。如测量高温蒸汽压力时，在压力表前须加装冷凝装置；测量含尘气体压力时，在压力表前须加装灰尘捕集器；测量腐蚀性介质时，在压力表前须加装隔离容器。

（3）压力仪表与取样管连接的丝扣不得缠麻，应加垫片，高压表应用金属制垫片。

（4）对于压力取出口的位置，测量气体介质时一般在工艺管道的上部；测量蒸汽压力时应在管道的两侧；测量液体压力时应在管道的下部。

（5）取压点与压力表之间的距离应尽可能短，信号管路在取压口处应装有隔离阀。信号管路的敷设应有一定的坡度，测量液体或蒸汽压力时，信号管路的最高处应有排汽装置；测量气体压力时，信号管路的最低处应有排水装置。

Je21F4106　压力测点位置的选择应遵循什么原则？

答：压力测点位置的选择应遵循以下几点：

（1）取压口不能处于管道的弯曲、分叉和能形成涡流的地方。

（2）当管道内有突出物时，取压口应选在突出物之前。

（3）在阀门前附近取压时，与阀门的距离应大于管道直径的 2 倍。若取压口在阀门后，则与阀门距离应大于 3 倍的管道直径。

（4）对于宽容器，取压口应处于流速平稳和无涡流的区域。

Je21F4107   压力测量仪表取样管路敷设应遵循什么原则?

答:为了保证正确地传递压力信号,连接导管除要求不堵不漏外,还应尽可能短。当取样管穿过挡板、平台、楼板或靠近金属构件时,应注意防止碰撞、摩擦引起的机械损伤,并需要定期进行必要的检查。取样管敷设应有一定斜度,倾斜度不得小于 3%,以便排除凝结水或气体。

Je21F4108   安装压力表时,应注意哪些事项?

答:压力表安装时必须注意下列事项:

(1)取压点的选择应具有代表性,不能将测点选在有涡流的地方;

(2)在安装取压管时,取压管内端面与管道内壁必须保持齐平,不应有凸出物或毛刺;

(3)取压点与压力表安装处之间的距离应尽量短,一般取压管的长度不超过 50m;

(4)取压点到压力表之间,应装切断阀或二通阀;

(5)测量波动剧烈的压力时,二次门后应装缓冲装置,就是装压力表被测介质温度超过 70℃时,二次门前应装 U 形管或环形管;

(6)测量蒸汽压力时,应加装凝汽管,对有腐蚀性的介质,应加装充有中间介质的隔离罐;

(7)压力表安装地点力求避免振动,在振动地点加装压力表,必须加装减振装置;

(8)压力表与取样管连接的丝扣不放缠麻,应加垫片,高压表应加紫铜垫片;

(9)压力表的安装地点,应便于维护和观察指示值,并应有很好的照明,尽可能装在仪表盘上。

Je21F2109   压力表在投入前应做好哪些准备工作?

答：（1）检查一、二次门，管路及接头处应连接正确牢固。二次门、排污门应关闭，接头锁母不渗漏，盘根填加适量，操作手轮和紧固螺丝与垫片齐全完好。

（2）压力表和固定卡子应牢固。

（3）电接点压力表应检查和调整信号装置部分。

Lb21F4110 设计标准节流装置应已知哪些条件？

答：设计标准节流装置应已知下列条件：

（1）被测流体的名称；

（2）被测流体的最大流量、常用流量、最小流量；

（3）被测流体工作压力（表压力）；

（4）被测流体工作温度；

（5）管道允许压力损失；

（6）管道内径；

（7）节流体形式和取压方式；

（8）管道材料；

（9）节流件材料；

（10）要求采用的差压计或差压变送器型号及其差压上限。

Je21F3111 流量孔板为什么不能装反？

答：孔板正确安装时，其孔板缩口朝向流体前进的方向。流体在节流中心孔处局部收缩，使流速增加，静压力降低，该压差和流量成一定的函数关系。孔板装反后，其孔板入口端面呈锥形状，流体流经孔时的收缩程度较正装时小，流束缩颈与孔板距离较正装时远，流体经孔板后端面时速度比正装时小，使孔板后压力较大，导致了孔板前后静压差减小，其流量值随之减小，影响流量测量的准确性。

Je21F4112 差压信号管路敷设有哪些要求？

答：差压信号管路是连接节流装置和差压计的部件，如果安装不正确，也会产生附加误差。因此，对差压信号管路敷设有下列要求：

（1）为了减小迟延，信号管路的内径不应小于 8～12mm，管路应按最短距离敷设，但不得短于 3m，最长不得大于 50m，管路弯曲处应是均匀的圆角。

（2）为了防止信号管路积水、积气，其敷设应有大于 1:10 的倾斜度，信号管路内为液体时，应安装排气装置；信号管路内为气体时，应安装排液装置。

（3）测量具有腐蚀性或黏度大的液体时，应设隔离容器，以防止信号管路被腐蚀或堵塞。

（4）测量具有腐蚀性或黏度大的液体时，应设隔离容器，以防止信号管路被腐蚀或堵塞。

（5）信号管路所经之处不得受热源的影响，更不应有单管道受热现象，也不应有冻管现象。在采取防冻措施时，两根管的温度要相等。

Lb21F4113　标准孔板有哪些主要检验项目？

答：标准孔板有以下主要检验项目：

（1）目测检查有无明显的机械损伤和毛刺；

（2）检查两端面平面度；

（3）检查孔板开孔圆柱形部分直径 d；

（4）检查孔板开孔直角入口边缘锐度；

（5）检查各部分表面粗糙度。

Lc21F4114　利用平衡容器进行汽包水位测量的误差来源主要有哪些？

答：利用平衡容器进行汽包水位测量的误差来源主要有：

（1）在运行时，当汽包压力变化时，会引起饱和水、饱和汽的重度发生变化，造成差压输出误差。

（2）设计计算的平衡容器补偿装置是按水位处于零水位

情况下得出的，锅炉运行中水位偏离零水位时，会引起测量误差。

（3）当汽包压力突然下降时，由于正压室内的凝结水可能被蒸发，也会导致仪表指示失常。

Je21F3115　怎样使用压力变送器测量开口容器的液位？

答：用于测量开口容器液位的压力变送器测量的是容器底部的液体压力。这个压力等于取压口上方的液面高度乘以液体的密度，与容器的容积和形状无关。

在开口容器里，装在靠近容器底部的压力变送器用来测量取压口处液体压力，变送器的高压侧接连接管，而低压侧侧通大气。

如果被测液位的下限高于变送器量程的下限，变送器必须进行正迁移。

Jd21F4116　被测介质为气体、液体、蒸汽时，如何进行严密性试验？

答：介质为气体管道应单独进行风压试验：

（1）将取源装置活接头卸开。

（2）用死垫将取样处堵死。

（3）用 0.1～0.15MPa 的压缩空气试压无渗漏现象；然后降至 600mm H_2O，5min 内压力降低值不超过 5mm H_2O。

（4）试验合格后恢复取样管路。

介质为液体或蒸汽时，管路的严密性试验应尽量随主设备一起进行。因此，需在主设备升压前做好准备。主设备升压前，打开管路一次阀门和排污门冲洗管路，然后关闭排污门，待压力升到试验值时，检查管路及阀门是否有渗（泄）漏现象。

4.2.1 单项操作

行业：电力工程　　　工种：热控仪表试验　　　等级：初

编　　号	C43A001	行为领域	e	鉴定范围	4
考核时限	50min	题　　型	A	题　　分	20
试题正文	冷弯配制仪表管路"S"弯				

需要说明的问题和要求	1. 要求单独进行操作 2. 要文明操作演示 3. "S"弯尺寸如右图所示 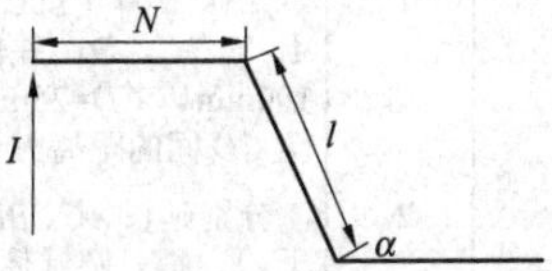	
工具、材料、设备场地	1. 弯管器、锯弓 2. $\phi14\times2mm$ 仪表管	

	序号	操作步骤及方法	质量要求	满分	扣　分
评分标准	1	管子校直、清理	平直、清理干净	5	1. 未校直或未校，扣3分，未清理干净，扣2分
	2	画线、下料	正确	4	2. 未画线，扣2分，下料不正确，扣2分
	3	进行弯制，其中： $L=230$ $H=200$ $N=150$ $\alpha=120°$	尺寸误差小于2mm 角度误差小于2° 弯头平滑无损伤	11	3. 弯制尺寸误差大于3mm，扣3分；角度误差大于2°，扣3分；总体工艺不熟练，扣1~3分；有明显损伤，扣2分

编　　号	C32A002	行为领域	d	鉴定范围	1
考核时限	60min	题　　型	A	题　　分	20

试题正文	试对图示排污漏斗进行下料 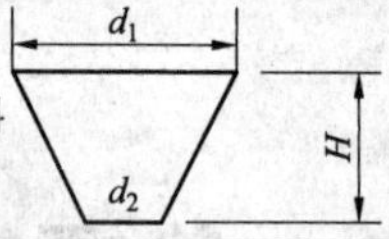

需要说明的问题和要求	1. 要求单独进行操作 2. 现场就地操作演示 3. 要求排污漏斗大口径 $d_1=100$；小口径 $d_2=25$；垂直高度 $H=100$

工具、材料、设备场地	划规、量角器、铁皮剪刀、钢尺、划针、马口铁板

	序号	操作步骤及方法	质量要求	满分	扣　分
评 分 标 准	1	先做出漏斗投影主视图 A、B、C、D，并使 $AB=100mm$，$CD=25mm$，AB 至 CD 间的距离 $H=100mm$	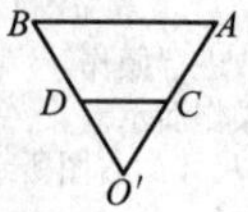	2	1. 投影主视 A、B、C、D 各点及连线做法不正确，扣 $1\sim2$ 分
	2	分别延长 AC、BD，相交于 O'，得一圆锥体投影图		4	2. 不能正确地做出 O' 点及 DO'、CO' 连线不正确，扣 $1\sim4$ 分
	3	作圆锥的俯视图可得一圆，再将该圆周分为 12 等份	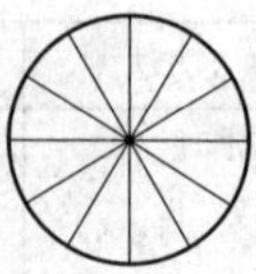	4	3. 不能正确作出图形主俯视图及等分圆周，扣 $1\sim4$ 分
	4	取 O' 为圆心，以 $O'B$ 之长为半径划一圆弧，然后近似地以等分圆的弧长代替该圆弧的弧长，在圆弧上量取 12 等份弧长，并取 BI_1 接 $O'I_1$ 在以 O' 为圆心，$O'D$ 之长为半径，划弧交 $O'I_1$ 于 I_2D	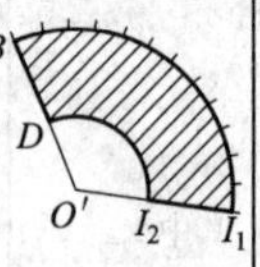	6	4. 不能正确地画出扇面，扣 $1\sim6$ 分
	5	以二扇形所夹的图中阴影部分下料即可		4	5. 下料时操作工艺不合格，扣 $1\sim4$ 分

行业：电力工程　　　　　工种：热控安装　　　　　等级：初

编　号	C05A003	行为领域	d	鉴定范围	1
考核时限	40min	题　型	A	题　分	20

试题正文	对镀锌短管套丝扣

需要说明的问题和要求	1. 要求单独进行操作 2. 文明操作演示 3. 对镀锌短管套丝扣

工具、材料、设备场地	套丝架一副、板牙一套、切管刀或锯弓锉刀、镀锌管等

	序号	操作步骤及方法	质量要求	满分	扣　分
评分标准	1	下料（修口）、清理管子	管口面与管中心线垂直，且管口平滑	5	1. 每操作完一项检查良好，未检查，扣1～5分
	2	正确选择板牙，进行套丝	丝口完整，螺丝段长度小于20mm、大于15mm	13	2. 操作工艺不规范，扣1～13分
	3	清理废料	干净	2	3. 未清理或清理不干净，扣1～2分

273

编　　号	C54A004	行为领域	d	鉴定范围	1
考核时限	120min	题　型	A	题　分	20
试题正文	盘装压力表安装孔扩孔				
需要说明的问题和要求	1. 要求单独进行操作 2. 现场就地操作演示				
工具、材料、设备场地	半圆锉、钢冲钢尺、划规或划针、手锤、表盘等				

	序号	操作步骤及方法	质量要求	满分	扣　分
评分标准	1	准备工具		2	1. 工具准备未做或不齐，扣1～2分
	2	核对原有孔径及偏差	准确	3	2. 核对原孔方法不对或不准确，扣1～3分
	3	画出须锉孔的圆圈或按实物沿原孔周围打样冲眼	准确	5	3. 划需锉孔的圆圈方法不正确及打样冲不均匀，扣1～5分
	4	施锉	当盘上已装有其他仪表时，应将其拆下再施工 应避免过大的振动	8	4. 施锉方法不正确及所锉孔径不准确，圆孔不光滑，圆度不合要求，扣1～8分
	5	清理铁屑	保证锉孔的圆光滑，不出现凹坑和突出现象 孔径符合要求 干净	2	5. 没有清理铁屑或清理不净，扣1～2分

编　号	C54A005	行为领域	d	鉴定范围	1
考核时限	120min	题　型	A	题　分	20
试题正文	盘面开孔				
需要说明的问题和要求	1. 要求单独进行操作 2. 现场就地操作演示 3. 边长150mm的正方形				
工具、材料、设备场地	钻头（6mm）、电钻、开孔锯、锉刀、角磨机等				

	序号	操作步骤及方法	质量要求	满分	扣　分
评分标准	1	领取工具，确定开孔位置	正确	2	1. 所确定的开孔位置不适当，选择工具不准，扣1～2分
	2	按要求划线	正确	3	2. 划线不正确及准确度不满足要求，扣1～3分
	3	在正方形对角线上按6mm钻头确定打孔位置，并进行冲眼定位	定位偏差小于等于1mm	5	3. 定位眼位置准确，操作方法正确，否则，扣1～5分
	4	用6mm钻头各打5个小孔，再由此伸入锯条开孔	尺寸误差小于等于2mm 对角线小于等于1mm 表面平整偏差小于等于0.5mm	5	4. 所打的5个孔位置不整齐、不准确，扣1～5分
	5	用锉刀修正孔边	光滑无毛刺，尺寸误差小于等于1mm	5	5. 所锉的方孔尺寸不准确及工艺不好，扣1～5分

行业：电力工程　　　　工种：热控安装　　　　等级：初/中

编　　号	C54A006	行为领域	e	鉴定范围	7
考核时限	50min	题　　型	A	题　　分	20
试题正文	多芯航空插头（座）焊线				
需要说明的问题和要求	1. 要求单独进行操作 2. 现场就地操作演示				
工具、材料、设备场地	多芯插头（座）、软铜线、电烙铁、松香焊丝、酒精、纱布等				

	序号	操作步骤及方法	质量要求	满分	扣　分
评分标准	1	打开插头（座），剥出线芯，并套上胶头号	线芯不宜长	2	1. 剥线方法不正确及线芯长度不适当，扣1～2分
	2	按图纸要求，逐根进行锡焊	要饱焊，防止虚焊、过热	8	2. 锡焊方法、工艺及效果不好，扣1～8分
	3	焊完后，用酒精擦净	不得遗留残渣物	3	3. 未擦及未擦干净，扣1～3分
	4	检查线路，并套上绝缘套管	确保正确，相互绝缘牢固整齐	3	4. 未检查、未套绝缘套及位置不正确，扣1～3分
	5	恢复插头（座），对软线束固定绑扎	线束整齐、美观、牢固	4	5. 恢复插头（座）位置不紧密、适当，以及未对软线束固定绑扎，扣1～5分

276

行业：电力工程　　　　　工种：热控安装　　　　　等级：中

编　号	C04A007	行为领域	e	鉴定范围	6
考核时限	60min	题　型	A	题　分	20
试题正文	处理压力表接头渗漏				
需要说明的问题和要求	1. 要求单独进行操作 2. 注意安全，要文明操作演示 3.（运行期间）压力表接头本身完好				
工具、材料、设备场地	垫片、扳手等				

	序号	操作步骤及方法	质量要求	满分	扣　分
评分标准	1	准备工具及材料		2	1. 准备材料及工具不适当，扣 1～2 分
	2	解列压力表	压力表解列，必须经运行人员同意后方可进行	3	2. 未做解列压力表申请步骤，扣 1～3 分
	3	关闭压力一次门及二次门，开启排污门泄掉管子内压力		5	3. 未关闭有关阀门及开启排污阀泄压，扣 1～5 分
	4	紧固接头或更换垫子	当接头已很紧固时，应拆下接头，更换垫子，若有渗漏，继续按 3、4 操作，若无渗漏，则通知运行人员	6	4. 紧固接头操作不适当及未换应换的垫子，扣 1～6 分
	5	试检查有无渗漏（关排污门，开一、二次门）		4	5. 总体处理效果不好以及对问题未及时向运行人员报告，扣 1～4 分

行业：电力工程　　　　工种：热控安装　　　　等级：初/中

编　号	C54A008	行为领域		e	鉴定范围	3
考核时限	60min	题　型		A	题　分	20
试题正文	就地盘安装工作					
需要说明的问题和要求	1. 要求单独进行操作 2. 现场就地操作演示					
工具、材料、设备场地	吊线锤、钢板尺、扳手等					

	序号	操作步骤及方法	质量要求	满分	扣　分
评分标准	1	准备工具及材料	正确、齐全	2	1. 准备工具及材料不正确、齐全，扣1～2分
	2	核对所立盘是否与设计相符	相符	4	2. 视立盘与设计差距，扣1～3分
	3	对准固定孔穿固定连接螺丝	螺丝、螺帽、垫圈都必须经过防锈处理	5	3. 放置固定螺丝及防锈处理不得法，扣1～4分
	4	紧固	紧固时对各螺丝应一遍一遍地均匀用力紧固，以免立盘变形 在紧固过程中，应注意检查核对盘垂直度和水平度 注意不要损伤盘内设备及油漆	8	4. 紧固过程方法不正确及未对盘的垂直度、水平度检查，甚至损伤油漆，扣1～8分
	5	核对立盘尺寸	符合《验标》热控篇	2	5. 未最后核对尺寸，扣1～2分

278

行业：电力工程　　　　工种：热控安装　　　　等级：初

编　号	C05A009	行为领域		e	鉴定范围	4
考核时限	30min	题　型		A	题　分	20
试题正文	加装二次门、排污门接头密封垫子					
需要说明的问题和要求	1. 要求单独进行操作 2. 现场就地操作演示					
工具、材料、设备场地	扳手、垫子等					

	序号	操作步骤及方法	质量要求	满分	扣　分
评分标准	1	准备工具、材料	正确、齐全	2	1. 准备工具及材料不齐全，扣 1～2 分
	2	拆卸阀门接头	方向正确	3	2. 拆卸阀门方法不正确，扣 1～3 分
	3	选择、装入垫子紧固	所用垫子的材质及规格符合要求 　紧固紧密不渗漏 　保持阀门手轮方向排列整齐一致	15	3. 所选的垫子材质及规格不符合要求，紧固不得当及手轮布置方向、位置不一致，酌情扣 1～15 分

编　号	C54A010	行为领域	e	鉴定范围	5
考核时限	60min	题　型	A	题　分	20
试题正文	安装接线盒				
需要说明的问题和要求	1. 要求单独进行操作 2. 现场就地操作演示 3. 接线盒支架已安装				
工具、材料、设备场地	配套螺栓、扳手、接地线、接线盒、接线图等				

	序号	操作步骤及方法	质量要求	满分	扣　分
评 分 标 准	1	安装接线盒	固定牢固，安装位置准确	4	1. 安装不牢固端正，扣 1～4 分
	2	接线盒壳体应与接地线相接	接地良好	5	2. 未做接地及接地不良好，扣 1～4 分
	3	接线盒的备用穿线孔必须用石棉垫或胶皮垫密封好	密封良好	2	3. 未做穿线孔的密封及密封不良好，扣 1～2 分
	4	应从接线盒下放的出线孔出线，盒盖应用胶皮条密封严	密封良好	5	4. 盒盖未用胶皮条密封及密封不严，扣 1～5 分
	5	标明接线盒编号，并在箱盖内侧附接线图	编号、图纸齐全	5	5. 未做编号及附接线图，扣 1～5 分

编　号	C43A011	行为领域		e	鉴定范围	7
考核时限	180min	题　型		A	题　分	20
试题正文	在盘内配置长方形的导线束					
需要说明的问题和要求	1. 要求单独进行操作 2. 现场就地操作演示 3. 利用多根单股硬铜线，在盘内配置成一长方形的导线束（可视具体条件，灵活采用）					
工具、材料、设备场地	接线图、线卡、钳子等					

	序号	操作步骤及方法	质量要求	满分	扣　分
评分标准	1	依图纸要求，确定芯数、长度，并进行下线	符合设计，下线稍有余量	2	1. 不能准确领悟图纸及下线不适当，扣1～2分
	2	拉直成束、绑扎、配制	横平竖直，排列整齐，转角弧度一致，导线相互紧靠，且转角弧度要求一次成型（弯成） 弯曲半径不小于导线束直径的三倍，无扭曲、交叉	5	2. 放线、绑线、配制等达不到质量要求，扣1～5分
	3	接线	美观大方、牢固、线号标志正确清晰	4	3. 接线工艺不好不牢固，未作标志，扣1～4分
	4	查线	正确无误	5	4. 查线及不能正确查线，扣1～5分
	5	检查绝缘清理现场	不小于1MΩ干净	4	5. 未检查绝缘及清理现场，扣1～4分

编　号	C04A012	行为领域	e	鉴定范围	5
考核时限	50min	题　型	A	题　分	20
试题正文	安装浮球液位控制器				
需要说明的问题和要求	1. 要求单独进行操作 2. 现场就地操作演示 3. WQK 型，安装孔已配置好				
工具、材料、设备场地	扳手、锯弓、尺子、通灯等				

	序号	操作步骤及方法	质量要求	满分	扣　分
评分标准	1	领取工具、材料、设备		2	1. 工具材料准备不齐，扣 1～2 分
	2	核对安装位置、检查控制器型号、性能	位置应符合设计 设备动作灵活，接点接触良好	3	2. 位置不符合设计安装，扣 1～3 分
	3	检查法兰与容器间的长度是否合适	保证浮球能在控制的范围内自由活动	10	3. 安装后未进行性能检查，扣 1～3 分
	4	安装控制器	法兰孔的安装方位应保证浮球的升降在同一垂直面上	5	4. 若浮球在控制范围内活动不自如，就可视情况扣 1～10 分 5. 视法兰安装情况若不符合要求，扣 1～5 分

行业：电力工程　　　　工种：热控安装　　　　等级：初/中

编　号	C54A013	行为领域	e	鉴定范围	5
考核时限	120min	题　型	A	题　分	20
试题正文	自行设计安装就地压力表				
需要说明的问题和要求	1. 要求单独进行操作 2. 现场就地操作演示，注意安全 3. 按要求自选材料，安装水平管道上测量高温介质的就地压力表，且取样短管已安装完成 4. 需要焊工配合				
工具、材料、设备场地	弯管器、仪表管、仪表卡、切割机、冲眼角钢、环型管、阀门、压力表等				

	序号	操作步骤及方法	质量要求	满分	扣　分
评分标准	1	准备工具，领取仪表管等材料，并进行清理	仪表管外径大于等于14mm，材料符合设计	5	1. 准备材料及处理工具不正确，视情节扣1～5分
	2	领取（或制作）环型管、阀门、压力表	压力表需经校验合格	5	2. 领表时应注意其是否校验合格，否则，扣5分
	3	下料、安装支架及仪表管路	在压力表入口阀门前，加装环型管，且符合焊接工艺	6	3. 若下料、支架安装工艺，焊接工艺等不符合要求，扣1～3分
	4	安装压力表 	仪表安装美观、无渗漏	4	4. 仪表与支撑点的位置偏高 600mm时视情况，扣 1～2分 5. 有渗漏现象，扣1～3分

283

行业：电力工程　　　　　工种：热控安装　　　　　等级：中

编　　号	C04A014	行为领域		e	鉴定范围	4
考核时限	50min	题　　型		A	题　　分	20
试题正文	冷弯配置两根相同U形仪表管					
需要说明的问题和要求	1. 要求单独进行操作 2. 现场就地操作演示					
工具、材料、设备场地	弯管器、锯弓、量角器（或角尺）、仪表管、钢尺					

	序号	操作步骤及方法	质量要求	满分	扣　分
评分标准	1	管子校直、清理	干净通畅	2	1. 未校管子，扣1分；未清理管子，扣1分
	2	划线下料	正确	2	2. 划线方法不正确，扣1分；下料不整齐，扣1分
	3	弯制	两根U形直角弯之间尺寸偏差不大于2mm	14	3. 视两根仪表管的工艺距要求差距及两管的不对称度，扣1～14分
	4	清理现场	干净	2	4. 未清理现场，扣2分

编　　号	C43A015	行为领域	e	鉴定范围	2
考核时限	300min	题　　型	A	题　　分	20

试题正文	自行设计、安装差压仪表

需要说明的问题和要求	1. 要求以本人为主，他人配合 2. 现场就地操作演示，注意安全 3. 按给出的仪表设备自行设计安装测量水的差压仪表，且取压短管已安装 4. 给出排污门 2 只、针型阀 3 只、差压表计一块、导管接头若干

工具、材料、设备场地	排污门、针型阀、差压表计、导管接头、弯管器、锯弓、尺子等

	序号	操作步骤及方法	质量要求	满分	扣　分
评 分 标 准	1	正确设计 	三个针型阀构成的阀门组、平衡阀应设在两个二次门之后	6	1. 各位置布置不对，扣 1～6 分
	2	领取设备材料，并进行管道清理	正确领取材料、导管调直、清洗	4	2. 对所领取的材料不正确，扣 1～2 分；未清理干净，扣 2 分
	3	安装支架、排污漏斗，进行管路敷设	符合规范	8	3. 支架、漏斗及管路敷设不合规范，扣 1～8 分
	4	仪表安装	仪表的正负压侧正确	2	4. 仪表的正负压侧接反，扣 2 分

行业：电力工程　　　　工种：热控安装　　　　等级：初/中

编　　号	C54A016	行为领域	e	鉴定范围	4
考核时限	50min	题　　型	A	题　　分	20
试题正文	冷弯配制U形管				
需要说明的问题和要求	1. 要求单独进行操作 2. 要文明操作演示 3. U形弯如下图所示 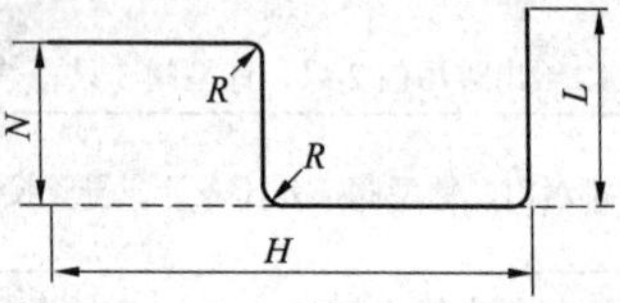				
工具、材料、设备场地	1. 弯管器、锯弓 2. $\phi14\times2$ 仪表管				

评分标准	序号	操作步骤及方法	质量要求	满分	扣　分
	1	管子校直、清理	干净	2	1. 管子未校直，扣1分；未清理干净，扣1分
	2	画线、下料	准确	3	2. 画线、下料不准确，扣1～3分
	3	进行弯制，其中：L=200，H=250，N=150，R=50	尺寸误差小于2mm，且椭圆度小于等于10%	15	3. 尺寸误差大于2mm，视情况扣1～6分；椭圆度≥10%时，视情节扣1～9分

行业：电力工程　　　　工种：热控安装　　　　等级：高/技师

编　号	C32A017	行为领域	e	鉴定范围	4
考核时限	50min	题　型	A	题　分	20
试题正文	冷弯配制环形管				

需要说明的问题和要求	1. 要求单独进行操作 2. 要文明操作演示 3. 环形弯如右图所示 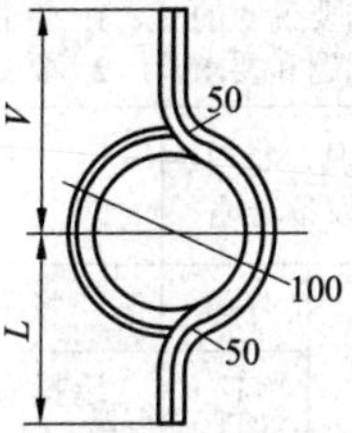	

工具、材料、设备场地	1. 弯管器、锯弓 2. $\phi 14 \times 2$ 仪表管

	序号	操作步骤及方法	质量要求	满分	扣　分
评分标准	1	管子校直、清理	干净	2	1. 未校直管子，扣1分；未清理管子，扣1分
	2	画线、下料	正确	3	2. 画线、下料不准确，扣1～3分
	3	进行弯制，其中：ϕ=100，R=50，L=150，N=120	尺寸误差小于2mm 出入口弧度圆滑、一致，过渡平缓且管段轴线一致 椭圆度小于等于10% 两环间距离均匀、紧靠	5	3. 弯制直径误差大于2mm，扣1～5分；入口弧度不圆滑、一致：扣1～5分，不对称、均匀：扣1～5分

287

编　号	C43A018	行为领域	e	鉴定范围	2
考核时限	50min	题　型	A	题　分	20
试题正文	安装低压力参数的盘装压力表				
需要说明的问题和要求	1. 要求单独进行操作 2. 要文明操作演示				
工具、材料、设备场地	扳手、垫片、压力表、脉冲管等				

	序号	操作步骤及方法	质量要求	满分	扣　分
评 分 标 准	1	选择表盘内压力表的脉冲管（从二次门到表接头）	选用直径比较小的，如φ10左右	5	1. 选择脉冲管规格不合理，且未清理，扣1～5分
	2	检查脉冲管接头的螺帽、螺纹	接头要完好、无崩缺和滑牙现象，并与压力表接头、螺纹相符	4	2. 接头尺寸选择不合理，未对其进行检查，扣1～4分
	3	安装并检查脉冲管的接头平面与压力表外螺纹的平面	要吻合，不应歪斜	5	3. 压力表外螺纹的平面与表接头接触有歪斜，扣 1～5分
	4	安装压力表	操作正确，质量符合规范要求	6	4. 压力表安装操作不正确，扣 1～3分

行业：电力工程　　　　　工种：热控安装　　　　　等级：初/中

编　号	C54A019	行为领域	e	鉴定范围	3
考核时限	60min	题　型	A	题　分	20

试题正文	制作"E"字形电缆支架

需要说明的问题和要求	1. 要求单独进行操作 2. 现场就地操作演示 3. 用 40×4 或 30×4 角钢 4. 支架如右图所示

工具、材料、设备场地	切割机、锉刀、钢刷、毛刷、油漆、焊机等

	序号	操作步骤及方法	质量要求	满分	扣　分
评分标准	1	准备工具材料	正确、齐全	2	1. 材料、工具准备不齐全，扣2分
	2	校直	平直	2	2. 未校直，扣2分
	3	划线、下料	考虑组装叠加量	2	3. 划线、下料未考虑组装叠加量，扣2分
	4	组装、焊接	支架应在同一平面内，边角光滑无毛刺	4	4. 焊接工艺不好，扣1~4分
	5	L=150、H=200	符合焊接标准 尺寸误差不大于2mm	4 4	5. L、H值误差大于2mm时，扣1~4分
	6	除锈、刷漆	干净、均匀、美观	2	6. 除锈、刷漆工艺不佳，扣1~2分

行业：电力工程　　　　工种：热控安装　　　　等级：中/高

编　号	C43A020	行为领域	e	鉴定范围	4
考核时限	240min	题　型	A	题　分	20
试题正文	在电缆沟水平段安装"E"字形电缆支架				
需要说明的问题和要求	1. 要求以本人为主，他人配合进行操作 2. 现场就地操作演示				
工具、材料、设备场地	吊线锤、尺子、水平仪、焊机等				

	序号	操作步骤及方法	质量要求	满分	扣　分
评分标准	1	准备工具、材料	正确、齐全	2	1. 工具、材料准备不齐全，扣2分
	2	按要求对沟道内预埋铁件进行验收	埋件尺寸应符合设计，埋铁表面深浅一致	3	2. 能对预埋铁件情况进行准确测量验收，否则，扣1～3分
	3	放线定位、焊接支架	先安装好始末段的支架，在二端的支架上拉线。然后逐个地安装中间部分支架，支架间距0.4～0.8m；水平倾斜偏差小于10mm/10m，符合焊接要求	10	3. 放线定位不合理，焊接安装质量达不到要求，扣1～10分
	4	支架接地	符合设计	5	4. 支架未做接地或接地不合理，扣1～5分

行业：电力工程　　　　工种：热控安装　　　　等级：中/高

编　　号	C43A021	行为领域	e	鉴定范围	4
考核时限	240min	题　　型	A	题　分	20
试题正文	在电缆竖井，安装"E"字形电缆支架				
需要说明的问题和要求	1. 要求以本人为主，他人配合进行操作 2. 现场就地操作演示				
工具、材料、设备场地	吊线锤、尺子、水平仪、焊机等				

	序号	操作步骤及方法	质量要求	满分	扣　　分
评分标准	1	准备工具材料	正确、齐全	2	1. 准备工具、材料不齐全，扣1~2分
	2	按要求对沟道内预埋铁件进行验收放线定位、焊接	埋件尺寸应符合设计，埋铁表面深浅一致	3	2. 能对埋铁尺寸进行全面检测验收，否则，视情况，扣1~3分
	3	支架安装	先安装好始末段的支架，在两段的支架上拉线。然后逐个地安装中间部分支架；支架间距0.8~1.2m；水平倾斜偏差小于10mm/10m，符合焊接要求	10	3. 支架安装尺寸及工艺不符合质量要求，扣1~10分
	4	支架接地	符合设计	5	4. 支架接地未做及不符合要求，扣1~5分

291

行业：电力工程　　　　工种：热控安装　　　　等级：初

编　号	C05A022	行为领域		e	鉴定范围	6
考核时限	30min	题　型		A	题　分	20
试题正文	对多芯电缆进行对线					
需要说明的问题和要求	1. 要求单独进行操作 2. 现场就地操作演示 3. 利用通灯校线					
工具、材料、设备场地	通灯、胶头管、打号机、绝缘电阻表、多芯电缆等					

	序号	操作步骤及方法	质量要求	满分	扣　分
评分标准	1	准备工器具、通灯	正确	2	1. 工具准备不完善，扣1～2分
	2	打印线芯胶头	符合设计，要求采用烫印机或智能打印机等	5	2. 操作烫印机等不熟练，胶头制作不适当，扣1～5分
	3	校线，并套上相应标号的胶头	正确	8	3. 不能正确校正校线且忘记套上标号胶头，扣1～8分
	4	检查绝缘	电阻大于等于1MΩ（500V绝缘电阻表）	5	4. 检查绝缘方法不合理及未检查绝缘，扣1～5分

292

行业：电力工程　　　　工种：热控安装　　　　等级：初

编　号	C05A023	行为领域	e	鉴定范围	4
考核时限	120min	题　型	A	题　分	20
试题正文	固定整排仪表管路				
需要说明的问题和要求	1. 要求单独进行操作 2. 现场就地操作演示 3. 仪表管支架已安装完成				
工具、材料、设备场地	仪表管、仪表管卡、钢锯、弯管器等				

	序号	操作步骤及方法	质量要求	满分	扣　分
评分标准	1	准备工具，清理仪表管	管内畅通	5	1. 工具准备不合理，扣1～2分；未清理仪表管，扣3分
	2	固定仪表管	卡子与管子配套固定牢固，管子排列整齐，两管中心间距为2D；坡度及倾斜方向符合规范	10	2. 仪表管的敷设、固定不符合质量要求，扣1～10分
	3	对口	管子对口，无错口符合规范	5	3. 能对所敷的仪表管进行管子对口，否则扣1～5分

293

行业：电力工程　　　　　　工种：热控安装　　　　　　等级：初

编　　号	C05A024	行为领域	e	鉴定范围	3
考核时限	120min	题　　型	A	题　　分	20

试题正文	安装电动执行机构底座				
需要说明的问题和要求	1. 要求单独进行操作 2. 现场就地操作演示 3. 注意安全，要文明操作演示 4. 底座（单台）已制作完成				
工具、材料、设备场地	水平尺、吊线锤、钢板尺、焊机等				

<table>
<tr><td rowspan="4">评分标准</td><td>序号</td><td>操作步骤及方法</td><td>质量要求</td><td>满分</td><td>扣　　分</td></tr>
<tr><td>1</td><td>确定安装位置</td><td>符合设计要求</td><td>5</td><td>1. 能够正确地确定安装位置，否则，扣1～5分</td></tr>
<tr><td>2</td><td>固定安装</td><td>牢固
垂直偏差不大于2mm
水平偏差不大于1mm</td><td>10</td><td>2. 固定安装中不符合质量要求，扣1～10分</td></tr>
<tr><td>3</td><td>油漆</td><td>焊接符合《验标》均匀、完整、美观</td><td>5</td><td>3. 油漆不均匀、不完整、外观差，扣1～5分</td></tr>
</table>

编　　号	C54A025	行为领域	e	鉴定范围	3
考核时限	30min	题　型	A	题　分	20

试题正文	在支架上钻设备安装螺孔
需要说明的问题和要求	1. 要求单独进行操作 2. 现场就地操作演示
工具、材料、设备场地	样冲、电钻、圆锉、钢尺、手锤等

	序号	操作步骤及方法	质量要求	满分	扣　分
评分标准	1	划线定孔位，并打好样冲眼	与设备固定孔配套	5	1. 划线方法不正确，扣2分；定位不合理，扣2分；未打样冲眼，扣1分
	2	检查电钻的完好情况	完好	2	2. 未对电钻进行检查，扣2分
	3	将要钻孔的支架放置平稳或固定好	固定牢靠	2	3. 对支架的固定位置不合理，固定不牢靠，扣1～2分
	4	接通电源施钻	孔径及孔间距离符合要求	6	4. 工作忙乱、操作不符合规范，扣1～6分
	5	修正钻孔毛刺	光滑、无毛刺	5	5. 未修正钻孔及修正后不光滑仍有毛刺，扣1～5分

编　　号	C54A026	行为领域		e	鉴定范围		4
考核时限	60min	题　型		A	题　　分		20
试题正文	制作高压焊接取压一次门固定抱箍						
需要说明的问题和要求	1. 要求单独进行操作 2. 现场就地操作演示						
工具、材料、设备场地	手锤、扁钢、钢锯等						

	序号	操作步骤及方法	质量要求	满分	扣　分
评分标准	1	准备工具，领取扁钢		2	1. 准备工具不齐全，扣2分
	2	校正	平直	2	2. 未校正或校正效果不好，扣1～2分
	3	划线下料	按实物计算长度	2	3. 划线不准确，扣1分；下料长度不准确，扣1分
	4	锤击弯制及校正	尺寸与实物相符	10	4. 弯制的尺寸与实物不相符，视情节，扣1～10分
	5	钻固定螺孔	孔径、孔距符合要求	4	5. 孔径孔距不符合要求，扣1～4分

编　　号	C54A027	行为领域	e	鉴定范围	3
考核时限	50min	题　型	A	题　分	20

试题正文	接线盒支架下料
需要说明的问题和要求	1. 要求单独进行操作 2. 现场就地操作演示 3. 手工锯割，以现场实际用接线盒为准
工具、材料、设备场地	角钢、钢锯、钢锉等

	序号	操作步骤及方法	质量要求	满分	扣　分
评分标准	1	准备工具，领取材料	正确、齐全	2	1. 准备工具不齐全，领取的材料规格不对，扣1～2分
	2	材料校正（角钢）	平直	5	2. 材料未校正或校正不平直，扣1～5分
	3	划线	依据接线盒尺寸，考虑组装时的叠加量锯口平直	3	3. 划线尺寸不准确及未考虑叠加量，扣1～3分
	4	割锯下料		8	4. 锯口不平直,操作锯弓不规范，扣1～8分
	5	锉平	无毛刺、光滑	2	5. 未打磨或打磨不光，扣1～2分

行业：电力工程　　　　工种：热控安装　　　　等级：初/中

编　号	C54A028	行为领域	f	鉴定范围	1
考核时限	60min	题　型	A	题　分	20
试题正文	仪表管路涂刷油漆				
需要说明的问题和要求	1. 要求单独进行操作 2. 现场就地操作演示 3. 油漆过程分 2～3 次完成，每次考核时限为 60min				
工具、材料、设备场地	油漆、漆刷、钢丝刷、纱布等				

	序号	操作步骤及方法	质量要求	满分	扣　分
评分标准	1	准备工具，领取材料		2	1. 工具准备不齐，领取材料不对，扣 1～2 分
	2	清理管路表面	干净	4	2. 未清理或未将管路表面清理干净，扣 1～4 分
	3	刷底漆	底漆一般采用铁红酚醛防锈漆	4	3. 底漆用材不对及涂刷不均匀，扣 1～4 分
	4	表面处理	底漆干透后，打磨均匀	5	4. 表面打磨不均匀，扣 1～5 分
	5	刷第二遍底漆	油漆每次间隔 8～12h，均匀	3	5. 二遍涂刷时间不正确，刷漆不均匀，扣 1～3 分
	6	刷面漆	面漆一般刷银粉漆，且均匀一致	2	6. 银粉漆调和不当及刷不均匀，扣 1～2 分

行业：电力工程　　　　工种：热控安装　　　　等级：高/中

编　号	C54A029	行为领域		e	鉴定范围	4
考核时限	120min	题　型		A	题　分	20
试题正文	冷弯配置、安装同支架上的几根相同仪表管路 S 弯					
需要说明的问题和要求	1. 要求单独进行操作 2. 现场就地操作演示 3. 结合现场实际，灵活掌握					
工具、材料、设备场地	弯管器、锯弓、切割机、仪表卡、尺子等					

	序号	操作步骤及方法	质量要求	满分	扣　分
评分标准	1	准备工具，领取仪表管	材质符合设计	2	1. 工具准备不齐，领取的材料不符合设计要求，扣 1～2 分
	2	校正平直、清理管子	平直、干净、通畅	2	2. 未校正、清理，扣1～2 分
	3	划线下料	准确、平直、无毛刺	2	3. 划线不准确，锯口不平齐，扣 1～2 分
	4	配制弯头	弯头应符合规范要求，且弧度一致	5	4. 弯制的弯头应符合规范要求，弧度均匀一致，否则，扣 1～5 分
	5	连接直管段	直管端的管子间距应相互一致、均匀	4	5. 管子管距应匀称合理，否则，扣1～3 分
	6	对口焊接、固定	无错口、符合《验标》焊接篇，用管卡固定牢固、管子排列整齐、相互均匀一致，两管中心距为 2D	5	6. 焊口不符合有关规定，扣1～4 分

行业：电力工程　　　　　工种：热控安装　　　　等级：初/中

编　　号	C54A030	行为领域	e	鉴定范围	4
考核时限	120min	题　　型	A	题　　分	20
试题正文	安装排污容器				
需要说明的问题和要求	1. 要求单独进行操作 2. 现场就地操作演示				
工具、材料、设备场地	锯弓、尺子、排污容器、电焊工具等				

	序号	操作步骤及方法	质量要求	满分	扣　分
评分标准	1	准备工具材料	符合设计	1	1. 准备工具不适当，材料不符合设计要求，扣2分
	2	检查容器	出、入口通畅，盖板开、关灵活	5	2. 未检查容器，扣1～5分
	3	安装容器	牢固、美观、密封无渗漏	6	3. 安装达不到质量要求，扣1～6分
	4	安装排污管	坡度≥1/2，符合管路敷设要求	5	4. 排污管的敷设、焊接不合质量要求，扣1～5分
	5	清理现场		2	5. 未清理现场，扣2分

行业：电力工程　　　　工种：热控安装　　　　等级：初/中

编　　号	C54A031	行为领域	e	鉴定范围	4
考核时限	120min	题　　型	A	题　　分	20
试题正文	安装隔离容器				
需要说明的问题和要求	1. 要求单独进行操作 2. 现场就地操作演示				
工具、材料、设备场地	锯弓、尺子、隔离容器、电焊工具、隔离液				

	序号	操作步骤及方法	质量要求	满分	扣　　分
评分标准	1	准备工具、领取材料设备	符合设计	2	1. 工具准备不齐，领取的材料不符合设计要求，扣2分
	2	检查外观	无残缺，螺纹连接合适	3	2. 未对容器检查，扣1～3分
	3	安装容器、连接管路	固定牢固端正 正确，严密无渗漏，焊接符合《验标》	8	3. 安装的容器无渗漏，且符合规范，否则，扣1～8分
	4	填充隔离液	符合设计	5	4. 填充隔离液不符合设计要求，扣1～5分
	5	清理现场	干净	2	5. 未清理现场，扣2分

4.2.2 多项操作

行业：电力工程　　　　工种：热控安装　　　　等级：中/高

编　号	C43B001	行为领域	e	鉴定范围	5
考核时限	120min	题　型	B	题　分	30
试题正文	在烟、风管道上开压力取源测孔				
需要说明的问题和要求	1. 要求单独进行操作 2. 现场就地操作演示 3. 注意安全，要文明操作演示				
工具、材料、设备场地	画规、扁铲、圆锉或半圆锉、气割等				

	序号	操作步骤及方法	质量要求	满分	扣　分
评 分 标 准	1	准备工具		2	1. 工具准备不齐，扣2分
	2	选定测孔位置，用画规按插座内径画圆圈	左右侧对称，符合设计	5	2. 选测孔位置左右不对称，扣2~5分
	3	再用石笔沿圆圈描清晰	清晰准确	3	3. 测点没有清晰准确画出，扣3分
	4	用割具沿圆圈切割，并取出切割的铁片	注意防止伤人和失火，切割准确	8	4. 切割操作不熟练，扣1~4分
	5	用扁铲剥去溶渣及氧化铁屑	干净	2	5. 未铲除熔渣，扣2分
	6	用圆锉或半圆锉修正测孔	测孔光滑无毛刺，测孔直径与取压管内径偏差为0.5~1mm	10	6. 测孔修整不合质量要求，扣1~10分

行业：电力工程　　　　工种：热控安装　　　　等级：中/高

编　　号	C43B002	行为领域	e	鉴定范围	5
考核时限	120min	题　型	B	题　分	30

试题正文	安装汽水管道上的测温取源插座

需要说明的问题和要求	1. 要求单独进行操作 2. 现场就地操作演示 3. 注意安全，要文明操作演示 4. 测点开孔已完成

工具、材料、设备场地	角磨机、钢锉、钢丝刷、砂布等

	序号	操作步骤及方法	质量要求	满分	扣　分
评分标准	1	准备工具，领取插座	插座材质应与管道材质相符	2	1. 准备工具材料不正确，扣2分
	2	检查核对温度插座螺纹丝扣	与相应温度计丝口无误	3	2. 未进行核查，扣3分
	3	打磨测孔周围及插座的焊接坡口	符合焊接要求	3	3. 打磨不光洁，扣1～3分
	4	找正点焊	插座找正时，应垂直管道中心线，偏差≤1mm；温度杆座与测温元件装配后点焊	5	4. 点焊后不符合质量要求，扣1～5分
	5	焊接	符合《验标》焊接篇	5	5. 焊接质量不满足《验标》，扣1～5分
			温度杆座焊接时，应有防止焊渣落入丝口的措施	5	
	6	清除焊渣及检查温度杆座丝口有无损伤	干净、完好	2	6. 未清焊渣，扣1分；未检查有无损伤，扣1分
	7	合金材质插座委托热处理	符合《验标》热处理篇	3	7. 未考虑送交热处理，扣3分
	8	封闭插座口	严密	2	8. 封闭不严密，扣2分

303

编　　号	C54B003	行为领域	e	鉴定范围	3
考核时限	120min	题　　型	B	题　　分	30
试题正文	制作接线盒安装支架				

需要说明的问题和要求	1. 要求单独进行操作 2. 要求将∠40×4角钢手工锯割制作成（如右图所示）接线盒安装支架。其中：AB=190；AC=290；孔间距ab=146；ac=246 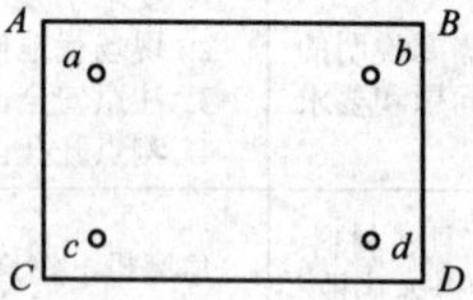	（图）

工具、材料、设备场地	手锯弓、榔头、5mm钻头、钢冲、∠40×4角钢、电钻、电焊机

	序号	操作步骤及方法	质量要求	满分	扣　分
评分标准	1	角钢校直、清理	平直、干净	2	1. 角钢未校，扣1分；未清理，扣1分
	2	画线 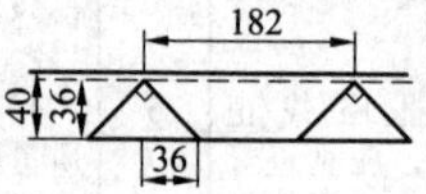	关键要考虑角钢厚度为4mm，在弯制90°时，造成的叠加量	8	2. 画线不正确，扣5分；未考虑重叠，扣3分
	3	下料、锯割	锯割出标准的等腰直角三角形	5	3. 下料锯路不直，扣3分；锯弓操作不符合要求，扣2分
	4	制作	尺寸误差小于等于2mm（长、宽、对角线）	5	4. 制作尺寸误差大于2mm，扣5分
	5	焊接	符合焊接标准	5	5. 焊接不合要求，扣5分
	6	定螺孔位置、钻孔	钻孔尺寸误差小于等于1mm	5	6. 定孔位置不准确，扣3分；钻孔操作不熟练，扣2分

304

行业：电力工程　　　　工种：热控安装　　　等级：高/技师

编　号	C32B004	行为领域	e	鉴定范围	2
考核时限	360min	题　型	B	题　分	30
试题正文	安装电动执行机构				
需要说明的问题和要求	1. 要求以本人为主，他人配合 2. 要文明操作演示，注意安全 3. 底座已制作完成				
工具、材料、设备场地	尺子、锯弓、手锤、水平尺等				

	序号	操作步骤及方法	质量要求	满分	扣　分
评分标准	1	准备工具、材料	正确、齐全	2	1. 工具、材料准备不正确、齐全，扣2分
	2	核对调节机构（调节门或挡板）的开关方向及全关到全开的行程（或角度）	方向准确，行程正确	5	2. 未核对规格，扣2分；未试调节机构全开关，扣3分
	3	确定调节机构转臂长度，并钻销子孔	合适	4	3. 确定臂长不合适，扣1～4分
	4	安装固定底座及执行机构	使执行机构与调节机构的转臂在同一平面内运动，且方向一致；消除热膨胀产生位移造成的影响；固定牢固，安装位置便于操作、维护，不影响通行；手轮操作方向顺时针为关，逆时针为开，且手轮中心对地面约900mm	8	4. 安装过程中不符合质量要求，总体扣1～8分
	5	配置安装连杆	执行机构与调节机构全行程一致，传动空行程小于等于1%，在开度为50%时，保持执行机构与连杆的夹角近似为90°	8	5. 安装后传动空行程大于1%，扣4分；开度为50%时，夹角偏离90°，视情节扣1～4分
	6	安装电缆保护管、接线盒	管口光滑	3	6. 电缆保护管高度不适当，扣2分；管口不定，扣1分

305

行业：电力工程　　　　工种：热控安装　　　　等级：技师/高技

编　号	C21B005	行为领域		e	鉴定范围		2
考核时限	240min	题　型		B	题　分		30
试题正文	完成汽水介质测量管路及取源部件的严密性试验工作						
需要说明的问题和要求	1. 要求单独进行操作 2. 现场就地操作演示 3. 注意安全，要文明操作演示 4. 考核时限可视系统升压情况进行调整 5. 此题结合生产实际选择进行						
工具、材料、设备场地							

	序号	操作步骤及方法	质量要求	满分	扣　分
评分标准	1	汽水介质测量管路及取源部件的严密性试验，随主设备一起进行	在主设备水压前做好准备	5	1. 知道其质量要求为在主设备水压前作好准备，否则，扣5分
	2	试验前检查管路及取源部件焊口有无漏焊，所有活连接应加好垫子并紧固	根据系统范围逐个检查、紧固	5	2. 各活接头未加垫，扣2分；未紧固，扣2分
	3	对管路孔应先关闭好一、二次门，开启排污和差压计的平衡门		5	3. 各阀门的开启及关闭顺序不对，扣5分
	4	当压力升到一定值（试验压力的1/3～1/2）时，逐一打开一次门、排污门冲洗管路，并核对管路的正确性，然后关闭排污门 　待压力升到试验压力时，检查管路、阀门及取源部件各部有无渗漏 　试验检查结束后，打开排污门，再次对管路冲洗；如存在问题就及时处理，等待再次升压检查第3、第4项	在升压过程中，检查升压各部位，遇有渗漏及时记录，并及时通知压指挥人员，不可自行随意处理；压力在4MPa以上时，不得松紧阀门、活动连接螺丝及丝堵，在待压设备管道上不得随意敲打和进行电火焊作业	15	4. 试验过程分三步，每步操作不到位及不能及时处理，各扣5分

306

行业：电力工程　　　　工种：热控安装　　　　等级：中/高

编　　号	C43B006	行为领域	e	鉴定范围	5
考核时限	240min	题　型	B	题　分	30
试题正文	制作、安装处于施工现场步道栏杆外侧的接线盒支架				
需要说明的问题和要求	1. 要求单独进行操作 2. 现场就地操作演示，注意安全 3. 支架尺寸支架制作按题 C54B004 要求进行				
工具、材料、设备场地	水平尺、卷尺、焊接工具等				

	序号	操作步骤及方法	质量要求	满分	扣　分
评分标准	1	支架制作	同题 C54B004 要求	20	1. 扣分标准同题 C54B004
	2	确定支架安装位置	使接线盒盖与栏杆平台外侧齐平	5	2. 安装位置不符合质量要求，扣1～5分
	3	安装支架	使接线盒中心至地面高度（或步道平面）为 500mm 左右，符合焊接要求	5	3. 安装高度不符合要求，扣2分；焊接不合要求，扣3分

行业：电力工程　　　　工种：热控安装　　　　等级：中/高

编　号	C43B007	行为领域	e	鉴定范围	5
考核时限	240min	题　型	B	题　分	30
试题正文	制作、安装处于钢柱或混凝土柱上的接线盒支架				
需要说明的问题和要求	1. 要求单独进行操作 2. 现场就地操作演示，注意安全 3. 支架尺寸支架制作按题 C54B004 要求进行				
工具、材料、设备场地	水平尺、卷尺、焊接工具等				

	序号	操作步骤及方法	质量要求	满分	扣　分
评分标准	1	支架制作	同题C54B004要求	20	1. 扣分标准同C54B004
	2	确定支架安装位置	使接线盒中心至地面高度为 1.5m 左右	5	2. 接线盒安装高度不合适，扣3分；工艺不好，扣2分
	3	安装支架	符合焊接要求	5	3. 焊接工艺不合要求，扣1～5分

308

编　号	C43B008	行为领域	e	鉴定范围	5
考核时限	240min	题　型	B	题　分	30
试题正文	制作、安装处于成排变送器支架下侧的接线盒支架				
需要说明的问题和要求	1. 要求单独进行操作 2. 现场就地操作演示，注意安全 3. 支架尺寸支架制作按题 C54B004 要求进行				
工具、材料、设备场地	水平尺、卷尺、焊接工具等				

	序号	操作步骤及方法	质量要求	满分	扣　分
评分标准	1	支架制作	同题 C54B004 要求	20	1. 扣分标准同 C54B004 要求
	2	确定支架安装位置	使接线盒中心至地面高度为 500mm 左右	5	2. 接线盒安装高度不合适，扣 3 分；工艺不好，扣 2 分
	3	安装支架	与成排变送器支架平行	5	3. 焊接工艺不合要求，扣 1～5 分

编　　号	C43B009	行为领域	e	鉴定范围	2
考核时限	120min	题　　型	B	题　分	30
试题正文	电磁阀的安装、试动				
需要说明的问题和要求	1. 要求单独进行操作（校线可与他人合作） 2. 现场就地操作演示 3. 文明操作				
工具、材料、设备场地	绝缘电阻表、通灯、接线胶头等				

	序号	操作步骤及方法	质量要求	满分	扣　分
评分标准	1	准备工具材料	正确、齐全	2	1. 工具材料准备不正确、不齐全，扣2分
	2	核对电磁阀型号检查绝缘电阻	符合设计大于等于1MΩ	6	2. 未核对型号，扣3分；未检查绝缘电阻，扣3分
	3	安装	固定牢固、端正，进出口方向正确	10	3. 安装不符合要求，扣2~10分
	4	接线	正确、牢固	6	4. 有接线错误，扣4分；不牢固，扣2分
	5	试动	铁芯动作灵活无卡涩，系统严密无渗漏	6	5. 未做试动相关步骤，扣1~6分

行业：电力工程　　　　工种：热控安装　　　　等级：高/技师

编　号	C32B010	行为领域	e	鉴定范围	2
考核时限	120min	题　型	B	题　分	30
试题正文	安装电接点水位计的测量筒				
需要说明的问题和要求	1. 要求以本人为主，他人配合 2. 现场就地操作演示 3. 注意安全，要文明操作演示 4. 不要求接线				
工具、材料、设备场地	水平尺、500V绝缘电阻表、吊线锤、钢尺、扳手、管钳、电焊机等				

	序号	操作步骤及方法	质量要求	满分	扣　分
评分标准	1	准备工具、领取材料、设备		2	1. 准备工具、材料不正确，扣5分
	2	核对测量筒，确定其零位，并加以标记		5	2. 未核对设备，扣2分；未对零位加标记，扣3分
	3	找出容器零水位线安装一次门及测量筒支撑支架	一次门必须横装	6	3. 安装工艺不合格，扣1~3分；不知一次门必须横装，扣3分
	4	安装测量筒，并在其底部装设排污阀门	垂直偏差不大于2mm；测量筒水位电极中轴线与被测容器的零水位线应处于同一高度；安装筒体和管路时，应有防止因热力设备膨胀产生位移而被损坏的措施	6	4. 测量筒安装不合质量要求，扣1~6分
	5	检查电极及筒体螺孔丝口	电极的丝牙与筒体丝口配合应良好	3	5. 未对电极检查，扣1.5分；未检查筒体螺丝口，扣1.5分
	6	检查电极绝缘、安装电极	电极绝缘电阻大于100MΩ，并应加装紫铜垫圈，丝口要涂抹二硫化钼或铅油，并要旋紧，密封良好	3	6. 不能正确使用绝缘电阻表测量，扣3分
	7	核对安装结果，填写施工记录		3	7. 未核对安装结果，扣1.5分；未填写施工记录，扣1.5分
	8	清理现场		2	8. 未清理现场，扣2分

行业：电力工程　　　　　工种：热控安装　　　　　等级：高

编　号	C03B011	行为领域	e	鉴定范围	2
考核时限	50min	题　型	B	题　分	30
试题正文	在某段水平管道上自行选择压力测点的开孔位置				
需要说明的问题和要求	1. 要求单独进行操作 2. 现场就地操作演示 3. 结合现场情况，介质为气体				
工具、材料、设备场地	量尺、记号笔				

	序号	操作步骤及方法	质量要求	满分	扣　分
评分标准	1	测孔应选择在管道的直线段上		5	1. 测孔选择位置不正确，扣5分
	2	不宜在焊缝及其边缘上	在焊缝或热影响区外	5	2. 测孔选点距焊缝不符合要求，扣5分
	3	确定取源部件之间的距离	应大于管道外径，且不小于200mm	5	3. 与取源部件之间距离小于200mm，扣5分
	4	确定压力和温度测孔在同一位置的顺序	按介质流向，压力测孔在前	5	4. 压力、温度测孔位置的顺序不对，扣5分
	5	确定当调节、监视压力信号在同一位置时的顺序	按介质流向，用于自动调节的测孔在前	5	5. 未将自动调节的测孔摆在前边，扣5分
	6	定位	在管道上半部，且便于施工、维护	5	6. 定位不符合质量要求，扣5分

行业：电力工程　　　　　　工种：热控安装　　　　　　等级：高

编　号	C03B012	行为领域	e	鉴定范围	2
考核时限	50min	题　　型	B	题　　分	30
试题正文	在某段水平或倾斜管道上自行选择压力测点的开孔位置				
需要说明的问题和要求	1. 要求单独进行操作 2. 现场就地操作演示 3. 结合现场情况，介质为液体				
工具、材料、设备场地	量尺、记号笔				

	序号	操作步骤及方法	质量要求	满分	扣　分
评分标准	1	测孔应选择在管道的直线段上		5	1. 测孔位置选择不当，扣 3 分
	2	不宜在焊缝及其边缘上	在焊缝或热影响区外	5	2. 测孔距焊缝及热影响区不合要求，扣 3 分
	3	确定取源部件之间的距离	应大于管道外径，且不小于 200mm	5	3. 与其他测源部距离小于 200mm，扣 3 分
	4	确定压力和温度测孔在同一位置的顺序	按介质流向，压力测孔在前	5	4. 与压力测点位置摆放不正确，扣 5 分
	5	确定当自动调节测量监视压力信号在同一位置时的顺序	按介质流向，用于自动调节的测孔在前	5	5. 与自动调节测点位置摆放不正确，扣 5 分
	6	定位	在管道下半部与管道的水平中心线成45°夹角的范围内，且便于施工、维护	5	6. 定位不符合质量要求，扣 5 分

行业：电力工程　　　　　工种：热控安装　　　　等级：中/高

编　　号	C43B013	行为领域		e		鉴定范围	3
考核时限	120min	题　　型		B		题　　分	30
试题正文	处理汽包电接点测量筒渗漏						
需要说明的问题和要求	1. 要求单独进行操作 2. 现场就地操作演示 3. 试运行时，电极处渗漏						
工具、材料、设备场地	扳手、电极、二硫化钼等						

	序号	操作步骤及方法	质量要求	满分	扣　　分
评分标准	1	准备工具、材料	正确、齐全	2	1. 工具材料准备不齐全，扣2分
	2	通过当班值长办理工作票，经运行人员签字同意后，解列电接点水位计	正确	5	2. 未经有关人员批准即解列，扣5分
	3	关闭汽、水侧一次门，打开排污门，放掉容器内的水汽，待筒体消压和完全冷却	正确	6	3. 各阀门开闭操作不正确，扣6分
	4	拆下发生泄漏的电极，检查筒体丝口情况，如无损伤（有损伤时，视情况进行修复），更换电极	更换电极时，丝口要涂抹二硫化钼或铅油，并要更换紫铜垫，上紧	8	4. 拆卸时操作不得当，扣2分；丝口未抹二硫化钼等，扣3分；未交换紫铜垫，扣3分
	5	完成后，重新启动水位计时，保持排污门打开状态，再缓慢开启汽、水门，缓慢关闭排污门，使仪表投入运行	正确	6	5. 各操作步骤不完整、不正确，扣1～6分
	6	确定再无渗漏，通知运行人员知道，并及时消票	正确	3	6. 不符合操作步骤及刀法，扣1～6分

编　号	C21B014	行为领域	e	鉴定范围	4
考核时限	30min	题　型	B	题　分	20
试题正文	DKJ 执行器出现周期性振荡的消除				
需要说明的问题和要求	1. 要求实际说明 2. 单独进行操作				
工具、材料、设备场地	数字万用表、扳手、电工工具				

	序号	操作步骤及方法	质量要求	满分	扣　分
评分标准	1	手动来回操作执行器见到执行器振荡 增加电气制动功能	消除振荡	4	1. 不能判明振荡原因，扣 2 分 2. 不会调电气制动力，扣 2 分
	2	加大伺服放大器的死区	死区要合适，既考虑消除振荡，又不能灵敏度太低	6	3. 调整伺服放大器旋钮错误，扣 2 分 4. 调整方法不清楚，扣 2 分
	3	增大制动器的摩擦力调整执行器刹车	刹车抱闸力适度	2	5. 刹车抱闸力度调整不当，扣 2 分
	4	手动来回操作执行器，不振荡即是调节器振荡	判别是系统振荡还是执行器本身振荡	2	6. 不能判明振荡原因，扣 2 分
	5	检查整定调节器参数，增大比例带设置	消除振荡	6	7. 不清楚调整参数，扣 2 分 8. 参数调整不合适，扣 2 分

行业：电力工程　　　　　工种：热控安装　　　等级：技师/高技

编　号	C21B015	行为领域	e	鉴定范围	4
考核时限	30min	题　型	B	题　分	20

试题正文	开关量中出现干扰信号造成误动如何解决				
需要说明的问题和要求	1. 要求实际说明 2. 单独进行操作				
工具、材料、设备场地	数字万用表、绝缘电阻表、电工工具				

<table>
<tr><td rowspan="7">评
分
标
准</td><td>序号</td><td>操作步骤及方法</td><td>质量要求</td><td>满分</td><td>扣　分</td></tr>
<tr><td>1</td><td>检查电缆接线</td><td>电缆接线正确牢固</td><td>2</td><td>1. 不清楚检查部位，扣2分
2. 不知道检查方法，扣2分</td></tr>
<tr><td>2</td><td>检查电缆屏蔽层处理情况</td><td>屏蔽可靠，确认屏蔽线单端接地</td><td>4</td><td>3. 不清楚电缆屏蔽层处理要求，扣2分
4. 不清楚电缆屏蔽层处理分柜内或现场不同，扣2分</td></tr>
<tr><td>3</td><td>检查电缆的安放位置，排除振动、强电、高温等现场干扰因素</td><td>电缆的敷设，避开振动、强电、高温等恶劣环境</td><td>4</td><td>5. 对电缆敷设主要要求说不清，每项扣1分</td></tr>
<tr><td>4</td><td>确实不能排除混入信号的干扰时，可在逻辑中采取下列办法消除</td><td>正确地选择逻辑环节</td><td>2</td><td>6. 选择软件组态克服干扰，应说明理由，否则扣2分</td></tr>
<tr><td>5</td><td>信号回路中加入延时选通环节</td><td>确认信号确实发出一段时间后才引入逻辑中，从而避免因信号干扰而造成的设备误动</td><td>4</td><td>7. 绘不出逻辑图，扣2分
8. 参数选择不合适，扣2分</td></tr>
<tr><td>6</td><td>另增加同一信号测点或由模拟量判断同一信号形成三选二逻辑</td><td>消除干扰</td><td>4</td><td>9. 绘不出逻辑图，扣2分
10. 冗余设备选型安装方式不可行，扣2分</td></tr>
</table>

行业：电力工程　　　　工种：热控安装　　　　等级：高

编　　号	C3B016	行为领域	e	鉴定范围	4
考核时限	30min	题　型	B	题　分	20
试题正文	差压仪表的投入				
需要说明的问题和要求	1. 要求实际说明　2. 单独进行操作				
工具、材料、设备场地	数字万用表、扳手、电工工具				

	序号	操作步骤及方法	质量要求	满分	扣　分
评分标准	1	冲洗仪表正、负压导管：① 关闭差压仪表的正、负压门，打开平衡门。② 待被测容器压力达 0.1MPa 时，开启一次阀门后，再缓缓打开正压（或负压）排污门，分别冲洗正、负压导管。③ 导管冲洗干净后，关闭排污门	操作步序正确	6	1. 步序错误每次扣1分
	2	待导管冷却后，再启动仪表，若管路中装有空气门，应先开启一下空气门，排除空气后，才能启动仪表	操作步序正确	2	2. 步序错误每次扣1分
	3	仪表的启动：① 检查仪表平衡门是否已处在开启位置。② 渐渐开启仪表正压门。当测量介质为蒸汽或液体时，待测量室充满被测凝结水或液体后，松开仪表的正、负测量室的排污螺钉。待介质逸出并排净气泡后，拧紧排污螺钉。然后，检查仪表各部分是否有渗漏现象，并检查仪表零点。③ 关闭平衡门，逐渐打开负压门	操作步序正确	6	3. 步序错误每次扣1分
	4	仪表投入后的检查：可稍开排污门。① 开正排污门时，仪表指示应减小；开负排污门时，仪表指示应增大。② 检查仪表零位，可先打开平衡门，再关负压门，观察仪表规零位是否正确	切勿在平衡门和正、负压门都在打开位置时，检查仪表零位；以免仪表承受过大的单向静压	6	4. 步序错误每次扣1分

行业：电力工程　　　　工种：热控安装　　　　等级：技师

编　　号	C32B017	行为领域	e	鉴定范围	4
考核时限	30min	题　　型	B	题　　分	20

试题正文	热电偶热电势比实际值偏低的原因分析及消除
需要说明的问题和要求	1. 要求单独进行操作 2. 实际说明
工具、材料、设备场地	数字万用表、电位差计、摇表、加热设备

	序号	操作步骤及方法	质量要求	满分	扣　　分
评分标准	1	检查接线盒、保护管是否脏污、潮湿	对接线盒、保护管进行清洁，烘干	2	1. 未提接线盒保护管进行清洁、烘干，扣2分
	2	检查热电偶内部漏电否	热电偶进行烘十 如果是由于绝缘瓷管绝缘不良引起，则更换绝缘瓷管	4	2. 未回答对热电偶进行烘干，扣2分 3. 未回答绝缘瓷管检查处理，扣2分
	3	1. 补偿导线老化或短路 2. 补偿导线型号与热电偶型号不一致 3. 补偿导线与热电偶的极性接反	正确检查、处理补偿导线的问题	6	4. 不能判断补偿导线老化或短路，扣2分 5. 不会判断、选择补偿导线型号与热电偶型号一致，扣4分 6. 不会区别补偿导线与热电偶的极性，扣2分
	4	清安装位置或插入深度不符合要求	检查插入深度，按照安装规定要求，改变安装位置或插入深度	4	7. 未检查插入深度，扣2分 8. 对安装位置选择不清楚，扣2分
	5	热电偶冷端温度过高	使热电偶冷端离开高温区	2	9. 不知热电偶冷端温区范围，扣1分
	6	热电偶型号与显示仪表型号不一致	热电偶型号与显示仪表型号一致	2	10. 分不清热电偶型号与显示仪表型号一致的要求，扣2分

行业：电力工程　　　　工种：热控安装　　　　等级：高

编　号	C43B018	行为领域	e	鉴定范围	2
考核时限	30min	题　型	B	题　分	20
试题正文	弹簧管压力表指示跳跃变化的消除				
需要说明的问题和要求	1. 要求实际说明 2. 单独进行操作				
工具、材料、设备场地	电工工具，扳手				

	序号	操作步骤及方法	质量要求	满分	扣　分
评 分 标 准	1	检查测量信号来源是否有脉动现象	判断、减小脉动源	2	1. 不清楚检查判断方式，扣2分
	2	重新调整弹簧管自由端与连杆的结合，防止过紧	弹簧管自由端与连杆的结合灵活	4	2. 调整不到位，扣2分
	3	重新调整压力表内部连杆与扇形齿轮连接滑块，过紧，会使连杆转动卡涩	连杆与扇形齿轮连接滑块转动灵活	4	3. 调整不熟练，扣2分
	4	检查扇形齿轮与中心齿轮和夹板结合面不平行或有损伤，啮合太紧	消除损伤，传动灵活	4	4. 调整不到位，扣2分
	5	检查调整后重新校验压力表	表计传动灵活，误差符合要求	6	5. 校验表计仍卡涩，扣3分 6. 校验表计误差调整不合格，扣2分

行业：电力工程　　　　工种：热控安装　　　　等级：高

编　　号		C43B0019	行为领域		e	鉴定范围		4
考核时限		30min	题　　型		B	题　　分		20
试题正文		电动装置阀位指示不亮的消除						
需要说明的问题和要求		1. 要求实际说明 2. 单独进行操作						
工具、材料、设备场地		电工工具，扳手，数字万用表						

	序号	操作步骤及方法	质量要求	满分	扣　分
评分标准	1	检查阀位指示灯泡损坏。检查灯泡与底座接触是否良好或接线是否掉线	阀位指示灯泡正常，灯泡与底座接触良好	4	1. 不正确检查，扣2分 2. 找不准检查部位，扣2分
	2	检查是否存在端子排接线松动或接触不良现象	端子排接线，电动装置内接插线接触良好	4	3. 不清楚检查处理方法，扣2分 4. 检查部位述说不全，扣2分
	3	检查电动装置是否在手动位，"手—电动"位开关损坏。A11是否带电，更换"手—电动"开关	"手—电动"位开关转换灵活	4	5. 处理方法不对，扣2分
	4	行程控制器调整不合适，重新调整行程控制器	行程控制器调整到位	4	6. 调整步骤不正确，扣2分 7. 调整不到位，扣2分
	5	力矩控制器动作，阀门没有到达应有的位置。重新调整行程控制器	力矩控制器调整到位	4	8. 调整步骤不正确，扣2分 9. 调整不到位，扣2分

行业：电力工程　　　工种：热控安装　　　等级：技师

编　　号	C21B020	行为领域	e	鉴定范围	4
考核时限	30min	题　型	B	题　　分	20
试题正文	电涡流探头的安装				
需要说明的问题和要求	1. 要求实际说明 2. 单独进行操作				
工具、材料、设备场地	数字万用表、摇表、扳手、固定材料				

	序号	操作步骤及方法	质量要求	满分	扣　分
评分标准	1	将电涡流探头拧到探头支架上，再将探头支架大致固定在轴承座支架上，调整角度，使控头端面与转子被侧面平行，用12寸扳手先固定好，再用大扳手固定牢固	支架和探头固定牢固	4	1. 顺序错误，扣2分 2. 安装标准不清楚，扣2分
	2	检查电缆屏蔽层处理情况旋入探头粗略调整在安装位置，将探头与引伸电缆连接，用万用表测试探头前置器输出，看输出电压是否在安装电压附近，若相差较大，松开引伸电缆，重新调整	屏蔽可靠，确认屏蔽线单端接地	4	3. 不清楚电缆屏蔽层处理要求，扣2分 4. 不清楚安装电压值，扣2分
	3	若测出电压负向偏大，则将探头向被测面方向旋；若偏小，则将探头向被测面反方向旋，再连上引伸电缆，测试前置器输出电压，使其在安装电压附近	调整正确	4	5. 调整方向不对，扣2分
	4	略微旋转动探头，使前置器输电压略大于安装电压，用6寸扳手将探头螺母固定	调整正确	2	6. 不清楚安装电压值，扣2分
	5	用12寸扳手将探头支架固定牢靠，用生料带缠严引伸电缆接头，用铅丝将探头及引伸电缆固定以防被转子擦破	符合工艺要求	6	7. 所述一项错，扣2分

行业：电力工程　　　　　　工种：热控安装　　　　　　等级：高

编　　号	C32B021	行为领域	e	鉴定范围	4
考核时限	30min	题　　型	B	题　　分	20
试题正文	锅炉炉膛负压膜盒表指示不准的消除				
需要说明的问题和要求	1. 要求实际说明 2. 单独进行操作				
工具、材料、设备场地	电工工具，扳手，密封材料，校验表计用标准表、加压源				

	序号	操作步骤及方法	质量要求	满分	扣　分
评分标准	1	检查测量信号取样管路或接头有无泄漏	消除泄漏点	4	1. 不清楚检查判断方式，扣2分 2. 找不准检查部位，扣2分
	2	取样管路或压力表接头处时堵时通。对接头处如有灰堵现象或污物，进行疏通和清除	管路及接头处排气通畅	2	3. 不清楚检查处理方法，扣2分
	3	膜盒泄漏，膜盒变形。焊缝处泄漏可用电烙铁进行补焊；如其他处泄漏或变形，按原规格更换新膜盒	膜盒不漏，没有变形	4	4. 处理方法不对，扣2分
	4	膜盒表微调支板调整不合适。反时针调整可减少正误差	微调支板调整合适	2	5. 调整不到位，扣2分
	5	传动部位有摩擦或卡涩现象。对摩擦或卡涩部位进行调整	消除摩擦或卡涩部位	4	6. 校验表计仍卡涩，扣2分
	6	如对表计传动部分修理调整过，进行表计校验		4	7. 校验表计误差调整不合格，扣2分

行业：电力工程　　　　工种：热控安装　　　　　等级：高

编　号	C32B022	行为领域	e	鉴定范围	4
考核时限	30min	题　型	B	题　分	20
试题正文	锅炉减温水流量停机后依然有指示的消除				
需要说明的问题和要求	1. 要求实际说明 2. 单独进行操作				
工具、材料、设备场地	电工工具、扳手、密封材料				

	序号	操作步骤及方法	质量要求	满分	扣　分
评分标准	1	差压测量取样管正负压侧高度不一致；改测量管高度一致	取样管不能产生静高度差	4	1. 不清楚检查判断方式，扣2分 2. 找不准检查部位，扣2分
	2	检查传压管路和二次门是否有渗漏	管路及接头处无渗漏	4	3. 不清楚检查处理方法，扣2分 4. 检查部位述说不全，扣2分
	3	打开变送器排污门，将传压管路内残存的气体或液体排出，使正、负压侧平衡	管路中无残存的气体	4	5. 处理方法不对，扣2分
	4	检查变送器正压侧压力容室内是否有沉积物	变送器测量室内清洁	4	6. 检查步骤不正确，扣2分
	5	检查变送器电路板有无故障	变送器无故障，加压校验合格	4	7. 校验表计仍卡涩，扣2分

行业：电力工程　　　　　　工种：热控安装　　　　　　等级：高

编　号	C43B023	行为领域	e	鉴定范围	4
考核时限	30min	题　型	B	题　分	20
试题正文	管道内流量稳定，流量计显示不稳定的消除				
需要说明的问题和要求	1. 要求实际说明 2. 单独进行操作				
工具、材料、设备场地	电工工具、扳手				

	序号	操作步骤及方法	质量要求	满分	扣　分
评分标准	1	检查改进测量装置的安装工艺，使直管段长度达到要求，管道内径与设计要求一致	取样管不能产生静高度差	4	1. 不清楚检查判断方式，扣 2 分 2. 找不准检查部位，扣 2 分
	2	重新安装密封垫片，检查管内是否有异物，并进行清理	管内无异物，密封垫片不得突出入管内	4	3. 不清楚检查处理方法，扣 2 分 4. 检查部位述说不全，扣 2 分
	3	改进测量装置的安装工艺，避免液体带气泡或蒸汽带水	仪表管路取样点符合要求	4	5. 处理方法不对，扣 2 分
	4	放大器调整改变增益或触发灵敏度	满足测量要求	4	6. 调整步骤不正确，扣 2 分
	5	核对工作流量是否太小，未进入测量范围。考虑更换测量件	测量装置量程满足工作流量范围	4	7. 指不出流量设计偏差，扣 2 分

4.2.3 综合操作

行业：电力工程　　　　工种：热控安装　　　　等级：高/技师

编　号	C32C001	行为领域	e	鉴定范围	2
考核时限	120min	题　型	C	题　分	30
试题正文	安装插入式测温传感器				
需要说明的问题和要求	1. 要求单独进行操作处理，开孔和焊接时可配合作业 2. 现场就地操作演示 3. 注意安全，文明操作演示 4. 公称通径≤250mm 高温高压主蒸汽管道				
工具、材料、设备场地	磁力电钻、热电偶、插座、绝缘电阻表等				

	序号	操作步骤及方法	质量要求	满分	扣　分
评分标准	1	准备工具材料	正确、齐全	2	1. 准备的工具材料不齐全、不正确，扣2分
	2	将热电偶保护套管及插座进行光谱分析	材质应符合被测介质及其参数要求（或符合设计要求）	5	2. 未提出对保护管材质进行光谱分析，扣2分；未核实测量参数，扣3分
	3	根据设计系统图及现场实际，确定测点位置	符合设计、检修方便，且符合《验标》热控篇	5	3. 测点位置选择不符合《验标》要求，扣1～5分
	4	开孔、插座安装	插座安装垂直偏差≤1mm，热电偶与管道中心线垂直，符合《验标》焊接篇	10	4. 插座安装不符合质量要求，扣1～10分
	5	安装热电偶	热电偶套管插入被测介质有效深度为70mm左右	5	5. 套管插入深度不合理，扣1～5分
	6	检查热电偶绝缘	正确选择绝缘电阻表，绝缘大于100MΩ	3	6. 未检查绝缘，扣3分

行业：电力工程　　　　　　工种：热控安装　　　　　　等级：高/技师

编　号	C32C002	行为领域	e	鉴定范围	2
考核时限	120min	题　型	C	题　分	30
试题正文	安装插入式热电偶				
需要说明的问题和要求	1. 要求单独进行操作处理、开孔和焊接时可配合作业 2. 现场就地操作演示 3. 注意安全，文明操作演示 4. 公称通径＞250mm高温高压主蒸汽管道				
工具、材料、设备场地	磁力电钻、热电偶、插座、绝缘电阻表				

	序号	操作步骤及方法	质量要求	满分	扣　分
评分标准	1	准备工具材料		2	1. 工具材料准备不正确，扣2分
	2	将热电偶保护套管及插座进行光谱分析	材质应符合被测介质及其参数要求（或符合设计要求）	5	2. 未对套管、插座提出光谱分析，扣1～5分；未核实参数，扣3分
	3	根据设计系统图及现场实际，确定测点位置	符合设计、检修方便，并符合《验标》热控篇	5	3. 测点不符合《验标》，扣1～5分
	4	开孔、插座安装	插座安装垂直偏差≤1mm，热电偶与管道中心线垂直符合《验标》焊接篇	10	4. 开孔不符合质量要求，扣1～10分
	5	安装热电偶	热电偶套管插入被测介质有效深度为100mm左右	5	5. 安装不符合要求，扣1～5分
	6	检查热电偶绝缘	正确选择绝缘电阻表，绝缘大于100MΩ	3	6. 未检查绝缘，扣1～3分

编　号	C32C003	行为领域	e	鉴定范围	2
考核时限	240min	题　型	C	题　分	50
试题正文	安装插入式热电偶				
需要说明的问题和要求	1. 要求单独进行操作处理，开孔和焊接时可配合作业 2. 现场就地操作演示 3. 注意安全，文明操作演示 4. 公称通径≤500mm 的一般流体介质管道				
工具、材料、设备场地	磁力电钻、热电偶、插座、绝缘电阻表				

	序号	操作步骤及方法	质量要求	满分	扣　分
评分标准	1	准备工具材料		2	1. 工具材料不正确，扣2分
	2	将热电偶保护套管及插座进行光谱分析	材质应符合被测介质及其参数要求（或符合设计要求）	10	2. 材质不符合质量要求，扣1~10分
	3	根据设计系统图及现场实际，确定测点位置	符合设计、检修方便，并符合《验标》热控篇	10	3. 测量位置不符合《验标》，扣1~10分
	4	开孔、插座安装	插座安装垂直偏差≤1mm，热电偶与管道中心线垂直符合《验标》焊接篇	10	4. 开孔不符合质量要求，扣1~12分
	5	安装热电偶	热电偶套管插入被测介质有效深度为管道外径的 1/2 左右	10	5. 热电偶插入深度不合适，扣1~10分
	6	检查热电偶绝缘	正确选择绝缘电阻表，绝缘大于100MΩ	6	6. 未检查绝缘及绝缘不符合要求，扣1~6分

行业：电力工程　　　　工种：热控安装　　　　等级：高/技师

编　号	C32C004	行为领域	e	鉴定范围	2
考核时限	240min	题　型	C	题　分	50
试题正文	安装插入式热电偶				
需要说明的问题和要求	1. 要求单独进行操作处理，开孔和焊接时可配合作业 2. 现场就地操作演示 3. 注意安全，文明操作演示 4. 公称通径＞500mm 的一般流体介质管道				
工具、材料、设备场地	磁力电钻、热电偶、插座、绝缘电阻表				

	序号	操作步骤及方法	质量要求	满分	扣　分
评分标准	1	准备工具材料		2	1. 工具材料准备不正确，扣2分
	2	将热电偶保护套管插座进行光谱	材质应符合被测介质及其参数要求（或符合设计要求）	10	2. 不符合质量要求，扣1～10分
	3	根据设计系统图及现场实际，确定测点位置	符合设计、检修方便，并符合《验标》热控篇	10	3. 测量点不符合质量要求，扣1～10分
	4	开孔、插座安装	插座安装垂直，偏差 ≤1mm，热电偶与管道中心线垂直符合《验标》焊接篇	12	4. 不符合质量要求，扣1～12分
	5	安装热电偶	热电偶套管插入被测介质有效深度为300mm 左右	10	5. 安装不符合质量要求，扣1～10分
	6	检查热电偶绝缘	正确选择绝缘电阻表，绝缘大于100MΩ	6	6. 未检查绝缘，扣6分

行业：电力工程　　　　　工种：热控安装　　　　等级：中/高级

编　　号	C43C005	行为领域	e	鉴定范围	2
考核时限	240min	题　型	C	题　　分	50
试题正文	安装插入式热电偶				
需要说明的问题和要求	1. 要求单独进行操作处理，开孔和焊接时可配合作业 2. 现场就地操作演示 3. 注意安全，文明操作演示 4. 烟风及风粉混合物介质管道				
工具、材料、设备场地	磁力电钻、热电偶、插座、绝缘电阻表				

	序号	操作步骤及方法	质量要求	满分	扣　分
评分标准	1	准备工具材料		2	1. 工具材料准备不正确，扣2分
	2	根据设计系统图及现场实际，确定测点位置	符合设计、检修方便，并符合《验标》热控篇	15	2. 测点选择不符合《验标》，扣1～15分
	3	开孔、插座安装	测孔边沿光滑、无毛刺，保护罩固定牢固且凸向迎着介质流向；焊接符合《验标》	15	3. 开孔、插座安装不符合《验标》，扣1～15分
	4	安装热电偶	严密不漏；热电偶套管插入被测介质有效深度为 $\left(\dfrac{1}{3} \sim \dfrac{1}{2}\right) D$	12	4. 安装不符合要求，扣1～12分
	5	检查热电偶绝缘	正确选择绝缘电阻表，绝缘大于100MΩ	6	5. 未进行绝缘检查及不能正确使用绝缘电阻表，扣1～6分

行业：电力工程　　　　工种：热控安装　　　　等级：中/高

编　号	C43C006	行为领域	e	鉴定范围	2
考核时限	240min	题　型	C	题　分	50
试题正文	安装插入式热电阻				
需要说明的问题和要求	1. 要求单独进行操作处理，开孔和焊接时可配合作业 2. 现场就地操作演示 3. 注意安全，文明操作演示 4. 在回油管道上				
工具、材料、设备场地	磁力电钻、热电偶、插座、绝缘电阻表				

	序号	操作步骤及方法	质量要求	满分	扣　分
评分标准	1	准备工具材料		2	1. 准备工器具,材料不正确, 扣 1～2 分
	2	将热电偶保护套管及插座进行光谱	材质应符合被测介质及其参数要求（或符合设计要求）	10	2. 材质和规格不符合设计, 扣 1～8 分
	3	根据设计系统图及现场实际，确定测点位置	符合设计、检修方便，并符合《验标》热控篇	15	3. 未清理管路,扣 3 分
	4	开孔、插座安装	插座安装垂直偏差小于等于 1mm，热电偶与管道中心线垂直符合《验标》焊接篇	15	4. 敷设路径不符合质量要求, 扣1～15 分
	5	安装热电偶	热电偶测量端全部插入被测介质	5	5. 不符合要求,扣 1～15 分
	6	检查热电偶绝缘	正确选择绝缘电阻表，绝缘大于100MΩ	3	6. 未挂牌或挂牌不正确、不牢固, 扣 1～7 分

编　号	C21C007	行为领域		e	鉴定范围		2
考核时限	480min	题　型		C	题　分		50
试题正文	安装汽包水位测量用双室平衡容器						
需要说明的问题和要求	1. 要求以本人为主，他人配合 2. 现场就地操作演示，注意安全						
工具、材料、设备场地	吊线锤、连通管、尺子、切割机、阀门、管钳、电焊机、扳手等						

	序号	操作步骤及方法	质量要求	满分	扣　分
评 分 标 准	1	准备工具、领取材料、设备；检查材质	阀门需经研磨合格，符合设计	2	1. 准备工具材料不正确，扣1～2分
	2	复核平衡容器制造尺寸，标出零水位线，并进行严密性试验	符合设计标线准确试验合格	10	2. 未复合尺寸及严密性试验，扣1～10分
	3	确定汽包正常水位线，并标出	标线准确	5	3. 标线不准确，扣1～5分
	4	确定水位取样点的安装位置	与汽包要求的测量范围符合	5	4. 取样点安装位置不正确，扣5分
	5	安装一次门、平衡容器支撑支架	一次门应横装；阀门及平衡容器的支架须考虑汽包热涨的要求	10	5. 安装不合要求，扣1～10分
	6	安装平衡容器	平衡容器零水位线与汽包正常水位线重合；平衡容器垂直偏差小于2mm；正压侧取压管应有1:12 向汽包侧倾斜的坡度，负压侧保持水平	10	6. 安装不合要求，扣1～10分
	7	核对安装结果，填写施工记录	正确	5	7. 未进行核对及填写施工记录，扣1～5分
	8	安装保温层	容器上部裸露	3	8. 保温不适当，扣1～3分

行业：电力工程　　　　　　工种：热控安装　　　　　　等级：中/高

编　号	C43C008	行为领域	e	鉴定范围	5
考核时限	240min	题　型	C	题　分	50

试题正文	安装压力取源装置				
需要说明的问题和要求	1. 要求以本人为主，他人配合 2. 要文明操作演示，注意安全 3. 对于锅炉烟、风道				
工具、材料、设备场地	空气压缩机、压力表、气割等				

	序号	操作步骤及方法	质量要求	满分	扣　分
评分标准	1	选择测点位置	符合《验标》或设计要求，安装、维护方便	5	1. 测点不符合要求，扣 1～5 分
	2	气割开孔，并进行修整	光滑、无毛刺	5	2. 不合要求，扣 1～5 分
	3	正确选择安装取压管	一般选用公称口径 $\phi25$～$\phi40$ 的水煤气管，管口与炉墙内壁齐平 取压管向上倾斜与水平线夹角在 30°～45° 之间	15	3. 不合质量要求，扣 1～15 分
	4	安装分离器	垂直偏差小于等于 0.5mm（如无分离器可安装带可拆卸管接头式）	15	4. 分离器安装不合质量要求，扣 1～15 分
	5	风压试验 	符合规范	10	5. 风压试验不合规范要求，扣 1～10 分

编　号	C43C009	行为领域	e	鉴定范围	2
考核时限	300min	题　型	C	题　分	50
试题正文	安装电接点水位计的测量筒				
需要说明的问题和要求	1. 要求以本人为主，他人配合 2. 要文明操作演示 3. 要求接线				
工具、材料、设备场地	水平尺、500V绝缘电阻表、连通管、扳手等				

	序号	操作步骤及方法	质量要求	满分	扣　分
评 分 标 准	1	准备工器具、领取设备材料	正确、齐全	2	1. 不合质量要求，扣1～2分
	2	检查材质（筒体、管材）检查电极表面光滑度检查筒体上所有丝扣完好情况，并用相同丝锥过一遍丝	符合设计无裂纹、斑残	10	2. 不合质量要求，扣1～10分
	3	安装测量筒，取源阀门、排污门	筒体垂直偏差小于2mm，取源阀体横装零水位电极与容器正常水位线位置一致	10	3. 不合质量要求，扣1～10分
	4	安装电极	配合良好	10	4. 安装电极不正确，扣1～12分
	5	检查绝缘（电极对地）	大于等于100MΩ	4	5. 未做绝缘检查及不符合质量要求，扣1～4分
	6	电极接线	接线正确，工艺符合要求	10	6. 接线不正确、不符合要求，扣1～10分
	7	严密性试验	泄漏试验符合要求	4	7. 泄漏试验不符合要求，扣1～4分

行业：电力工程　　　　　工种：热控安装　　　　等级：中/高

编　号	C43C010	行为领域	e	鉴定范围	5
考核时限	240min	题　型	C	题　分	50

试题正文	安装炉膛风压防堵装置				
需要说明的问题和要求	1. 要求以本人为主，他人配合 2. 要文明操作演示				
工具、材料、设备场地	水平尺、500V 绝缘电阻表、连通管、扳手、防堵取压装置等				

	序号	操作步骤及方法	质量要求	满分	扣　分
评分标准	1	选择测点位置	符合《验标》或设计、安装维护方便	8	1. 不满足质量要求，扣 1～15 分
	2	气割开孔，并进行修整	光滑、无毛刺	7	2. 不合质量要求，扣 1～7 分
	3	正确选择安装接长延伸管	一般选用 $\phi60$ 钢管，管口与炉墙，内壁齐平，角度、方向符合厂家要求（或向上倾斜、与水平线成 45° 夹角）	15	3. 与炉墙内不平齐，扣 5 分；选用管径不合理，扣 5 分
	4	安装防堵装置	垂直偏差不大于 0.5mm	10	4. 防墙装置工艺不合格，扣 1～10 分
	5	风压试验	符合规范	10	5. 风压试验达不到要求，扣 1～10 分

编　　号	C43C011	行为领域	e	鉴定范围	2
考核时限	240min	题　　型	C	题　　分	50
试题正文	安装测量蒸汽用压力变送器及仪表管路				
需要说明的问题和要求	1. 要求以本人为主，他人配合 2. 要文明操作演示 3. 变送器支架已制作完成				
工具、材料、设备场地	仪表阀门、压力变送器、漏斗、取压短管、角钢、电钻等				

	序号	操作步骤及方法	质量要求	满分	扣　　分
评分标准	1	设计安装方式，如下图所示 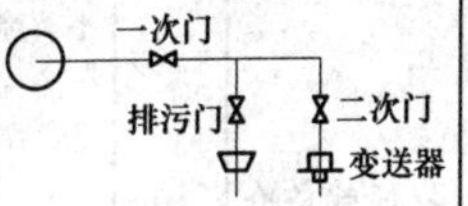 一次门 排污门　二次门 变送器	变送器设置在低于取源部件的位置，并方便安装及维护	20	1. 不能构思布局方案，扣1～20分
	2	引压管及附件安装	符合《验标》	15	2. 各部分安装不合格，扣1～15分
	3	安装变送器	符合《验标》	10	3. 变送器安装不合质量要求，扣1～10分
	4	安装排污槽（漏斗）	符合规范	5	4. 工艺不好，扣1～5分

编　号	C43C012	行为领域	e	鉴定范围	2
考核时限	240min	题　型	C	题　分	50
试题正文	安装插入式热电阻				
需要说明的问题和要求	1. 要求单独进行操作处理，开孔和焊接时可配合作业 2. 现场就地操作演示 3. 注意安全，文明操作演示 4. 在给水管道上				
工具、材料、设备场地	磁力电钻、热电偶、插座、绝缘电阻表				

	序号	操作步骤及方法	质量要求	满分	扣　分
评分标准	1	准备工具材料		2	1. 准备工具材料不齐全、不合格，扣2分
	2	将热电偶保护套管及插座进行光谱	材质就符合被测介质及其参数要求（或符合设计要求）	10	2. 未做光谱分析，对其参数未核实，扣5分
	3	根据设计系统图及现场实际，确定测点位置	符合设计、检修方便，并符合《验标》热控篇	15	3. 测量不符合《验标》，扣1～15分
	4	开孔，插座安装	插座安装垂直偏差不大于1mm，热电偶与管道中心线垂直符合《验标》焊接篇	15	4. 开孔不符合质量要求，扣7分；插座安装不合《验标》，扣8分
	5	安装热电偶	热电偶测量端全部插入被测介质	5	5. 插入深度不合规范，扣1～5分
	6	检查热电偶绝缘	正确选择绝缘电阻表，绝缘大于100MΩ	3	6. 不能正确使用绝缘电阻表检查，扣1～3分

编　号	C21C013	行为领域	e	鉴定范围	4
考核时限	30min	题　型	B	题　分	20
试题正文	小机轴向位移装置安装探头				
需要说明的问题和要求	1. 要求单独进行操作 2. 实际说明				
工具、材料、设备场地	数字万用表、绝缘电阻表、扳手、塞尺				

	序号	操作步骤及方法	质量要求	满分	扣　分
评分标准	1	万用表测试探头阻值是否正常	阻值符合厂家说明书给出的要求	2	1. 不进行此步的，扣2分
	2	检查回路接线是否正确，有无松动现象	回路接线正确，无松动现象，箱体出线正确、密封，不渗油	4	2. 未回答查线正确，扣2分 3. 未回答处理出线密封，扣2分
	3	安装固定支架	固定支架牢固，螺钉不能损坏	4	4. 安装方法不当，扣2分 5. 箱内工作安全注意事项不清楚，扣2分
	4	给装置回路送电，在前置器处测试电压是否正常	输入直流24V，将万用表接至前置器输出端测试输出电压，供安装探头时监视	2	6. 不知检查方法，扣1分 7. 不清楚测试指标，扣1分
	5	安装探头	要求汽轮机人员提供数据间隙，轴应推向工作面机械零点，探头安装间隙电压为10V	4	8. 没有要求汽轮机人员将轴应推向工作面机械零点的，扣2分 9. 不清楚探头安装间隙电压，扣2分
	6	调整固定安装探头	根据汽轮机人员提供的间隙数据推算实际安装间隙电压，方法为：实际安装间隙电压=10V-（探头灵敏度×间隙数据）	4	10. 不会间隙数据推算实际安装间隙电压，不知调整方法的，各扣2分

行业：电力工程　　　　工种：热控安装　　　等级：技师/高技

编　号	C21C014	行为领域	e	鉴定范围	4
考核时限	30min	题　型	B	题　分	20
试题正文	磨煤机给煤皮带计量装置安装后零点漂移的原因分析				
需要说明的问题和要求	1. 要求实际说明 2. 单独进行操作				
工具、材料、设备场地	数字万用表、扳手、卷尺				

	序号	操作步骤及方法	质量要求	满分	扣　分
评 分 标 准	1	检查运输机皮带张力是否产生变化，应重新调整运输机张力装置	运输机架强度、皮带张力符合厂家要求	6	1. 对皮带机的参数不清楚，每项扣 2 分 2. 不知如何调整运输机张力，扣 2 分
	2	检查计量段托辊的准直线性是否发生了变化，重新调整称区托辊的准直线性	计量段托辊的准直线性符合技术要求	4	3. 未回答计量段托辊的准直线性技术要求，扣 2 分 4. 调整方法不清楚，扣 2 分
	3	检查计量装置载荷传感器	载荷传感器不能过载，有异物卡住	2	5. 不能判断载荷传感器，扣 2 分
	4	检查测速装置测量是否有误 重新调整测速装置和运输机张力装置	测速值稳定正常反映皮带走速	4	6. 未回答重新调整测速装置和运输机张力装置，各扣 2 分
	5	检查测量仪表部分的参数设置是否有错	仪表设置正确	4	7. 不清楚仪表设置参数，扣 2 分

行业：电力工程　　　　　工种：热控安装　　　　等级：技师/高技

编　号	C21C015	行为领域	e	鉴定范围	4
考核时限	30min	题　型	B	题　分	20
试题正文	进行锅炉汽包水位动态传动试验				
需要说明的问题和要求	1. 要求实际说明 2. 单独进行操作				
工具、材料、设备场地	技术方案、万用表				

评分标准	序号	操作步骤及方法	质量要求	满分	扣　分
	1	1. 检查汽包水位取样管路 2. 试验前必须检查汽包水位测量设备	取样管路无泄漏点 测量设备的工作状态应正常	2	1. 每步检查不到，各扣1分
	2	试验需要进行投停的保护 制定记录表并在试验中详细正确记录 检查历史数据站	履行保护投停手续。在试验中详细正确记录 历史数据站工作正常，数据记录无误	4	2. 不清楚投退保护，扣1分 3. 记录1分 4. 不对控制设备状况检查的，扣2分
	3	高水位试验 A. 高水位试验时，解除汽包水位高跳闸保护 B. 缓慢上水到达汽包水位高跳闸值（300mm） C. 当两个汽包水位值到达水位高于MFT的动作	记录经过修正的汽包水位数值。同时录MFT值 保护动作准确无误。测量、记录汽包水位高跳闸信号是否送出	4	5. 不清楚水位保护值的，扣2分 6. 不清楚水位保护逻辑关系，扣2分
	4	低水位试验 A. 解除低水位保护；缓慢降低汽包水位至低于跳闸值 B. 当其中两个汽包水位值低于跳闸值时，汽包水位低跳闸动作	同上 记录汽包水位低跳闸信号是否送出	4	7. 同上
	5	1）试验结束，恢复信号及回路，履行保护投停手续，投入汽包水位高、低保护 2）整理试验记录及SOE记录	恢复到试验前的设备状况 实验记录：水位动态曲线，报警点数值，MFT动作时各变送器水位测量值，试验结论	4	8. 不能正确恢复系统状态，扣2分 9. 试验记录不全，每项扣1分

行业：电力工程　　　　工种：热控安装　　　　等级：高/技师

编　号	C21C016	行为领域	e	鉴定范围	4
考核时限	30min	题　型	B	题　分	20

试题正文	操作员站突然停机或死机的消除
需要说明的问题和要求	1. 要求实际说明 2. 单独进行操作
工具、材料、设备场地	数字万用表、电工工具，计算机备件

	序号	操作步骤及方法	质量要求	满分	扣　分
评 分 标 准	1	检查主机电源柜系统电源丢失引起，恢复系统供电	正确判断检查电源	4	1. 不清楚检查部位，扣2分
	2	检查操作员站电源是否故障，检查操作员站电源是否有 220V 电压输出。更换操作员站电源	正确判断检查电源	4	2. 不清楚检查部位，扣2分 3. 更换电源方法不对，扣2分
	3	检查主机内灰尘是否过多而引起线路、卡件接触不良；主机机箱打扫卫生，清除灰尘	主机内干净，卡件固定良好	4	4. 清扫灰尘不到位，扣2分
	4	检查系统硬件是否发生故障；检查并更换出现问题的卡件	判断方式正确	4	5. 不能判断出可能故障的硬件，扣2分
	5	系统送电重启操作员站	重启操作员站正常	4	6. 恢复步序不对，扣2分

340

编　　号	C43C017	行为领域	e	鉴定范围	4
考核时限	30min	题　　型	B	题　　分	20

试题正文	CRT 上抽汽止回门显示状态不对的消除

需要说明的问题和要求	1. 要求实际说明 2. 单独进行操作

工具、材料、设备场地	电工工具、扳手、数字万用表

	序号	操作步骤及方法	质量要求	满分	扣　　分
评 分 标 准	1	确认实际止回门开或关状态与 CRT 上显示不对，检查电磁阀是否带电或失电	正确确认止回门开或关状态	4	1. 不正确检查，扣 2 分
	2	检查相应的电磁阀控制继电器回路，是否回路接线松动或接线间短路	端子排接线，电磁阀控制继电器回路接线接触良好	4	2. 不清楚检查处理方法，扣 2 分 　3. 检查部位述说不全，扣 2 分
	3	检查电磁阀通路行程是否有卡涩的地方	正确判断是电磁阀通路行程卡涩还是机械部分卡涩	4	4. 处理方法不对，扣 2 分
	4	检查旁路门是否漏气或电磁阀是否损坏	正确判断电磁阀是否损坏	4	5. 检查步骤不正确，扣 2 分
	5	检查行程开关压杆是否到位或行程开关是否损坏，调整压杆使其压到行程开关	行程开关调整到位	4	6. 调整步骤不正确，扣 2 分 　7. 调整不到位，扣 2 分

行业：电力工程　　　　　工种：热控安装　　　　　等级：高

编　号	C43C018	行为领域	e	鉴定范围	4
考核时限	30min	题　型	B	题　分	20
试题正文	锅炉氧量表指示偏高的消除				
需要说明的问题和要求	1. 要求实际说明 2. 单独进行操作				
工具、材料、设备场地	电工工具、扳手、密封材料、吹管用胶管				

	序号	操作步骤及方法	质量要求	满分	扣　分
评分标准	1	检查氧化锆探头安装法兰是否不密封，应进行密封处理	办工作票，解除自动和保护	4	1. 不办理工作票和保护投退单，扣2分 2. 不检查确认保护投退项目，扣2分
	2	检查标气入口是否未封堵或泄漏，应进行封堵，确保封堵严密	吹管无返气	4	3. 吹管出错，扣2分 4. 吹管后没有密封接头，扣2分
	3	检查氧化锆探头密封垫圈是否老化，造成密封不严，进行更换	取样点疏通，取样管路无漏点	4	5. 处理方法不对，扣2分 6. 取样管路检查漏风操作不正确，扣2分
	4	检查锅炉或锅炉烟道是否漏风量大，进行密封处理	管路及压力开关接头密封无泄漏	4	7. 处理吹管后恢复，不做密封，扣2分
	5	氧量表偏差大。用标气进行校验	确认负压正常，无压力开关接通信号，恢复工作票做的隔离措施	4	8. 没有首先确认炉膛压力信号恢复正常，扣2分 9. 没有正确消工作票，扣2分

342

编　号	C21C019	行为领域	e	鉴定范围	4
考核时限	30min	题　型	B	题　分	20
试题正文	DCS系统某一控制站（PCU）进行清洁				
需要说明的问题和要求	1. 要求实际说明 2. 单独进行操作				
工具、材料、设备场地	数字万用表、吸尘器、氮气、吹管用胶管				

	序号	操作步骤及方法	质量要求	满分	扣　分
评分标准	1	测量电源的供电情况并记录，对该控制站下电	电源正常，下电方式正确	2	1. 未作测量，扣2分 2. 下电不是两路，扣1分
	2	拔出所有卡件，并作好标记	作好防静电措施，必须戴好防静电手腕	4	3. 无防静电措施，扣2分 4. 未作标记，扣2分
	3	用吸尘器对机架进行清洁； 对滤网和冷却风扇进行清洁或更换	机柜、机架无集尘，风扇良好	4	5. 清扫方法不对，扣2分 6. 不检查滤网和冷却风扇，扣2分
	4	在电子室外用氮气（注意压力不可过高）对拔下的卡件进行吹扫，同时可以用小刷子清洁卡件表面的灰尘	卡件清洁	2	7. 未清理干净，扣1分 8. 未注意防静电措施，扣1分
	5	对该控制站上电，并测量电源的供电情况	两路上电	2	9. 过程不全各，扣1分
	6	如果供电情况正常，重新下电；插回所有卡件	按标识回插卡件，注意到位	4	10. 不下电，扣2分 11. 回插有问题，扣2分
	7	对该控制系统上电，并测量电源的供电情况	电源、卡件无异常	2	12. 未作测量，扣1分 13. 未查卡件状况，扣1分

编　号	C21C020	行为领域		e	鉴定范围	4
考核时限	30min	题　型		B	题　分	20
试题正文	DCS 系统控制站控制器冗余切换试验					
需要说明的问题和要求	1. 要求实际说明 2. 单独进行操作					
工具、材料、设备场地	数字万用表、电子控制室					

	序号	操作步骤及方法	质量要求	满分	扣　分
评分标准	1	检查系统运行工况；告知运行人员做好事故预想	有操作措施、方案	4	1. 无操作方案；扣2分 2. 未与运行人员联系，扣2分
	2	复位主运行的主控制器或将主运行的主控制器拔出（模件可带电插拔时）	主控制器切到冗余，状态正常	4	3. 未检查主控制器状况，扣2分 4. 切换方法不当，扣2分
	3	观察冗余的控制器应立即自行切换为主控制器	冗余控制器切为主控制器，状态正常	2	5. 未观察记录，扣1分
	4	按同样方法进行反向切换试验	同上	4	6. 同上2步
	5	检查切换过程及前后模件的状况	控制器所带模件无异常	2	7. 未观察记录，扣1分
	6	检查控制系统状况，报警，运行系统参数是否变化	系统应无任何异常发生	4	8. 未观察记录，扣1分 9. 不知查看部位和内容，扣2分

行业：电力工程　　　　　工种：热控安装　　　　等级：高级技师

编　号	C21C021	行为领域		e	鉴定范围		4
考核时限	30min	题　型		B	题　分		20
试题正文	DCS 通信网络维修						
需要说明的问题和要求	1. 要求实际说明 2. 单独进行操作						
工具、材料、设备场地	数字万用表，通信电缆，终端匹配器，电子控制室						

	序号	操作步骤及方法	质量要求	满分	扣　分
评分标准	1	系统退出运行；告知运行人员	有操作措施、方案	2	1. 无操作方案，扣2分
	2	检查更换故障电缆和/或光缆	通信电缆应无破损、断线，光缆布线应无变折；电缆或光缆应绑扎整齐、固定良好 　　检查通信电缆金属保护套管的接地应良好	4	2. 检查项目、标准说不清的，每项扣1分
	3	坚固所有连接接头（或连接头固定螺丝）	应牢固无松动	2	3. 缺项扣1分
	4	检查坚固各接插件（如RJ45、AUI、BNC 等连接器）和端子接线	手轻拉各连接接头、接插件和端子连线，应牢固无松动	4	4. 同上2步
	5	测量绝缘电阻、终端匹配器阻抗	应符合规定要求	2	5. 测量、数据不清楚，扣1分
	6	通电后，检查模件指示灯状态或通过系统诊断功能	通信模件状态和通信总线系统应工作正常，无异常报警	2	6. 查看内容不清楚，扣1分
	7	检查冗余总线，交换机、集线器、耦合器、转发器、总线模件指示等工作状态	冗余总线应处于冗余工作状态，交换机、集线器、耦合器、转发器、总线模件指示均应正常	4	7. 检查项目、标准说不清的，每项扣1分

试卷样例

中级热工仪表及控制装置
安装知识要求试卷

一、选择题（每题 1 分，共 25 分）

下列每题都有 4 个答案，其中只有一个正确答案，将正确答案的代号填入括号内。

1. 划针盘是用来（　　）。

（A）划线或找正工件的位置；（B）划等高平行线；（C）确定中心；（D）测量高度。

2. 一个工程大气压（kgf/cm²）相当于（　　）毫米汞柱。

（A）1000；（B）13.6；（C）735.6；（D）10 000。

3. 压力增加后，饱和水的密度（　　）。

（A）增大；（B）减小；（C）不变；（D）波动。

4. 在角行程电动执行器运行过程中，当输入信号为 0～5mA，相应的输出角度变化为（　　）。

（A）0°～180°；（B）0°～45°；（C）0°～360°；（D）0°～90°。

5. 油管路离开热表面保温层的距离不应小于（　　）mm。

（A）100；（B）150；（C）300；（D）400。

6. 电缆与测量管路成排上下层敷设时，其间距不宜小于（　　）mm。

（A）200；（B）300；（C）400；（D）100。

7. 根据型号"WTQ–280 型"，可认定此设备是（　　）。

（A）测温式压力计；（B）压力式温度计；（C）流速计；

（D）差压计。

8. DDZ–Ⅱ型变送器输出信号为（   ）。

（A）0～10mV；（B）0～10mA；（C）0～5mA；（D）0～20mA。

9. 管路敷设完毕后，应用（   ）进行冲洗。

（A）煤油；（B）水或空气；（C）蒸气；（D）稀硫酸。

10. 目前凝汽式电厂热效率为（   ）。

（A）25%～30%；（B）35%～45%；（C）55%～65%；（D）75%～85%。

11. 管螺纹的公称直径，指的是（   ）。

（A）螺纹大径的基本尺寸；（B）管子内径；（C）螺纹小径的基本尺寸；（D）螺纹大径与螺纹小径。

12. 下面说法正确的是（   ）。

（A）放大器级与级之间耦合的目的是将前级放大器放大的信号送到下级再放大；（B）直接耦合主要用于交流放大电路；（C）阻容耦合的特点是各级之间的工作点互相影响；（D）多级放大电路中，其总放大倍数等于各级放大倍数之和。

13. 底座型钢调平直后，再用线绳检查，线绳与槽钢面不贴的地方不应超过长度的 1/1000，最大不超过（   ）mm，如不合格，就应进一步调整。

（A）2；（B）4；（C）5；（D）7。

14. 取源部件之间的距离大于管道外径，但不得小于（   ）mm。

（A）100；（B）150；（C）200；（D）2500。

15. 下列检出元件属于流量测量的有（   ）。

（A）测速装置；（B）测压装置；（C）测温装置；（D）测重度装置。

16. 启动前，热工仪表及控制装置的（   ）和系统调试应合格。

（A）综合实验；（B）外观检查；（C）单体校验；（D）总

体检验。

17. 立体划线时，通常选取（　　）基准。

（A）一个；（B）二个；（C）三个；（D）多个。

18. 盘内端子排离地面不应小于（　　）mm。

（A）100；（B）150；（C）200；（D）250。

19. 电磁阀在安装前应进行校验检查，铁芯应无卡涩现象，线圈与阀间的（　　）合格。

（A）间隙；（B）固定；（C）位置；（D）绝缘电阻。

20. 压力表所测压力的最大值一般应不超过仪表测量上限的（　　）。

（A）1/3；（B）2/3；（C）4/5；（D）5/6。

21. 串联电容 C_1、C_2、C_3 的等效电容量为（　　）。

（A）$C=C_1+C_2+C_3$；（B）$C=1/C_1+1/C_2+1/C_3$；（C）$1/C=1/C_1+1/C_2+1/C_3$；（D）$C=C_1×C_2×C_3$。

22. 行灯电压不得超过 36V，潮湿场所、金属容器及管道内的行灯电压不得超过（　　），行灯电源线应使用软橡胶电缆，行灯应有保护罩。

（A）32V；（B）24V；（C）12V；（D）36V。

23. 试验用的压力表必须事先校验合格，压力试验过程中，当压力达（　　）MPa 以上时，严禁紧固连接件。

（A）0.5MPa；（B）0.54MPa；（C）0.49MPa；（D）0.45MPa。

24. 悬挂式钢管吊架在搭设过程中，除立杆与横杆的扣件必须牢固外，立杆的上下两端还应加设一道保险扣件，立杆两端伸出横杆的长度不得小于（　　）。

（A）30cm；（B）20cm；（C）50cm；（D）25cm。

25. 仪表的校验点应在全刻度范围内均匀选取，其数目除特殊规定外，不应少于（　　）点。

（A）6；（B）5；（C）4；（D）3。

二、判断题（每题 1 分，共 25 分）

判断下列描述是否正确，正确的在括号内打"√"，错误的在括号内打"×"。

1. 螺纹旋向有两种。　　　　　　　　　　　　　（　　）

2. 錾削是用手敲錾子对金属工件进行切削加工的方法。

（　　）

3. 温度对三极管输入特性没有影响，只对输出特性有影响。　　　　　　　　　　　　　　　　　　　（　　）

4. 二极管是一个线性元件。　　　　　　　　　（　　）

5. 流体内部的部分流体的热量随着流体的运动而传递到另一部分中去，这种热量传递的方式称为对流。（　　）

6. 取源阀门公称直径用 Dg 表示，当 Dg=6mm 以下时，一般选用外螺纹连接形式，Dg=6mm 及以上时，一般选用焊接连接的方式。　　　　　　　　　　　　　　　　（　　）

7. 就地安装的差压计，其刻度盘中心距地面高度为 1.2m。

（　　）

8. 錾削工作主要用于不便于机械加工的场合。（　　）

9. 手锯是在向后拉动时进行切削的。　　　　（　　）

10. 工作介质为水或油，最大压力为 1MPa，工作温度在 40℃以下时，可选用绝缘纸垫片。　　　　　　　（　　）

11. M24×1 表示公称直径为 24mm 的粗牙螺纹。（　　）

12. 电流的方向就是自由电子的运动方向。　　（　　）

13. 任何热机都不可能将吸收的热量全部变成功。（　　）

14. 盘底座安装时，沿盘宽面方向，盘面端稍比盘后端抬高（1～1.5mm），以弥补由于盘前仪表自身所造成的自重倾斜，便于盘的找正。　　　　　　　　　　　　　　（　　）

15. 在控制室下夹层内以及架空水平敷设电缆时，使用桥型电缆支架。　　　　　　　　　　　　　　　（　　）

16. 切削的形成主要是由于刀具象斧子一样，刀刃楔入工件后将金属劈下来而形成切屑。　　　　　　　（　　）

17. 锯条的锯路有交叉形和波浪形两种。　　　（　　）

18. 设备与导线一般用螺丝连接，螺丝均应拧紧。如需要

锡焊，应采用单股硬铜线。（　　）

19. 导线通过交流电时，电流在导线截面上的分布是均匀的。（　　）

20. 在水平或倾斜管道上测量气体压力时，取压测点应选择在管道的侧面。（　　）

21. 在烟、风、煤粉管道上安装取压部件时，取压部件的端应无毛刺，且应超出管道内壁。（　　）

22. 为防火、防尘、盘底孔洞，必须用水泥耐火材料严密封闭。（　　）

23. 电气设备发生火灾时，严禁使用导电的灭火剂进行灭火，但可以使用泡沫灭火器直接灭火。（　　）

24. 就百分表本身而言，它能单独进行任何测量，而无需借助其他装置。（　　）

25. 紧固测温元件的六角螺母时，可用管子加长扳手的力臂，还可用手敲击加固。（　　）

三、简答题（每题 5 分，共 15 分）

1. 为什么钻孔时要用冷却润滑液？它有什么作用？

2. 仪表管安装用弯管机分为电动和手动两种，手动弯管机又分为哪两种？

3. 对于不同的压力等级的测量介质，其取压元件应分别采用什么样的插座？

四、计算题（每题 5 分，共 15 分）

1. 有两个电容器，C_1 容量为 $2\mu F$，额定工作电压 160V，C_2 容量为 $10\mu F$，额定工作电压 250V，若将它们串联接在 300V 的直流电源上使用，求等效电量和每只电容器上分配的电压。试问：这样使用是否安全？

2. 欲制作一圆管，外径为 100mm，高为 50mm，用 5mm 厚的钢板弯焊而成，试计算其落料尺寸。

3. 水流经加热器后，它的焓值从 335kJ/kg 增加到 502kJ/kg，求 10t 水在加热器内所吸收的热量（水流经加热器的过程中压力可看作不变）。

五、绘图题（每题 10 分，共 20 分）

1. 已知排污漏斗的大口外径为 d，小口外径为 d_2，垂直高度为 H，试画出制作下料展开图。

2. 试述电缆敷设后应在哪些点用电缆卡进行固定。

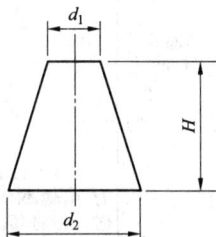

中级热工仪表及控制装置
安装知识要求试卷

一、盘装压力表安装孔扩孔。（20 分）

二、制作接线盒安装支架。（30 分）

三、安装插入式热电阻。（50 分）

行业：电力工程　　　　工种：热控安装　　　　等级：初/中

编　号	C54A004	行为领域	d	鉴定范围	1
考核时限	120min	题　型	A	题　分	20
试题正文	盘装压力表安装孔扩孔				
需要说明的问题和要求	1. 要求单独进行操作 2. 现场就地操作演示				
工具、材料、设备场地	半圆锉、钢冲等				

	序号	操作步骤及方法	质量要求	满分	扣　分
评 分 标 准	1	准备工具		2	1. 工具准备未做或不齐，扣1~2分
	2	核对原有孔径及偏差	准确	3	2. 核对原孔方法不对或不准确，扣1~3分
	3	画出须锉孔的圆圈或按实物沿原孔周围打样冲眼	准确	5	3. 划须锉孔的圆圈方法不正确及打样冲不均匀，扣1~5分
	4	施锉	当盘上已装有其他仪表时，应将其拆下再施工 应避免过大的振动保证锉孔的圆光滑，不出现凹坑和突出现象	8	4. 施锉方法不正确及所锉孔径不准确，扣1~8分
	5	清理铁屑	孔径符合要求干净	2	5. 没有清理铁屑或清理不净，扣1~2分

行业：电力工程　　　工种：热控安装　　　等级：初/中

编　号	C54B004	行为领域	e	鉴定范围	3
考核时限	120min	题　型	B	题　分	30
试题正文	制作接线盒安装支架				
需要说明的问题和要求	1. 要求单独进行操作 2. 要求将∠40×4角钢手工锯割制作成（如右图所示）接线盒安装支架。其中：$AB=190$；$AC=290$；孔间距$ab=146$；$ac=246$ 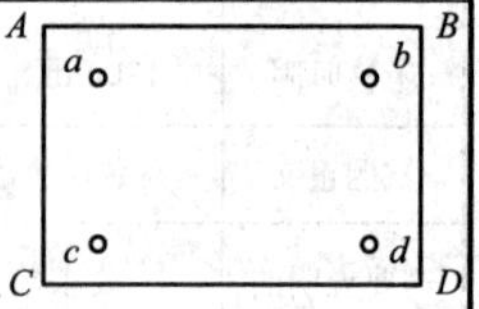				
工具、材料、设备场地	手锯弓、榔头、5mm钻头、钢冲、∠40×4角钢、电钻、电焊机				

	序号	操作步骤及方法	质量要求	满分	扣　分
评分标准	1	角钢校直、清理	平直、干净	2	1. 角钢未校，扣 1 分，未清理，扣 1 分
	2	画线	关键要考虑角钢厚度为 4mm，在弯制 90°时，造成的叠加量	8	2. 画线不正确，扣 5 分；未考虑重叠，扣 3 分
	3	下料、锯割	锯割出标准的等腰直角三角形	5	3. 下料锯路不直，扣 3 分；锯弓操作不符合要求，扣 2 分
	4	制作	尺寸误差小于等于 2mm（长、宽、对角线）	5	4. 制作尺寸误差大于 2mm，扣 5 分
	5	焊接	符合焊接标准	5	5. 焊接不合要求，扣 5 分
	6	定螺孔位置、钻孔	钻孔尺寸误差小于等于 1mm	5	6. 定孔位置不准确，扣 3 分；钻孔操作不熟练，扣 2 分

行业：电力工程　　　工种：热控安装　　　等级：中/高

编　号	C43C006	行为领域	e	鉴定范围	2
考核时限	240min	题　型	C	题　分	50
试题正文	安装插入式热电阻				
需要说明的问题和要求	1. 要求单独进行操作处理，开孔和焊接时可配合作业 2. 现场就地操作演示 3. 注意安全，文明操作演示 4. 在回油管道上				
工具、材料、设备场地	磁力电钻、热电偶、插座、绝缘电阻表				

	序号	操作步骤及方法	质量要求	满分	扣　分
评分标准	1	准备工具材料		2	1. 准备工器具, 材料不正确, 扣 1~2 分
	2	将热电偶保护套管及插座进行光谱	材质应符合被测介质及其参数要求（或符合设计要求）	10	2. 材质和规格不符合设计要求, 扣 1~8 分
	3	根据设计系统图及现场实际, 确定测点位置	符合设计、检修方便, 并符合《验标》热控篇	15	3. 未清理管路, 扣 3 分
	4	开孔、插座安装	插座安装垂直偏差不大于 1mm, 热电偶与管道中心线垂直符合《验标》焊接篇	15	4. 敷设路径不符合质量要求, 扣 1~15 分
	5	安装热电偶	热电偶测量端全部插入被测介质	5	5. 不符合要求, 扣 1~15 分
	6	检查热电偶绝缘	正确选择绝缘电阻表, 绝缘大于 100MΩ	5	6. 未挂牌或挂牌不正确、不牢固, 扣 1~7 分

中级热工仪表及控制装置安装知识
要求试卷答案

一、选择题

1.（A）; 2.（C）; 3.（A）; 4.（B）; 5.（B）; 6.（A）; 7.（B）; 8.（B）; 9.（B）; 10.（B）; 11.（B）; 12.（A）; 13.（C）; 14.（C）; 15.（D）; 16.（D）; 17.（C）; 18.（B）; 19.（D）; 20.（B）; 21.（C）; 22.（A）; 23.（C）; 24.（C）; 25.（B）。

二、判断题

1. (√); 2. (√); 3. (×); 4. (×); 5. (√); 6. (√);
7. (√); 8. (√); 9. (×); 10. (√); 11. (×); 12. (×);
13. (√); 14. (√); 15. (√); 16. (×); 17. (√); 18. (×);
19. (×); 20. (×); 21. (×); 22. (×); 23. (×); 24. (×);
25. (×)。

三、简答题

1. 答：钻孔时，由于金属变形和钻头与工件的摩擦产生大量的切削热，使钻头的温度升高，磨损加快，也影响钻孔质量。因此，要用冷却液。它的主要作用是：迅速地吸收和带走钻削时产生的切削热，以提高钻头的耐用度。同时，渗入钻头与切削之间，以减小钻头与切削摩擦作用，使排屑顺利。

2. 答：手动弯管机又分为固定型和携带型两种。

3. 答：中压以上时，压力流量、水位的取压插座应采用加强型插座；低压时，可用相当于无缝钢管制成的插座。

四、计算题

1. 解：（1）串联等效电容为

$$C = \frac{C_1 C_2}{C_1 + C_2} = \frac{2 \times 10}{2 + 10} = \frac{20}{12} = 1.67 \ (\mu F)$$

（2）$U_{C1} = \frac{C_2}{C_1 + C_2} \times U = \frac{10}{2 + 10} \times 300 = 250 \ (V)$

$$U_{C2} = \frac{C_1}{C_1 + C_2} \times U = \frac{2}{2 + 10} \times 300 = 50 \ (V)$$

答：这样用很不安全，因为 C_1 很快被击穿，随之 C_2 也被击穿。

2. 解：以弯焊成品后管壁中心处计算用料，即

$$L = (100mm - 5mm) \times 3.14 = 298.3 \ (mm)$$

答：落料尺寸为宽 50mm，长 298.3mm。

3. 解：加热器的加热过程为定压过程，定压加热过程中加入和热时可用加热过程中的焓差计算，即

$$Q=m（h_2-h_1）$$

式中，已知 $m=10×1000=10\ 000$（kg）

所以　　　$Q=10\ 000×（502-335）=1\ 670\ 000$（kJ）

　　　　　$=1.67×10^6$（kJ）

答：水在加热器内所吸收的热量为 $1.67×10^6$ kJ。

五、绘图题

1. 答：

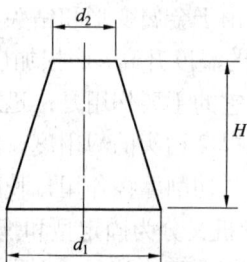

2. 答：（1）垂直敷设时，在每一个支架上；

　　　　（2）水平敷设时，在直线段的首末两端；

　　　　（3）电缆拐弯处；

　　　　（4）穿越保护管的两端；

　　　　（5）电缆引入表盘前 300～400mm 处；

　　　　（6）引入接线盒及端排前 150～300mm 处。

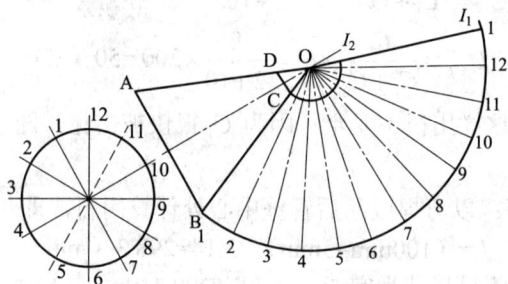

6 组卷方案

6.1 理论知识考试组卷方案

技能鉴定理论知识试卷每卷不应少于五种题型,其题量不少于 50 题,每题分值不超过 5 分。试卷的题型与题量分配见下表:

试卷的题型与题量分配表

题 型	鉴定工种等级		配 分	
	初、中级工	高级工、技师	初、中级工	高级工、技师
选择题	25~30 题(1 分/题)	25 题(1 分/题)	25~30	25
判断题	25~30 题(1 分/题)	25 题(1 分/题)	25~30	25
简答题	6~4 题(5 分/题)	4 题(5 分/题)	30~20	20
计算题	2 题(5 分/题)	2 题(5 分/题)	10	10
识绘图	2 题(5 分/题)	2 题(5 分/题)	10	10
论述题		2 题(5 分/题)		10
总 计	50~68	60	100	100

高级技师组卷参照技师试卷命题,但要加大难度,以综合性、论述性内容为主。

6.2 技能操作考核方案

对于技能操作试卷,库内每一个工种的各技术等级下,应最少保证有 5 套试卷(考核方案),每套试卷应由 2~3 项典型操作或标准化作业组成,其选项内容互为补充,不得重复。

技能操作考核由实际操作与口试或技术答辩两项内容组成,初、中级工实际操作加口试进行,技术答辩一般只在高级工、技师、高级技师中进行,并根据实际情况确定其组织方式和答辩内容。